"十四五"时期国家重点出版物出版专项规划项目

航天科技图书出版基金资助出版

火箭工程中的特殊动力学技术与应用

马斌捷　王晓晖　荣克林　贾　亮　著

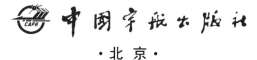

中国宇航出版社

·北京·

图书在版编目（ＣＩＰ）数据

火箭工程中的特殊动力学技术与应用 / 马斌捷等著
. -- 北京 ：中国宇航出版社，2023.6
ISBN 978-7-5159-2175-4

Ⅰ．①火… Ⅱ．①马… Ⅲ．①火箭－飞行力学 Ⅳ.
①V412.1

中国版本图书馆CIP数据核字(2022)第244619号

责任编辑	张丹丹	封面设计	王晓武

出 版
发 行　**中国宇航出版社**

社　址	北京市阜成路 8 号　邮　编　100830	版　次	2023 年 6 月第 1 版
	（010）68768548		2023 年 6 月第 1 次印刷
网　址	www.caphbook.com	规　格	787×1092
经　销	新华书店	开　本	1/16
发行部	（010）68767386　（010）68371900	印　张	18.75　　彩　插　12 面
	（010）68767382　（010）88100613（传真）	字　数	468 千字
零售店	读者服务部　　（010）68371105	书　号	978 - 7 - 5159 - 2175 - 4
承　印	北京中科印刷有限公司	定　价	108.00 元

航天科技图书出版基金简介

航天科技图书出版基金是由中国航天科技集团公司于 2007 年设立的，旨在鼓励航天科技人员著书立说，不断积累和传承航天科技知识，为航天事业提供知识储备和技术支持，繁荣航天科技图书出版工作，促进航天事业又好又快地发展。基金资助项目由航天科技图书出版基金评审委员会审定，由中国宇航出版社出版。

申请出版基金资助的项目包括航天基础理论著作，航天工程技术著作，航天科技工具书，航天型号管理经验与管理思想集萃，世界航天各学科前沿技术发展译著以及有代表性的科研生产、经营管理译著，向社会公众普及航天知识、宣传航天文化的优秀读物等。出版基金每年评审 1～2 次，资助 20～30 项。

欢迎广大作者积极申请航天科技图书出版基金。可以登录中国航天科技国际交流中心网站，点击"通知公告"专栏查询详情并下载基金申请表；也可以通过电话、信函索取申报指南和基金申请表。

网址：http：//www.ccastic.spacechina.com

电话：(010) 68767205，68767805

序　一

在现代大型火箭研制过程中，载荷设计是非常重要的一项工作内容，设计的正确性决定了飞行的成败，设计结果的精度决定了火箭的轻质化水平。本书针对地面竖立风载荷、飞行过程中的载荷测量以及占总质量 90％的贮箱中液体晃动特性及其引起的载荷分析等问题进行了系统全面的阐述，包括理论、分析方法、试验研究方法，并给出了具体的工程应用案例。

书中的诸多技术成果都是作者在相关难题攻关过程中形成的，包括以新一代大推力火箭、新一代水下火箭、载人空间站工程为代表的航天重大工程研制任务。其中，地面竖立风载荷方面原创性地给出了以 CZ-5、CZ-7 为代表的捆绑火箭的风载荷缩比模型设计与数据处理方法，解决了不对称串联式火箭、芯级支撑捆绑火箭、助推支撑火箭以及带防风减载装置的火箭的风载荷分析方法，支撑了重要型号的成功。另外，作者团队针对飞行载荷测量需求，近十年历经数个型号的磨砺，基本形成了具有航天特色的弹箭截面载荷测量方法，能够为未来载荷的精细化设计提供重要技术支撑。

本书内容翔实，理论和实践并重，书中很多原创性的工作都在航天重大工程中得到了应用和验证，具有较高的技术水平。本书的出版将有效弥补当前弹箭结构"特殊"动力学领域的缺失，可以为后续型号研制提供极为实用的参考。

序　二

　　本书是作者针对火箭、导弹研制过程中必须解决的几类特殊动力学问题长期潜心研究成果的集中呈现，包括地面风载荷、液体晃动特性、飞行载荷测量以及四个动力学专题。

　　作者团队长期工作在运载火箭研制一线，书中给出的方法、结论都是在解决实际型号问题当中形成的，基本上都经历了数个型号的磨炼，基本上反映了我国当前在该领域的最先进水平。

　　内容方面以航天飞行器的飞行载荷测量技术为例，这是航天领域近20年才逐渐发展成熟的一项技术，作者首次提出了以弹体自身为传感器，基于结构自身的应变来获取弹箭截面载荷，提出了能够适应复杂蒙皮加筋舱段、杆系、金属/非金属舱段的载荷测量方法，通过静动态地面试验验证，应用于多个型号，从无到有首次建立了航天飞行器发射过程中弹箭体结构截面载荷的实测技术体系。

　　本书在写作方面注重工程实用，在理论分析的基础上给出了实际型号的应用结果，并且给出了完整的技术细节，可以说是全面、系统地反映了国内航天领域在该方面建立和应用的设计理论、方法、实践，具有很强的工程参考价值。

　　本书作者理论水平高、工程经验丰富，书中很多原创性的工作都在航天重大工程中得到了应用和验证，是这一领域较为难得的学术著作，也将为后续该领域的持续发展奠定坚实的基础。

前　言

自 20 世纪中期以来，航天技术快速发展并日趋成熟，运载火箭在其中扮演了重要的角色，其运载能力直接决定了进入空间的能力。

运载火箭一般设计为两级或三级，是典型的细长结构，弹性特征明显，尤其是新一代运载火箭还捆绑助推器，结构动力学特性更加复杂，动力学设计分析与试验技术对保证飞行成功、提升运载能力越来越重要。

目前，大部分航天工程中遇到的动力学问题在出版物中都已经有了比较详细的介绍，比如模态、结构动力学、动力学环境、POGO 以及颤振等，但是也有一些对结构设计、控制稳定性设计非常重要的动力学问题，如地面风载荷、液体晃动特性、飞行动载荷等技术少有专著进行论述，相关文献也比较零散或偏总体设计。

在火箭竖立至发射飞行过程中所经历的各种静动载荷中，地面风载荷会对竖立在发射台上的箭体产生很大的定常或非定常载荷，引起结构非常复杂的变形和振动，对火箭的结构强度、发射前控制系统的调整以及初始弹道造成很大的影响，因此工程中如何准确地确定竖立风载荷就是一项重要的工作。而对于液体运载火箭，贮箱中推进剂质量的占比超过了 90%，飞行过程中的各种干扰（结构、气动和推力脉动）可能引起推进剂的晃动，产生强烈的横向晃动力和力矩，导致对结构的冲击和对控制系统的干扰。晃动特性是液体火箭防晃设计、控制稳定性设计中必不可少的。飞行过程中，弹（箭）体结构经受的动态内力载荷比静态或准静态载荷的分析难度大得多，飞行载荷实测技术是准确获取动载荷的最有效途径，载荷测量结果将有力支撑轻质化高可靠火箭设计水平提升。

为了全面、系统地归纳以往型号研制中，特别是以载人运载火箭、新一代运载火箭、新型水下发射运载火箭等为代表的航天重大工程研制中建立和应用的新方法、积累的经验，为今后的研制工作提供参考，本书根据作者长期工程研制中的技术积累，系统阐述了火箭竖立发射状态风载荷、贮箱液体推进剂晃动动力学以及飞行过程中载荷实测技术的现状，包括理论、设计方法、试验方法，并给出了较为翔实的工程实例。

全书共 4 篇，第 1 篇系统阐述了火箭竖立状态的地面风载荷的工程分析方法，包括基于缩比模型风洞试验分析方法、靶场全尺寸风载荷试验分析方法。给出了方法的基本原理、通用试验与分析流程，重点讨论了轴对称火箭、不对称串联式火箭、芯级支撑捆绑火箭、助推支撑火箭的竖立风载荷设计和分析方法。

第 2 篇总结归纳了占液体运载火箭 90% 质量的贮箱中液体晃动特性的分析理论、建模方法、模型参数试验获取方法以及防晃设计方法，对晃动特性的各参数影响规律进行了深入讨论，并简要介绍了液体有效转动惯量的计算分析方法、大幅晃动的谐波效应。

第 3 篇介绍的是关于航天飞行器的飞行载荷测量技术，包括载荷测量的基本原理、测点位置选取、载荷本构方程、地面标定试验方法、测量系统设计方法、数据处理方法以及若干工程实例。这是近 20 年来才逐渐发展起来的一项技术，首次提出了以箭体自身为传感器，基于结构自身的应变来获取弹箭截面载荷，突破了适应复杂蒙皮加筋舱段、杆系、金属/非金属舱段的载荷测量技术，在多个型号研制中起到了重要作用。

第 4 篇是特殊动力学若干专题，将曾经在型号中遇到过且对未来仍有借鉴意义的特殊动力学问题的处理方法汇总成稿，包括脉冲侧压下的筒壳弹性屈曲、水中容腔式压力传感器频响特性的非线性气泡效应分析、筒壳结构水下附加质量及阻尼的试验研究、弹体结构平方米级扇形区域脉冲外压加载技术。

下列人员在本书的创作过程中做出了重要贡献：第 1 篇张冬梅、梁吉鹏；第 2 篇王梦魁、王丽霞、刘桢；第 3 篇洪良友、刘思宏；第 4 篇侯传涛、冯伟干。在本书的出版过程中，洪良友、张丹丹做了大量工作，在此一并表示感谢。

本书可供航天系统装备产品设计、研究、试验的技术人员使用，也可作为高等院校航天飞行器总体设计专业师生的教学参考书，还可供航空、船舶、兵器等行业的科技人员参考。

由于作者水平、经验有限，书中疏漏和不妥之处在所难免，敬请广大读者批评指正。

目　　录

第1篇　运载火箭竖立状态的地面风载荷

第2篇　贮箱液体晃动分析与试验技术

第 3 篇　弹箭体结构截面的飞行载荷测量技术

第 4 篇　特殊动力学若干专题

附　　录

第1篇　运载火箭竖立状态的地面风载荷

　　火箭在发射台上以及在飞行中的重要扰动力是由风产生的气动载荷，若运载火箭竖立在发射台上，暴露于地面风中超过几个小时，就有可能承受危险的地面风载荷，且破坏危险性随着暴露时间的延长而增加。水平地面风会在结构上产生很大的定常或非定常载荷，引起结构非常复杂的变形和振动，对火箭的结构强度、发射前控制系统的调整和仪器设备的校正，以及初始弹道和发射精度造成很大的影响，从而引起结构破坏和发射失败。

　　各种运载火箭和竖立在发射台上的导弹都会受到地面风的作用，需要确定箭体的风激响应和尾部结构的地面风载荷设计条件。随着火箭尺寸的加大和外形复杂化，不少型号火箭的地面风载荷趋向严重，美国的先锋和土星等型号火箭都有比较严酷的地面风载荷，而雷神火箭更是在全尺寸地面风载荷试验期间，在风速达到 27m/s 时发生箭体倾倒破坏。我国某型号火箭在全尺寸地面风载荷试验期间，箭体结构经受住了 22m/s 的瞬时风速，CZ-2F 火箭在 16m/s 的瞬时最大风速作用下，空箭状态端部动态位移达到 0.5m，而 CZ-7 火箭更是由于靶场风剖面超过了设计条件，推迟了研制计划和发射时间，增强了尾部结构的强度，并在火箭 I、II 级间段与脐带塔之间加装了防风减载装置，因此风载荷是箭体结构特别是尾部结构的主要设计载荷。研究火箭的地面风载荷，无论对于结构设计还是飞行控制系统设计，都有很重要的意义。

　　由于地面风激载荷响应与火箭表面细部结构外形、动特性和风场环境密切相关，理论预计与仿真分析难以给出可用的结果，工程中均依靠地面试验来确定竖立风载荷，主要是尾流脱涡产生的非定常升力载荷。遗憾的是目前预估地面风激响应和动态载荷具有相当大的难度，原因在于地面风场的高度分离特性、箭体表面凸出物和邻近结构以及大气扰动等因素，对箭体动态响应的影响规律不易把握，使得地面风载荷试验成为所有型号火箭必须进行的项目。动力学缩比模型的风洞试验是风载荷效应的定量评估手段之一，在型号研制前期就要开展地面风载荷缩比模型风洞试验，个别型号要在火箭合练试验期间安排全尺寸自然风环境下的地面风载荷试验，验证或者修正风洞试验结果。

第1章　地面风的基本概念和风剖面

风是空气相对于地球表面的运动，其主要作用之一是在静止物体表面和运动物体表面产生被动的分布压力载荷。当风速较高时，在一定条件下风致载荷和响应可以引起结构物破坏，甚至造成灾难性后果。

风是空气运动的速度场，由于地表形貌、太阳辐照和空气密度的影响，风的速度和方向随着空间位置和时间有较强的变化，是一个不易把握规律的三维随机过程向量。一般情况下风场的水平分量比垂直分量（相对于地面）大得多。在航天结构设计时仅考虑水平风，但垂直方向的上升气流和下降气流对飞机起降安全和航空体育竞赛有着重要影响。要考虑风场对飞行器的影响，需要研究风场的时空分布统计特性，测量、收集、整理、统计若干年有代表性位置的风速、风向数据，建立包含重要特性的风场统计模型，便于飞行器的设计和工程应用，能体现定常风（平均风速）、阵风和风切变的统计特征和包络设计条件。

运载火箭在发射和大气层飞行的过程中，受到地面风和高空风（飞行风）的影响，会产生严重的气动载荷，是箭体结构强度和姿控系统设计需要考虑的重要条件。竖立在发射台上的运载火箭在地面风的作用下，根部会产生较大的弯曲载荷，是尾段结构强度设计的主要条件；头部会产生较大的弯曲位移，是射前瞄准系统的重要初始输入参数。火箭点火后离开发射台，受到地面风的低速大攻角气动载荷作用，产生箭体的刚体横向位移和转动，前者是箭体与发射塔架的碰撞安全危险因素，后者是箭体姿控系统稳定性降低的危险时段；火箭飞离发射区域后的飞行过程中受到高空风的影响，尤其在火箭飞行的最大动压段正好对应高空风动压头最大的 10～14km 高度，是箭体飞行过程中横向弯曲载荷最严酷的时段，载荷条件中需要考虑定常风、阵风和最大风切变的影响，姿控系统需要考虑定常风和最大风切变的影响。

风速沿高度方向的变化规律称为风剖面（图 1-1），10km 高度上风速是一个极大值，20km 高度上风速是一个极小值，超过 40km 高度后风速还在增大。地面至 150m 高度范围内定义为地面风，一般以 10m 高度处的风速测量与统计结果作为地面风的参考风速；150m 高度以上定义为高空风或飞行风，上限高度不超过 80km。国际上一般以 27km 为上限，设计风速的参考高度一般在 5～15km 范围内，正是风场动压头最大的区域，并且风切变也较强，超过 20km 高度后虽然风速在增大，但由于空气密度大幅降低，风场动压头降低，对飞行器姿态和结构的影响不大。

风场随着不同平面位置和地理环境的变化会更为剧烈，由于地球自转和大尺度全球环流的影响，在南北半球的中纬度高空出现了风速很大的西风带，称为"急流"，宽度跨越 5～10 个纬度。我国急流在冬季最为强烈，在青藏高原两侧高空出现两支急流，分别为"北支急流"和"南支急流"，两支急流向东不断加速，在上海上空汇合继续向东，其中南支急流的速度更大一些。对此区域进行风场测量、分析和统计，即可制定适合我国各发射场的火箭飞行设计风场。

火箭设计采用的高空风统计模型有以下三种：

1）综合风剖面模型应用最为广泛和简单，以参考高度处的 99% 定常风速和固定厚度风切变包络，以阵风的组合作为设计条件，是一种较为保守的方法。

2）综合标量风剖面有两种，不考虑阵风的风剖面采用 95% 标量风速包络和 99% 标量风速上升切变包络，从参考高度的设计风速减去向下 5000m 的风切变值，得到参考高度以下的风切变上升包络；考虑阵风时风切变与阵风幅值乘以 0.85 的相关系数，使用阵风谱时风切变乘以 0.85。

3）综合矢量风剖面考虑了高空风的方向，以最多风向、一定概率（99% 或 95%）最大值的定常风剖面为基准，以不同高度、一定概率条件的风切变为半径，形成以参考高度最大风

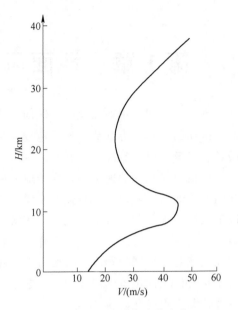

图 1-1　风速随高度的变化

为顶点的上下对顶圆锥，用最多风向平面切取对顶圆锥。由于设计中主要考虑最大风切变，因而选取靠近高度轴、体现最大风切变的最小风剖面作为设计条件。

对于地面风，同样存在沿高度变化的风剖面和不同地域与地形的基本风压分布规律。由于地面风与人类活动的关系更为密切，并且测量条件较好，地面风的统计分析研究成果比较丰富和完备。地面风包括两个部分（图 1-2），一是长周期的定常风部分，其周期通常在 10min 以上；二是短周期的非定常风（阵风）部分，周期通常只有几秒至几十秒，变化范围不超过定常风速的 40%，并且不同高度处均有此特征，因此结构设计风速基于定常风速大多采用 1.4 的阵风因子，也可以采用阵风功率谱密度，最为常用的是 Davenport 谱，另外还有 Harris 谱、Kaimal 谱、Simiu 谱、Karman 谱等。

地面风吹过地面时，受到地面上的各种粗糙元（森林、山峰、建筑物等）产生的摩擦阻力作用而使得风的能量减少，导致风速减小，风速减小的程度随着地面高度的增加而降低，这正是地面风的特征。这个受地球表面摩擦阻力影响的区域称为大气边界层，其厚度依风力、地形粗糙度及纬度而定。运载火箭竖立状态和初始上升段在此大气边界层内，不同的地面条件产生的地面风具有不同的特征。地面风特征主要包括平均风速剖面、湍流结构等方面。地面风的风速随着高度而增大，平均风速沿高度变化的规律称为平均风速梯度或风剖面。平均风速沿高度变化的规律有两种表达形式，即按实测结果推得的指数风剖面和按边界层理论得到的对数风剖面。Davenport 根据多次实测结果分析并提出平均风速沿高度变化的规律可用指数函数来描述。由于用指数律分布计算风速廓线比较简单，目前多数国家均采用经验指数律分布来描述近地层中平均风速沿高度的变化规律。应用指数律描述风速廓线的前提条件时，切变系数 α 在一定高度范围内保持不变，其分布函数表达式为

$$\frac{V}{V_0} = \left(\frac{H}{H_0}\right)^{\alpha}$$

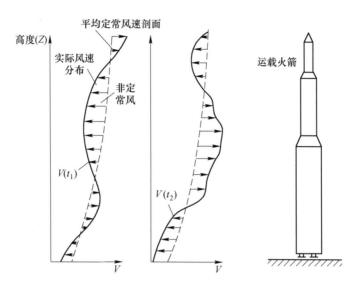

图 1-2　作用于竖立火箭的地面风及风剖面

式中，V_0 为参考高度 $H_0=10\text{m}$ 处的平均风速；切变系数或粗糙度指数 α 是一个经验指数，其值为 $0.12\sim0.5$，我国的《建筑结构荷载规范》将地貌分成 A、B、C 和 D 四类，四类地面粗糙度类别和对应的粗糙度指数见表 1-1。

表 1-1　四类地面粗糙度类别和对应的粗糙度指数

地面粗糙度类别	描　述	粗糙度指数 α
A	指近海海面、海岛、海岸、湖岸及沙漠地区	0.12
B	指田野、乡村、丛林、丘陵及房屋比较稀疏的乡镇和城市郊区	0.16
C	指有密集建筑群的城市市区	0.22
D	指有密集建筑群且房屋较高的大城市市区	0.30

　　有条件时最好监测当地的风剖面，1998 年在沙漠地貌的酒泉卫星发射中心排烟塔上，从 $10\sim65\text{m}$ 高度布置了四台测风仪，四个高度的风速基本相同，粗糙度指数接近零；而在海岸地貌的文昌航天发射场的测风塔上，50m 高度处的风速是 10m 高度风速的两倍，粗糙度指数约为 0.43，明显与表 1-1 中的粗糙度指数不匹配，可能是当地密集的椰树林所致，导致火箭地面风设计条件更改，故在脐带塔上增加了火箭防风减载结构。同样，在海边的卡纳维拉尔角肯尼迪航天中心，战神火箭在 39B 发射场的风剖面的粗糙度指数并不大，300ft（$1\text{ft}=0.3048\text{m}$）高度的风速只比 60ft 高度处的风速高 20% 左右（图 1-3），粗糙度指数约为 0.11，与表 1-1 中的数据一致。

　　Davenport 根据强风记录，并假定水平脉动风速谱中湍流尺度沿高度不变，得出阵风风速的功率谱密度表达式为

$$\frac{nS_v(n)}{V_0^2}=\frac{4kx^2}{(1+x^2)^{4/3}}$$

式中，$x=1200n/V_0$；n 是阵风频率；k 是地面粗糙度指数，我国规范采用的为此风速谱；$S_v(n)$ 为功率谱密度。

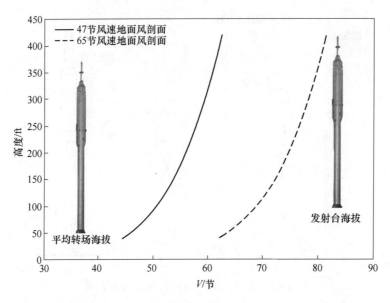

图 1－3　肯尼迪航天中心 39B 发射场两种风速下的地面风剖面（参考高度 60ft）

　　对于不同地域平均风的分布，《建筑结构荷载规范》以空旷平坦地面上离地 10m 高度处 10min 的平均风速观测数据为基础，经概率统计得出 50 年一遇最大值确定的风速，作为全国各地高耸结构的设计条件，结合建筑物的体型系数和高度系数，即可确定建筑结构50 年一遇的统计风压值。

第 2 章　火箭地面风载荷的基本特征

　　火箭的地面风载荷问题与发射塔、脐带塔、排烟塔等细长结构周围的流场分布相关（图2-1），由于流场阻塞产生文丘里效应，影响脱涡特性和静、动态载荷。风引起的载荷是由定常载荷、脱涡载荷和阵风载荷三部分组成的，其中每一部分又可分为沿风向的阻力载荷和垂直于风向的升力载荷（图2-2）。阻力载荷中定常阻力是主要载荷，定常风产生的非定常阻力和阵风阻力是次要载荷；升力载荷中卡门涡街产生的侧向动态力是主要载荷，由于外形非对称产生的定常升力和阵风升力是次要载荷。各种载荷中定常载荷是最容易评估的，对于光滑旋转体，其定常阻力载荷可根据近似雷诺数的二维圆柱体或锥头柱体的阻力系数计算得到，阻力系数通过气动分析与风洞试验得到。对于其他复杂结构的定常载荷，如多圆柱并联类型，有外部凸起或导管的圆柱体或者邻近塔结构等，可通过刚体模型的风洞试验获得。结构的初步设计时可对不同外形近似取值，光滑圆柱截面的阻力系数 $C_D=0.6$，表面有凸起或导管的圆柱体暴露于风场中的阻力系数 $C_D=0.8$；多圆柱并联类型的阻力系数 $C_D=1.2$。

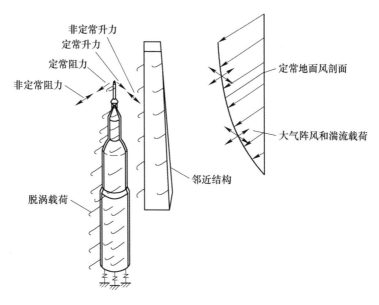

图 2-1　竖立火箭的地面风载荷

　　在大部分情况下，定常载荷通过气动弹性缩比模型的风洞试验获得，同时还可以得到非定常脱涡载荷。地面风所产生的动态升力载荷与静态阻力载荷是同一量级，数值上高于静态载荷，并且其大小不能预计，通常用模型试验来确定。由于非定常脱涡载荷与附面层的流动行为密切相关，即使是结构表面的微小改变，也会引起巨大的效应，特别是沿箭体长度分布的导管与电缆罩；同样，火箭风洞缩比模型的整流罩形状稍稍改动，也会发生类似的效应，因此，考虑脱涡载荷时，确认对定常气动力学不重要的结构细节就变得很重要。脱涡载荷与风速、箭体特征直径和振动频率相关，大的振动响应能够导致脱涡频率接近结构频率，不再随风速变化，产生脱涡频率"锁定"现象，振动更为剧烈。

虽然缺少足够的全尺寸数据用作对比，但在风洞试验和全尺寸试验中都发现有个现象可能导致灾难性的结构振动响应。这些能导致比定常阻力载荷大阶次的载荷振动，通常都有自激气动不稳定性的所有特征。这种响应通常发生在结构的固有频率上，而且只在很窄风速范围内出现。大幅振动通常发生在斯特劳哈尔数 $fD/V=0.2$ 附近，在目前关心的所有雷诺数范围内（甚至超过 1×10^7），都有该现象。

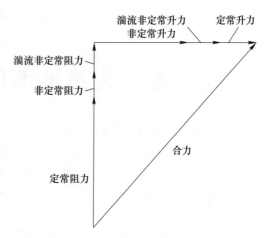

图 2-2　火箭的地面风载荷及其分量

缩比模型风洞试验的一个主要目的是研究全尺寸结构是否容易产生大幅值的自激振荡。如果存在这种现象，找到将自激振动抑制到可接受水平的方法，如在结构上添加人工阻尼，或者贴上气动扰流器，以打乱引起自激响应的流场特征。选择抑制自激振荡的机械或者气动方法的首要原则是不增加飞行器起飞后的重量。

阵风载荷是风速波动产生的，风洞试验中气流是平稳和均匀的，不存在阵风载荷，但在自然地面风中有明显的风速波动，其统计特征需要收集发射场一段时间的阵风数据。阵风一般采用两种方法描述：一是阵风因子法，将阵风载荷作为定常载荷处理，采用定常风速（平均风速）乘以阵风因子得到最大风速，以此计算定常载荷，即将图 2-2 的湍流载荷（阵风载荷）与定常载荷统一称为定常载荷；二是采用阵风的功率密度谱，假设空间分布均匀并相关，利用箭体竖立状态频响函数得到阵风载荷响应的均方根，以三倍均方根值作为阵风载荷的包络。

火箭竖立状态的受力特征与圆柱形悬臂梁承受弯曲载荷类似，箭体根部弯矩最大，头部弯矩为零，而火箭上升段的弯矩分布与两端自由梁相近，箭体中部弯矩最大，两端弯矩为零（图 2-3），这是火箭地面风载荷与飞行载荷分布的主要差别。另外，对于战神火箭，由于其独特的细身部、大头部结构形式，竖立风激载荷响应的分布体现了明显的两阶模态响应的特征，而其他型号火箭以一阶模态响应为主。

地面风载荷的最大合成载荷是箭体根部结构的设计条件，通过理论分析和试验测量，可以分别获得定常（静态）和一定概率非定常（动态）升、阻力载荷，然后进行代数与矢量叠加（图 2-2）。这种方法假设升、阻力载荷相关，同时达到极值，是一种保守的设计方法。

地面风载荷模型根部弯矩的风洞试验测量结果（图 2-4）可以给出各个载荷分量，定常载荷和非定常载荷包络形成一个偏心、偏轴椭圆，椭圆中心代表定常载荷，定常阻力载荷远大于定常升力载荷，椭圆长轴方向一般与风向接近垂直，体现了非定常升力远大于非定常阻力的特点，这个特点从相同风速不同风向的土星Ⅴ箭塔联合风洞试验结果（图 2-5）可以明显看出。

土星Ⅴ箭塔联合风洞试验结果表明，脐带塔位于不同风向角时，箭体的静、动态载荷

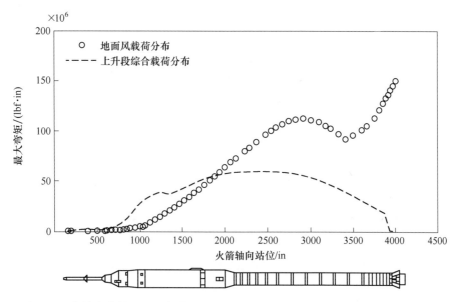

图 2-3　战神火箭的地面风载荷（两阶响应）与上升段飞行载荷分布（多阶响应）

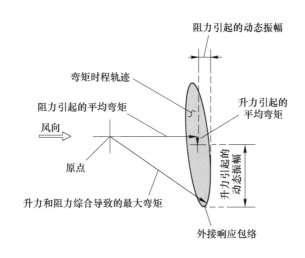

图 2-4　火箭地面风载荷模型根部弯矩测量结果

变化有明显的规律。忽略箭体表面轴不对称的影响，并回避卡门周期脱涡的风速范围，对载荷变化规律进行分析。首先当箭体位于脐带塔斜 45° 上风头时，塔体对箭体上游流场影响不大，也没有窄通道造成的箭体侧方局部流场风速增大效应，接近于没有塔体影响的载荷条件，可以作为比较塔体效应的基准；当箭体位于脐带塔下风头时，由于塔体遮蔽效应，箭体的静态载荷显著降低，动态载荷略有增大，总载荷约为单独箭体时的 60%，体现了塔体对箭体的遮蔽效应，箭体周围流场平均风速降低，而流场湍流程度增大，与载荷变化趋势一致；当箭体位于脐带塔上风头时，下游的塔体对上游的流场有一定的影响，也是平均风速降低、湍流程度增大，导致静态载荷略有降低、动态载荷略有增大，总载荷约为单独箭体时的 85%；当箭体位于塔体侧风向时，箭体与塔体之间的流场流速和湍流程度均增大，导致静、动态载荷均增大，总载荷约为单独箭体时的 120%；当箭体位于脐带

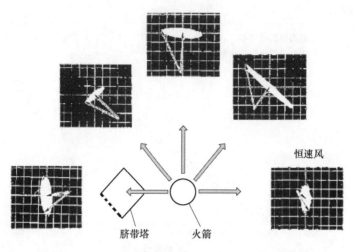

图 2-5 土星 V 脐带塔风向角对箭体载荷效应的影响

塔斜 45°下风头时,塔体的遮蔽效应使箭体周围流场流速降低,另一方面箭体又处于塔体不规则脱涡的尾迹区,导致静态载荷降低,动态载荷增大,总载荷也约为单独箭体时的 120%。后两种状态总载荷相近,但侧风向时静态载荷较大,侧下风头时动态载荷较大。从土星 I B-天空实验室组合体的试验结果(图 2-6)可以看出与土星 V 类似的结果,但数值上有一定的差别。以 0°风向角作为基准,90°风向角和 270°风向角的侧向吹风试验,由于狭窄通道效应,最大合成载荷增大至 130%;180°风向角的背向吹风试验,由于塔架遮蔽效应,最大合成载荷降低至 60%;120°风向角的侧后向吹风试验,由于塔架尾流脱涡效应影响,最大合成载荷增大至 160%,载荷变化范围大于土星 V,但与以 ±45°风向角作为基准相比,则最大合成载荷增大至 140%。考虑到 ±45°风向角的载荷低于无塔架时最大载荷风向角的载荷,可以认为邻近结构对箭体响应的放大影响系数低于 1.3 倍,从 CZ-7 有无塔架的试验结果看,有塔架的最大合成载荷反而比无塔架时低 10% 以上,体现了遮蔽效应大于扰流效应的结果,因此邻近结构对火箭载荷 1.3 倍的扰流放大系数是能够包络住的。

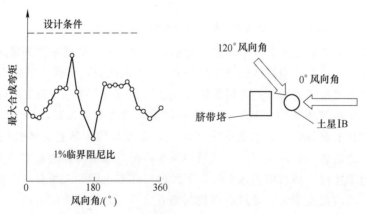

图 2-6 土星 I B-天空实验室组合体不同脐带塔风向角的最大合成载荷

地面风载荷影响最大的因素是风速，从土星ⅠB的吹风试验结果（图2-7）看，箭体根部静态阻力弯矩与预期一致，近似随风速的平方（动压头）增大而增大，动态阻力载荷在整个风速范围都不大，然而最大动态升力却不小，并且在风速大约为37m/h时出现极值，这个现象非常有代表性，在各种模型试验中均出现，对应的斯特劳哈尔数 $fd/V \approx$ 0.2，雷诺数在 4×10^6 附近。这个动态升力极值也反映在最大合成载荷的极值上，并且在其他大部分研究中也有体现。

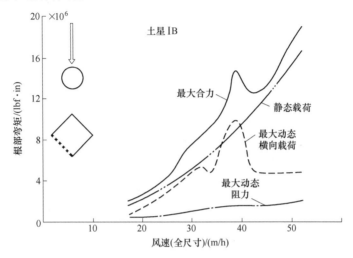

图 2-7　土星ⅠB箭体载荷与风速的关系

箭体根部弯矩本质上是风场激励的响应，因此其动态响应的频率是结构质量和刚度特性的体现，响应的幅值除与风速或斯特劳哈尔数相关外，还与结构阻尼有关。

土星ⅠB的吹风试验（图2-8）表明，阻尼越小响应幅值越大，但并不是成反比关系，而是与阻尼的平方根成反比。我们在CZ-2F火箭全尺寸靶场地面风载荷试验中，通过安装动力减振器，阻尼增大4倍，动态载荷响应降低一半，验证了这个规律，这是结构系统受白噪声随机激励的响应特征，在后续章节中将予以理论推导与证明。

本节及后文中多次使用了英制单位，这里将其与公制单位的对应关系列于表2-1中。

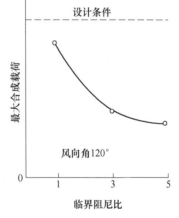

图 2-8　土星ⅠB载荷与阻尼的关系

表 2-1　本书中使用的英制单位与公制单位对照表

序号	名称	符号	定义	公制单位	换算关系
1	英寸	in		cm	1in＝2.54cm
2	英尺	ft	1ft＝12in	m	1ft＝0.3048m
3	迈	m/h	英里/小时	m/s	1m/h＝0.4469m/s
4	节	knots	海里/小时	m/s	1knots＝0.5144m/s
5	力矩	lbf·in	磅力·英寸	N·m	1lbf·in＝0.113N·m
6	压力	psf	磅力/平方英尺	Pa	1psf＝47.88Pa
7	密度	sl/ft³	斯勒格/英尺³	kg/m³	1sl/ft³＝1.94×10⁻³kg/m³

第3章 箭体横向绕流特性和动响应相似理论

研究结果表明，竖立状态下的火箭风激振动大部分属于小阻尼系统对宽带随机输入力的窄带随机响应。从流体力学观点看，可以归结为绕竖立物体的黏性分离流动范畴。尽管人们对这种流动现象做了一些研究，但没有得出适当的气动力传递函数的近似表达式，来描述风输入与火箭结构的动态载荷关系。

圆柱绕流是一个经典的不稳定流体力学问题，著名的"卡门涡街"现象和斯特劳哈尔数的产生即来源于此问题，流场分布特征依赖于雷诺数范围（图 3-1）。雷诺数很低时流线附体不分离，雷诺数提高时在圆柱背后形成一对稳定的漩涡，雷诺数继续提高时漩涡拉长，直到两个漩涡之一脱离圆柱向下游运动，形成周期性的尾流和交替错开排列的涡道。雷诺数低于 150 时涡道为层流；雷诺数达到 300 时涡道出现湍流；雷诺数达到 3×10^5 时边界层全部转为湍流，漩涡脱离无规律；雷诺数超过 3.5×10^6 时涡道重建，出现湍流周期脱涡。

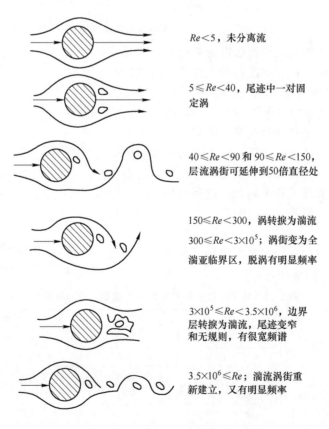

Re<5，未分离流

5≤Re<40，尾迹中一对固定涡

40≤Re<90 和 90≤Re<150，层流涡街可延伸到50倍直径处

150≤Re<300，涡转捩为湍流
300≤Re<3×10^5；涡街变为全湍亚临界区，脱涡有明显频率

3×10^5≤Re<3.5×10^6，边界层转捩为湍流，尾迹变窄和无规则，有很宽频谱

3.5×10^6≤Re；湍流涡街重新建立，又有明显频率

图 3-1 不同流速圆柱绕流流场

按照漩涡脱落现象对应的雷诺数范围,国外文献将流场特性分为 3 个区域:雷诺数在 $300 \sim 3 \times 10^5$ 时称为亚临界区(Subcritical),雷诺数在 $3 \times 10^5 \sim 3.5 \times 10^6$ 时称为跨临界区(Transcritical),雷诺数大于 3.5×10^6 时称为超临界区(Supercritical)。国内文献与此不一致,亚临界区名称不变,但跨临界区称为超临界区,超临界区称为过临界区,可能是翻译不准确,应以原文为准。不同区域的圆柱绕流漩涡脱落频率主要与来流速度和圆柱直径有关,无量纲的相似参数——斯特劳哈尔数体现了这个特征,斯特劳哈尔数 Sr 定义为脱涡频率与流速/直径之比的系数,表达式为

$$f_S = Sr \frac{V}{D}$$

可以将不同来流速度和圆柱直径产生的脱涡频率归一化,也可称为无量纲脱涡频率,主要反映绕流物体外形和雷诺数的影响。圆柱绕流的斯特劳哈尔数与雷诺数的关系如图 3 - 2 所示,图中展示了三个区域的流场特征及对应的斯特劳哈尔数取值范围。在亚临界区不论表面粗糙度高低,斯特劳哈尔数均在 0.2 附近(图 3 - 2),对于矩形截面,大约为 0.12;在超临界区斯特劳哈尔数趋向 0.3(图 3 - 3),但由于流场紊乱产生的非定常升力系数比亚临界区低,而在跨临界区不存在规则的脱涡频率,斯特劳哈尔数约为 $0.2 \sim 0.45$,这个范围是大部分运载火箭地面风载荷的风场条件,体现了宽带随机输入力的窄带随机响应特点,只有土星 V 火箭的地面风场条件在超临界区范围。

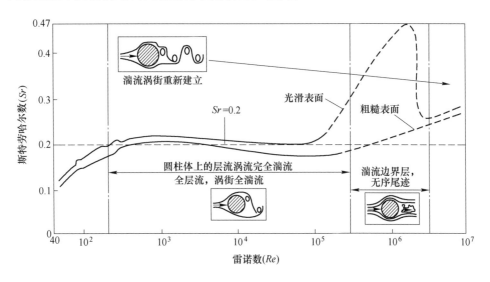

图 3 - 2 对数坐标下斯特劳哈尔数与雷诺数的关系 (见彩插)

上述内容针对固定圆柱的绕流特征,当圆柱结构的横向振动频率接近脱涡频率时,柔性结构有时会产生比一般共振更大的响应,从试验中观察到结构固有频率控制了脱涡频率,甚至在风速发生一定范围的变化时仍如此,这个现象称为"脱涡锁定",在锁定区域脱涡频率是常数,而不是风速的线性函数(图 3 - 4)。其原因是随着圆柱振动的增大,引起尾流能量增大,反过来又增大了物体的振动,从而在结构频率下锁定脱涡,物理上属于一种不稳定的气动力现象,在结构振动与脱涡尾流之间存在耦合效应。

NASA 兰利研究中心在其跨声速风洞(图 3 - 5 和图 3 - 6)开展了各种运载火箭地面

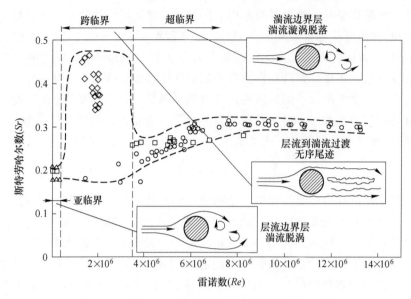

图 3 - 3　线性坐标下斯特劳哈尔数与雷诺数的关系

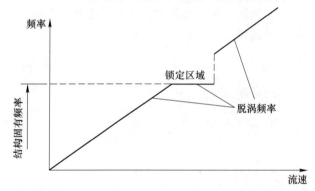

图 3 - 4　脱涡锁定现象

图 3 - 5　NASA 兰利研究中心的跨声速风洞

风载荷试验，并且对二维绕流问题（图 3 - 7）进行了充分的研究，雷诺数范围扩展到 $5 \times (10^4 \sim 10^8)$，斯特劳哈尔数扩展到 $0.01 \sim 5$（图 3 - 8），获得了大量的研究成果。研究结果表明：

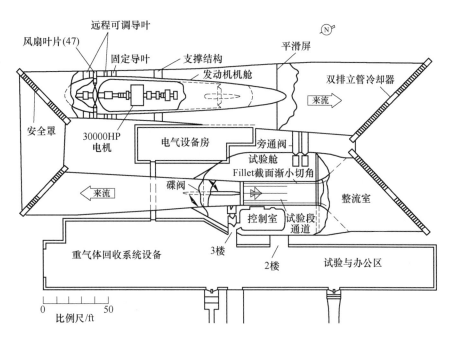

图 3 - 6　跨声速风洞平面图

图 3 - 7　圆柱体二维绕流试验

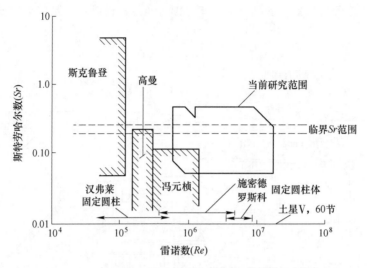

图 3-8　不同研究者对二维圆柱绕流振动响应的研究范围

1）圆柱体的平均阻力系数在雷诺数（4～10）×10^6 范围内趋近于 0.54；在雷诺数（0.15～0.6）×10^6 范围内，阻力系数从 1.2 降低至 0.4（图 3-9），在雷诺数（0.6～2）×10^6 范围内，阻力系数从 0.4 升高至 0.5（图 3-10）；对于具有三维效应的不同头型箭体模型，在雷诺数（0.5～7）×10^6 范围内，其阻力系数从 0.4 降低到 0.3（图 3-11），再逐渐升高到 0.5，不同的研究项目具有类似的研究结果。

2）非定常升力的激励频率范围（图 3-3）依据雷诺数可分为三类：宽带随机——雷诺数为（0.3～3.5）×10^6、窄带随机——雷诺数为（3.5～6）×10^6 和准周期——雷诺数大于 6×10^6。

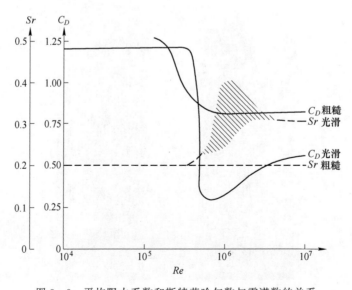

图 3-9　平均阻力系数和斯特劳哈尔数与雷诺数的关系

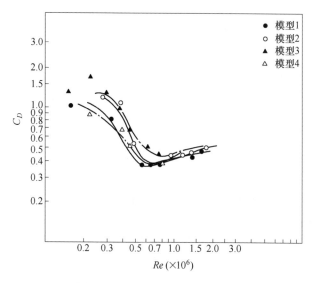

图 3 - 10　圆柱模型的阻力系数

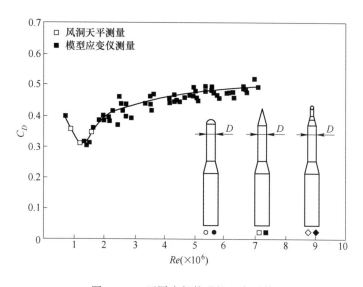

图 3 - 11　不同头部外形的阻力系数

　　兰利研究中心的跨声速风洞虽然已经使用了近 60 年，但仍保持着相当的先进性，有适用于研究气动弹性和非定常流动现象的特殊设计：高效率回流式闭口风洞，使用总压可在 0.1～1 个大气压范围内调整，变流体密度，马赫数 0～1.2；大试验截面 16ft 见方，带渐小切角（保持洞壁附面层静压不增大，消除静压梯度和附面层影响）；可使用空气和重气体介质，1997 年以前采用 R - 12，4 倍空气密度，1997 年以后采用 R - 134a，3.5 倍空气密度，黏性约为空气的 2/3，模型单位长度的雷诺数范围是空气的 5 倍，以同时满足雷诺数与斯特劳哈尔数的相似要求。声速约为空气的一半，模拟马赫数时动压头降低，试验模型的载荷和风险均降低。

　　为保证全尺寸运载火箭地面风载荷响应与风洞缩比模型试验结果的相似性，除了几何相似条件外，还需要满足流体与结构之间的气动弹性相似要求。比较重要的相似参数包括雷诺数、减缩频率、斯特劳哈尔数、马赫数、质量比和斯克鲁登数。雷诺数定义为

$$Re = \rho VD/\mu = VD/\nu$$

式中，V、D 分别为来流速度和圆柱直径（特征尺寸）；ρ、μ 分别为来流气体的密度和动力黏度；ν 为运动黏度；Re 表征流场绕流的分布特性和脱涡的性质，其规律在前文已有介绍。箭体结构减缩频率定义为

$$k_{Hz} = f_J D/V$$

式中，f_J 为箭体模态频率，而斯特劳哈尔数定义为

$$Sr = f_s D/V$$

式中，f_s 为脱涡频率，减缩频率为结构特性，斯特劳哈尔数为外激励特性，两者均为无量纲参数，可以直接比较分析。减缩频率与斯特劳哈尔数相似是结构与模型动特性相似的核心要求，不需要严格的质量分布和刚度分布相似要求，两者相互接近时产生涡激振动，振动较强烈时出现脱涡锁定现象。马赫数定义为来流速度与声速的比值，体现了来流的可压缩性，马赫数低于 0.3 时为不可压流，因此在风洞的地面风缩比模型试验时，吹风速度不得高于 0.3 马赫数。质量比定义为火箭质量与相同体积的流体质量之比，反映了流体运动对火箭结构产生的强迫动响应，重箭体、低密度流体产生的动响应小，轻箭体、高密度流体产生的动响应大。斯克鲁登数 S_C 在相似理论中比较少见，主要反映共振响应特性，定义为质量比与模态阻尼比的乘积

$$S_C = \frac{4\pi m \xi_J}{\rho D^2}$$

式中，m 为箭体的平均线密度；ξ_J 为箭体模态阻尼比。斯克鲁登数表征了涡激共振响应的程度与趋势。斯克鲁登数越小，涡激共振响应越强烈；斯克鲁登数越大，涡激共振响应发生的可能性越小。

第4章　火箭地面风载荷的研究成果

在地面风载荷的研究方面，NASA 兰利研究中心在其跨声速风洞内开展了大量的试验与分析（表 4-1）。早期开展的研究较多，大部分研究集中在 1960—1990 年期间进行，以土星系列火箭的各种发射状态的研究最为充分，1990—2006 年期间未进行过地面风载荷试验，2007 年以后又进行了战神系列火箭的地面风载荷试验。我国对大部分运载火箭进行了地面风载荷试验，风洞吹风试验基本上都是在中国空气动力研究与发展中心低速所的 FL-13 号开口直流式风洞的第二试验段进行。该风洞是目前国内最大的低速风洞，第二试验段为带渐小切角的 6m×8m 矩形截面（图 4-1），风速范围为 20～90m/s。而新研制的三级运载火箭 CZ-7A 的地面风载荷试验，则在航空 627 所新建造的 6m×8m 闭口回流式风洞中进行，最大风速可达 100m/s，是我国最先进的大尺寸低速风洞。

表 4-1　NASA 兰利研究中心的地面风载荷试验项目

火箭型号	模型比例（%）	有效载荷	附属结构物	研究内容和结果	备注
土星 I - Block I	7.5				
土星 I - Block II	3.5		37B 脐带塔		
	7	木星整流罩			
	7	阿波罗飞船			
土星 I B	2.75		37B 脐带塔		
	2.75		34 发射场	根部弯矩-风速图	带脐带塔
	5.5	阿波罗飞船	37B 脐带塔		
		空间站	37B 脐带塔		
		阿波罗飞船	34 脐带塔		
		通用整流罩	34 脐带塔		
		天空实验室	39 发射架	风向角和阻尼对载荷的影响	
土星 V	2.5		转运平台和 39 脐带塔	阻尼-侧向弯矩图	
	3	天空实验室	勤务塔		
				三种载荷减缓装置	
侦察兵（Scout）	15				
木星（Jupiter）	20			头部阻流片（Nose Spoiler）效应	中程弹道导弹
巨人（Titan）III		球根状有效载荷			
		Dyna - soar 有效载荷			

（续）

火箭型号	模型比例（%）	有效载荷	附属结构物	研究内容和结果	备注
双子座-巨人（Gemini - Titan）	7.5		安装架（竖立位置）		实物试验
	7.5		安装架（倾斜位置）	倾斜角度6°、33°、50°	
宇宙神Ⅱ	8.6		脐带塔		
战神（Ares）Ⅰ-X	4		转运过程		实物试验
			发射台状态		实物试验
战神Ⅴ					
航天飞机	3		发射塔	发射塔和风向角对载荷的影响	早期构型
	4.6				最终构型
			勤务塔	风向角的影响	最终构型

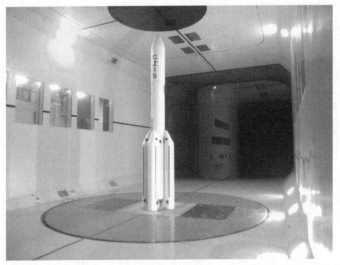

图 4-1　CZ-5 模型在国内最大的直流开口 6m×8m 低速风洞进行竖立风载荷试验

4.1　美国开展的火箭地面风载荷研究

NASA 兰利研究中心开展地面风载荷试验最多的型号是土星系列火箭，几种主要型号火箭的尺寸比较如图 4-2 所示，直径和高度均较大的是土星Ⅴ和战神Ⅴ，航天飞机是短、粗面对称多体构型，而战神Ⅰ-X 为典型的细脖大头构型，这也是各种火箭中唯一的二阶风激响应超过一阶响应的原因所在。

兰利研究中心对影响地面风载荷的各种因素进行了充分的研究，风向角的影响体现在两个方面：箭体表面鼓包的不对称对地面风载荷有一定的影响，而最主要的影响在于脐带塔脱涡尾流区对箭体非定常升力载荷的影响。土星Ⅴ位于脐带塔侧下风头时，最大合成载荷增大 20%（图 2-5），土星ⅠB 位于脐带塔侧下风头时，最大合成载荷比上风头时增大 60%（图 2-6）。地面风速是箭体载荷的最主要影响因素，根据土星ⅠB 模型的吹风试验

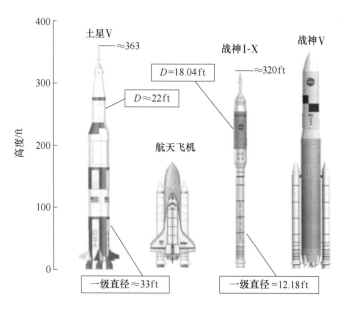

图 4-2 土星 V、航天飞机与战神 I-X、战神 V 火箭尺寸的比较

结果（图 2-7），上一节中已提到静态载荷与动压头成正比，而动态载荷的峰值出现在斯特劳哈尔数为 0.2 对应的风速处，因此最大合成载荷也在此风速处有一个局部峰值，但总的趋势仍是随风速增大。阻尼的影响只体现在动态升力载荷上，土星 I B 模型的最大合成载荷与阻尼的平方根成反比（图 2-8），土星 V 模型在阻尼较小时，其动态侧向载荷为较大的稳态周期响应，在中等以上阻尼时则变为幅值较小的窄带随机响应（图 4-3）。

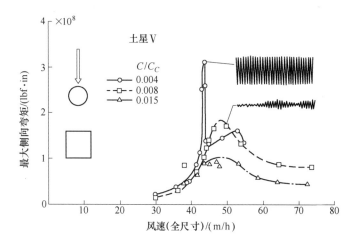

图 4-3 土星 V 模型不同阻尼的最大动态侧向载荷

通过模型吹风试验，发现土星 I B 和土星 V 在较大风速的某个区域最大合成载荷超过设计载荷（图 4-4）；在未加注状态且阻尼大于 0.01 时，土星 I -Block Ⅱ 的载荷远低于设计载荷，土星 I B 在 40mile/h 风速附近载荷超过设计值，土星 V 在 50mile/h 风速区间载荷超过设计值，并且超过设计值的风向角主要出现在上风头和侧下风头（图 4-5），另

外邻近结构的遮蔽效应可以减小超过设计载荷的风向角范围（图 4 - 6）。

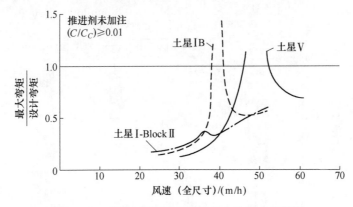

图 4 - 4　三种土星系列火箭的最大动态合成载荷

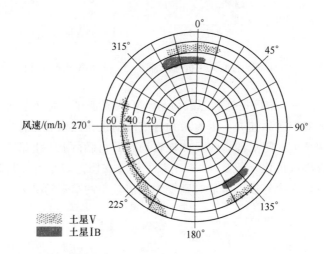

图 4 - 5　土星 V 和土星 I B 火箭超过设计载荷的风速和风向角范围

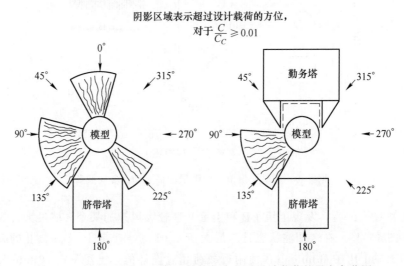

图 4 - 6　土星 V 火箭两种邻近结构状态超过设计载荷的风向角范围

早期进行的土星ⅠB（图 2 - 7）、土星Ⅰ - Block Ⅰ（图 4 - 7）及其他型号火箭地面风载荷试验结果表明，高风速下动态升力载荷较小，而静态阻力载荷数倍于动态载荷，接近未加注状态的倾覆力矩，因此临界载荷变为静态稳定条件。

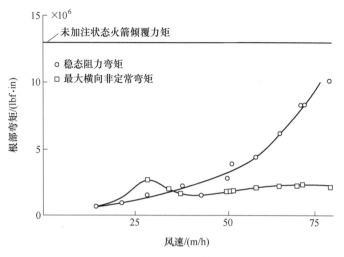

图 4 - 7　土星Ⅰ - Block Ⅰ火箭地面风诱发载荷

为减缓箭体结构的地面风载荷，在木星导弹模型和土星Ⅴ模型上开展了试验研究，木星模型头部增加阻流片后，最大合成载荷降至 1/3（图 4 - 8）。土星Ⅴ模型开展了 10 种载荷减缓装置的试验，其中三种装置比较有效（图 4 - 9）。第一种是限位板，在脐带塔上安装一块几乎接触到箭体中部的分叉板，当脐带塔在下风头时成功抑制了较大的载荷响应；另外两种是箭体表面中上部附加的螺旋条和圆环板，螺旋条的减载效应是斯克鲁登发现的，并在英格兰的一些高大烟筒上得到应用。根据流场研究发现，圆柱体绕流后方分离点处有强烈的上升流动，圆环板的减载效应是通过抑制上升流动而实现的。遗憾的是，这三种载荷减缓装置只是在某些风速和风向角条件下有效，没有一种装置在所有条件下都有效。

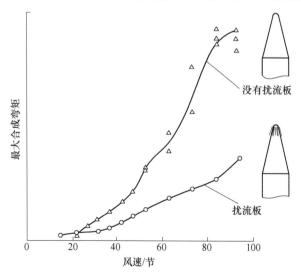

图 4 - 8　20% 比例木星导弹模型头部阻流片对地面风载荷的影响

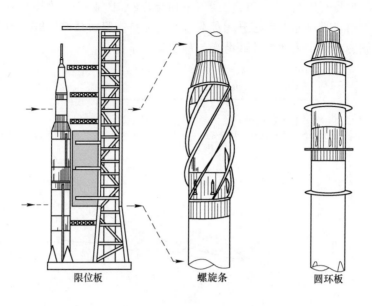

图 4-9　土星 V 模型上的三种载荷减缓装置

　　双子座-巨人火箭进行了起竖塔竖立状态和三种倾斜角度（6°、33°、50°）状态的试验，其中 33°动态载荷最为严重。从试验结果（图 4-10）看，阵风载荷是主要载荷，大于脱涡载荷。另外还进行了全尺寸风载试验，略大于缩比模型的载荷，但试验范围仅限于中低风速。

　　宇宙神 Ⅱ 火箭的试验结果（图 4-11）表明，在临界风向角下，未加注火箭安装阻尼器在 30 节风速时，根部弯矩达到设计值；不安装阻尼器在 23 节风速时，根部弯矩达到设计值，但在射前加注状态不存在风载问题，因为加注推进剂后火箭的风载承受能力明显增强。

　　航天飞机的地面风载荷问题与其他火箭有显著差异，其外置贮箱和助推器的直径和长度大于航天飞机本体，并且航天飞机是带升力面的面对称结构，地面风对这种多体带翼构型产生的流场与圆柱体横向绕流特征完全不同。另外，航天飞机射前有两周的地面风环境暴露时间，99%概率的极值风速 81 节，还面临 100 次发射的任务要求，因此除极限条件产生的结构强度问题外，疲劳损伤累积问题也是新面临的研究内容。从流固耦合效应看，航天飞机带有大平面升力面的非圆不良流线型，容易诱发"停车牌"颤振现象——机翼绕纵轴的扭转失速颤振。

　　为了掌握航天飞机特殊构型的地面风载荷变化规律，开展了多轮、多种状态的试验。1972 年，开展了早期构型 3%比例气动弹性模型试验。未加注状态 73 节风速下不同风向角的试验结果（图 4-12）表明，飞行器静态倾覆力矩系数与风向角有关，更受发射塔的影响。没有发射塔时，迎风面积最大的 0°、180°风向角的倾覆力矩系数最大，接近 0.4，迎风面积最小的 90°、270°风向角的倾覆力矩系数最小，约为 0.25；有发射塔时，0°风向角的遮蔽效应非常大，倾覆力矩系数降低至 0.1，180°风向角时由于下游流场受阻，局部风速降低使得倾覆力矩系数略微降低至 0.3，接近 90°、270°风向角的侧向吹风产生窄通

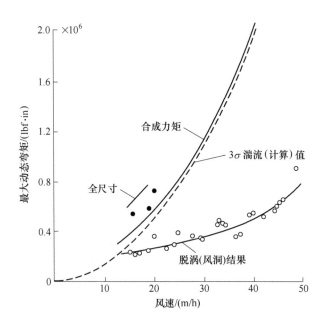

图 4 - 10　双子座-巨人火箭的风洞和全尺寸动态载荷试验结果

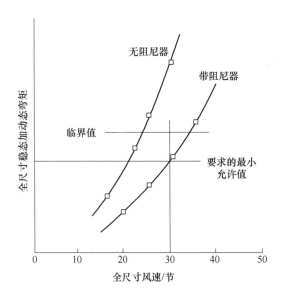

图 4 - 11　宇宙神 Ⅱ 火箭的地面风载荷

道效应，倾覆力矩系数略微提高至 0.3，总体上比无发射塔时倾覆力矩系数低，邻近结构有利于倾覆稳定性。

　　1978 年，开展了 4.6% 比例最终构型气动弹性模型试验，雷诺数处于亚临界范围，试验雷诺数只达到全尺寸的 30%，航天飞机底部支撑通过连杆与外贮箱、固体助推器相连。

以 72 节恒定风速（99％概率统计值）、360°风向角扫描的根部合成弯矩（静态加动态载荷）试验结果如图 4-13 所示，在所有风向下转运过程的单独航天飞机根部弯矩都没有达到设计载荷。对于发射区，航天飞机-勤务塔联合体状态，参照图 4-12 的结果选择静态载荷较大的方向角范围 0°～120°进行试验（图 4-13），根部弯矩也没有超过设计值，基本上低于单独航天飞机状态，在 90°风向角载荷最大，与早期构型类似（图 4-12）。通过试验证明预期的"停车牌"扭转颤振现象不存在，尽管模型的扭转刚度低于全尺寸航天飞机。2003 年为编制航天飞机转运疲劳载荷谱，开展了航天飞机（图 4-14）和固体助推器（图 4-15）转运试验。

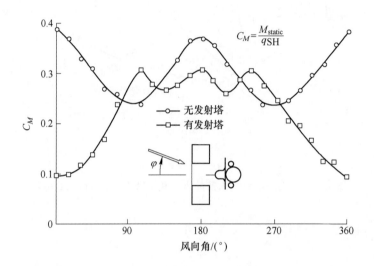

图 4-12　发射塔对航天飞机静态固定弯矩的影响
（早期构型 3％比例气弹模型）

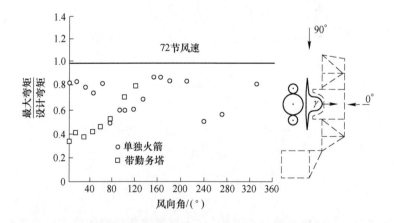

图 4-13　在不同风向角下航天飞机根部最大弯矩
（最终构型 4.6％比例气弹模型）

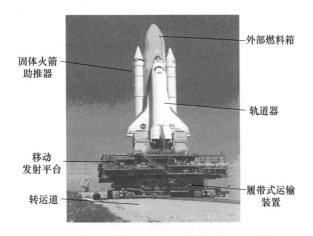

图 4 - 14　航天飞机转运试验

图 4 - 15　航天飞机固体助推器转运试验

　　2009 年，NASA 兰利研究中心在跨声速风洞对战神I-X火箭开展了三种构型（图 4 - 16～图 4 - 18）的地面风载荷试验，并在有限条件下进行了全尺寸火箭地面风载荷试验。为便于比较载荷数据，定义根部弯矩系数为

$$C_M = \frac{M}{qAL_C}$$

式中，M 为根部弯矩；q 为动压头；A 为火箭模型投影面积；L_C 为模型投影形心到测量截面的距离。

　　这个定义与气动力合力线性相关，对于静态载荷比较准确，对于动态载荷要求动力相似，特别是阻尼比相同。另外，由于脱涡一般发生在不以形心为中心的部分区域，我们在CZ - 2F 火箭全尺寸试验中发现动态载荷压心在 34m 处，而形心位于 29m 处，动态载荷力臂定义不太准。

图 4-16　战神Ⅰ-Ⅹ火箭地面风载荷校验模型（光滑表面带鼓包）

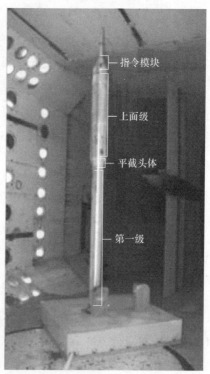

图 4-17　战神Ⅰ-Ⅹ火箭模型（转运构型）

图 4 - 18　战神 I - X 火箭模型（发射构型）

　　战神 I - X 火箭地面风载荷校验模型的静态阻力弯矩系数随着风速的增大大约从 0.60 增大到 0.80，因此 $C_D = 0.80$ 被选定为设计载荷。图 4 - 19 给出了三种试验总压下的动（升力的 3 倍标准偏差）静（阻力均值）弯矩系数比与全尺寸火箭地面风速的关系，并且在 15 节的最大响应风速附近给出了 360° 风向角扫描数据（310° 风向角响应最大）。图中在 10 节和 15 节风速下有两个载荷响应极值，中等风速下动态载荷是静态载荷的 5 倍，在此范围之外载荷响应逐渐降低，趋于静态载荷的量级，这是战神 I - X 火箭与其他火箭的单峰值载荷曲线（图 4 - 4 和图 4 - 7）的不同之处。结合斯特劳哈尔数频率分析和脉动压力测量数据，10 节风速产生的载荷响应峰值来源于火箭上面段（图 4 - 17 的上面级）的脱涡效应，15 节风速产生的载荷响应峰值来源于火箭顶部的三维脱涡效应，并且脉动压力数据证明在峰值响应风速的 10% 范围内脱涡频率有锁定现象。

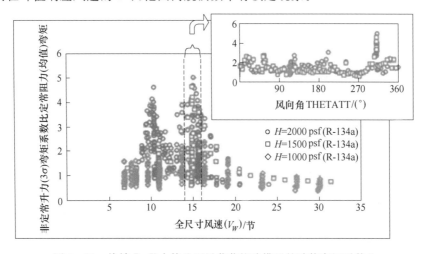

图 4 - 19　战神 I - X 火箭地面风载荷校验模型的动静弯矩系数比
——非定常升力（3σ）比定常阻力（均值）

战神Ⅰ-Ⅹ火箭地面风载荷模型转运构型不同风速、风向下的定常阻力系数 C_d 在 0.6～0.8 范围内，30 节风速以下阻力系数稳定增大，30 节风速以上缓慢增大直至平稳，而 30 节风速以上面段直径折算的雷诺数约为 $6.0×10^6$，正与图 3-9～图 3-11 的规律一致。图 4-20 给出了战神Ⅰ-Ⅹ火箭转运、发射区停放和射前三种构型、35～40 节风速、不同风向角的定常弯矩系数。受周围建筑物的影响，定常阻力系数 C_d 下限低至 0.45，最大值在 0.8 附近；定常升力系数 C_L 范围在 -0.2～0.2，主要受箭体鼓包和发射台结构的影响。对于周围空旷的转运构型，箭体鼓包在 90°～270° 方位有一个对称面，因此风向角为 90° 和 270° 时，定常升力系数接近零。但在发射区周边建筑产生干扰，流场分布失去对称性，C_L 不再为零。

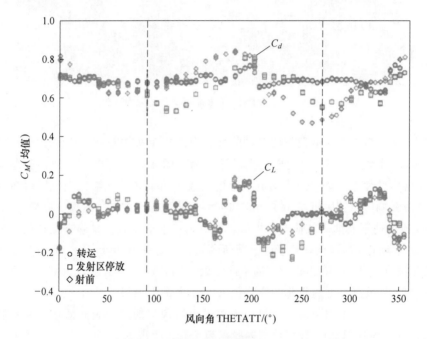

图 4-20　战神Ⅰ-Ⅹ火箭模型不同风向角的风轴定常弯矩系数
（全尺寸风速范围为 35～40 节）

与校验模型类似，战神Ⅰ-Ⅹ火箭转运构型的动静弯矩系数比（图 4-21）也在两个范围狭窄的风速和风向上产生了较大的接近正弦响应的风激振动响应，20 节风速产生了 Z 向最大的一阶弯曲模态正弦振动响应（图 4-21 的时间历程图），33 节风速产生了 Y 向较大的二阶弯曲模态窄带随机振动响应（图 4-21 的时间历程图），并且动态响应的方向沿模态主方向，与风向角不一致（图 4-21 的响应轨迹图）。数据分析表明，最大的一阶弯曲模态风激振动响应可能是上面段（图 4-17 的上面级）三维顶部脱涡引起的，上面段直径对应的斯特劳哈尔数为 0.13；二阶弯曲模态风激振动响应确定是一级段（图 4-17 的第一级）脱涡引起的，其细颈直径对应的斯特劳哈尔数为 0.21，这种大的火箭二阶地面风激振动响应第一次在试验中看到。从火箭的前两阶横向弯曲振型（图 4-22）看，上面段脱涡激振力中心接近二阶振型的节点位置，因此产生大的一阶弯曲振动响应；而一级段脱涡激振力中心在二阶振型的较大振型位置，一阶振型在此位置较小，因此产生较大的二阶弯曲振动响应。

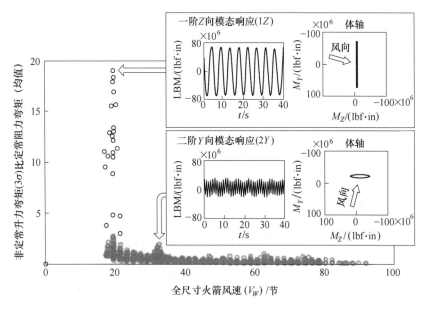

图 4 - 21　战神Ⅰ-Ⅹ火箭转运构型的动静弯矩系数比

——非定常升力（3σ）比定常阻力（均值）

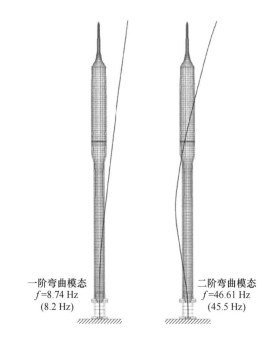

图 4 - 22　战神Ⅰ-Ⅹ火箭模型的前两阶横向弯曲振型

　　为了箭体结构的安全，选定风速较小时段将战神Ⅰ-Ⅹ飞行试验火箭（FTV）和移动发射平台（MLP）从技术阵地（Vehicle Assembly Building）转运至发射区（Launchpad），

沿途测量了箭体根部弯矩和顶部加速度响应,在 39B 发射区西北和东南 0.25mile 处 60ft
高度位置安装了两台测风仪,另外在移动发射平台上也安装了一台测风仪(图 4-23)。
通过比对风洞缩比模型和全尺寸火箭的地面风载荷数据,研究其差异性和设计载荷的正确
性,遗憾的是全尺寸火箭试验数据很有限,原因在于未牵制火箭暴露在地面风环境的时间
短,缺乏与产生大响应流场条件相匹配的全尺寸地面风速风向条件,另外地面风场测量的
不确定性也会产生影响。

图 4-23 战神 I-X 火箭在肯尼迪航天中心的 39B 发射区

战神 I-X 火箭和移动发射平台开始转运时风速偏低(5~10 节),到达发射区时风
速增大到 15~20 节,在发射平台脱离转运轨道被火箭支承系统锁定前,捕获了一段数
值上比较显著的风速和箭体动态响应数据(图 4-24),风速为 13~29 节,风向角为
41.4°~76.3°,提供了与风洞试验结果进行比较的机会。风洞模型选用风速 25.5 节、
风向角 70°的数据,并且通过弯矩系数将模型载荷折算为全尺寸火箭载荷。从图 4-24
(a)的体轴弯矩轨迹图可知,全尺寸火箭的风激载荷超过风洞模型,静态载荷差别较
小,主要体现在动态载荷上。尽管模型的动态载荷经过了阻尼比平方根的修正,但图
4-24(b)的动态升力弯矩时间历程曲线直观地体现了这个结果。图 4-25 给出了由风
洞模型折算的 18~29 节风速、41.4°~76.3°风向角范围内升力弯矩标准偏差与全尺寸
火箭的比较,后者的动响应明显大于缩比模型试验,因此风洞试验在复现自然风特性
和全尺寸火箭响应上有局限性,更大范围、更多数据的全尺寸火箭试验结果对于评价
风洞试验效果是有价值的,但自然风场条件和火箭暴露时间只能对风洞试验进行有限
的比较,而且风洞试验发现的临界风场条件和显著的风激振动响应在全尺寸火箭试验
中也难以遇到。

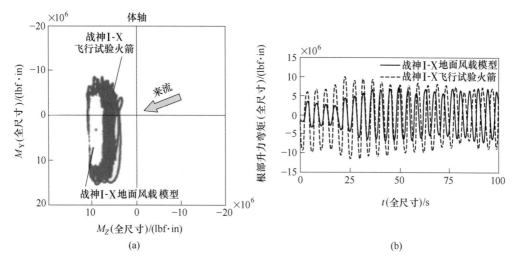

图 4-24　战神Ⅰ-Ⅹ全尺寸火箭根部弯矩数据与风洞模型数据的对比

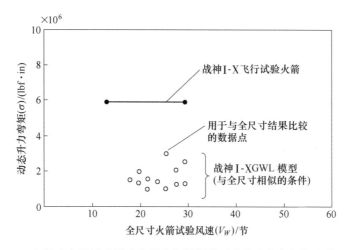

图 4-25　全尺寸火箭试验风速范围内与风洞模型动态升力弯矩标准偏差的比较

4.2　中国开展的火箭地面风载荷研究

我国大部分火箭型号都进行了地面风载荷的风洞模型试验（表 4-2），部分风洞试验照片如图 4-1、图 4-26～图 4-28 所示。缩比模型的竖立模态特性是保证风洞试验斯特劳哈尔数相似的必要条件，因此吹风试验前的模型模态试验是最重要的预备性试验。适当的模型一阶横向弯曲频率是斯特劳哈尔数范围满足试验要求的主要参数，而准确的阻尼比数据则是计算非定常气动力矩系数的另外一个重要参数。部分型号风洞模型的模态参数见表 4-3。频率较高的模型是 CZ-5，由于大跨距的助推器支承方式和轻质薄壁玻璃钢整流罩的使用，模型频率达到 32 Hz 左右，也正是由于助推器支承方式，主承力路径通过了有间隙的捆绑接头，导致阻尼比在各种模型中最大（表 4-3）。

表 4 - 2　我国各种型号火箭竖立风载风洞缩比模型的设计值

型号	头部直径/mm	模型高度/mm
711	347	5637
CZ - 1	360	5637
XD	447	5383
BB	450	4731
CZ - 3	347	5637
CZ - 2E	420	5645
CZ - 3A	420	5445
CZ - E/A	520	5380
CZ - 2F	380	5710
CZ - 5	436.8	5896
CZ - 5（带发射场结构）	260	2803
CZ - 6	644.2	5685
CZ - 7	420	5421
CZ - 4	394/471	5577/5415
CZ - 7A	420	6127（洞下 660）
CZ - 6A	420	5350

表 4 - 3　各型号火箭风洞缩比模型的一阶弯曲频率及阻尼值*

型号	一阶频率/Hz	一阶阻尼（%）
711	18.2/18.2	0.4/0.5
CZ - 1	15.5/15.5	0.3/0.3
XD	16.3/16.3	0.3/0.4
BB（卫星）	30.4/29	1/1
BB（遥测）	30/28.4	1/1
CZ - 3	17.4/17.4	0.4/0.5
CZ - 2E	15.4/15.3	0.68/0.68
CZ - 3A	14.4/14.9	0.66/0.66
CZ - 5 构型 E	31.1/33.3	1.13/1.13
CZ - 5 构型 D	31/32	1.35/2.15
CZ - 5 两助推构型	20.5/30.7	0.86/1.47
CZ - 6	22.8/23.9	0.45/0.45
CZ - 7	17.38/17.45	0.69/0.69
CZ - 4	21.1/21.4 20.8/21.3	0.9/1.0 1.2/0.7
CZ - 7A	11.7/12.3	0.34/0.32

*："/"前后数值为两个主振方向性能。

图 4-26　CZ-2E 火箭风洞缩比模型在风洞内

图 4-27　CZ-3 火箭风洞缩比模型在风洞内

(a)箭塔联合状态

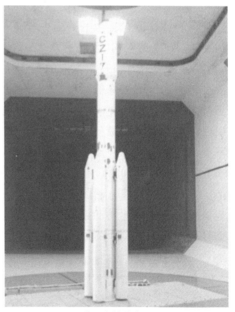

(b)单独火箭状态

图 4-28　CZ-7 火箭 1∶10 模型的风洞试验

　　在早期吹风试验中（如 711、CZ-1、CZ-3），进行的都是固定风向变风速试验，吹风的角度都是 0°～180°，通常采用的角度是 0°、22.5°、45°、67.5°、90°、112.5°、135°、

157.5°，目的是获得不同角度下风速与结构响应的关系，即模型的吹风角度都是事先确定好的。从 CZ－2E、CZ－3A 开始到后续型号模型吹风试验都进行 0°～360°的固定风速旋转扫描试验，即风洞内风速不变（如 40m/s），模型在风洞内旋转以 1(°)/s 的角速率连续转动，对根部弯矩和头部加速度计连续记录。通过这样的连续旋转扫描吹风试验，可以得到模型动态响应值较大的方位角，并在该方位角下进行吹风试验，从而改变以前间隔 22.5°试验的局限性，使试验做得更充分，数据更完整。在 CZ－2E 火箭模型试验中发现吹风角度为 198°时，升力和阻力方向均有很大的动态响应，结合发射场地的风险，提出了对 CZ－2E 火箭上部的鼓包外形及其布局做修改设计的建议。

　　为便于比较分析缩比模型和实物火箭吹风试验的结果，将根部弯矩整理为气动弯矩系数的形式，定常气动升力和阻力弯矩系数与国外文献定义相同

$$C_L = \frac{\overline{M_L}}{qAL_A} \ , \ C_d = \frac{\overline{M_d}}{qAL_A} \qquad (4-1)$$

式中，q、A 和 L_A 分别为动压头、箭体迎风投影面积和形心位置与根部测量截面的距离，对于捆绑火箭，考虑遮蔽效应，助推器的投影面积按一半考虑；$\overline{M_d}$、$\overline{M_L}$ 分别为阻力和升力方向的平均弯矩。当载荷测量截面位于箭体中部时，箭体投影面积和形心位置均修正为测量截面以上的投影面积和对应投影面积的形心位置。为体现结构几何形式和动特性对非定常气动力的影响，并扩大其适用范围，将试验数据处理方法进行了改变，定义非定常气动升力和阻力弯矩系数为（推导过程后文介绍）

$$C_{Ld} = \frac{(M_{Ld})_{\max}}{qAL} \frac{r_1}{N_1} \sqrt{\frac{\xi_1}{Sr}} \ , \ C_{dd} = \frac{(M_{dd})_{\max}}{qAL} \frac{r_1}{N_1} \sqrt{\frac{\xi_1}{Sr}} \qquad (4-2)$$

式中，L 为箭体长度；ξ_1 为一阶弯曲模态阻尼比；Sr 为对应一阶弯曲频率、箭体特征直径和风速的斯特劳哈尔数；r_1 为广义长细比；N_1 为广义质心高度比；$(M_{dd})_{\max}$、$(M_{Ld})_{\max}$ 分别为阻力和升力方向的最大动态弯矩，大约为动态弯矩标准偏差的 3 倍。通过这种处理方法，可以降低对模型相似程度的要求，只要一阶弯曲频率满足相似要求，即斯特劳哈尔数满足相似要求，质量分布、刚度分布和振型以及阻尼比与相似要求的偏差，均可引入模态振型、质量分布和阻尼比予以消除或者降低影响，保证缩比后的非定常气动系数不变，能够适用于全尺寸箭体，前提是雷诺数相似。而雷诺数相似要求在跨临界区只需雷诺数在此区域内即可，数值上不必相等，不同雷诺数下流场特性相同，物理上为自适应相似。按照上述处理方法将风洞试验测量结果以气动系数形式表示，定常气动系数以雷诺数为自变量，非定常气动系数以斯特劳哈尔数为自变量，大部分进行过模型风洞试验的火箭型号试验结果见表 4－4。

表 4－4　各型号火箭风洞试验的定常、非定常升力和阻力弯矩系数

型号	定常		非定常	
	C_d	C_L	C_{dd}	C_{Ld}
711	1.5	0.4	1.5	3
CZ－1	0.9	0.1	3.4	5.4
XC	0.95	0.6	1.5	4
XD	0.85	0.15	2	3.3
BB（卫星）	0.9	0.4	2.0	4.5

（续）

型号	定常		非定常	
	C_d	C_L	C_{dd}	C_{Ld}
BB（遥测）	0.9	0.4	1.6	3.0
CZ - 3	0.9	0.3	2	3.5
CZ - 2E	0.85	0.3	2.0	5.5
CZ - 3A	0.9	0.3	2.0	3.6
CZ - 2F	0.82	0.15	1.4	3.1
CZ - 5 构型 1（支承筒）	0.8	0.15	1.04	1.55
CZ - 5 构型 2（支承筒）	0.8	0.17	1.80	2.69
CZ - 7	0.95	0.12	8.2	10
CZ - 7（火箭、脐带塔联合）	1.0	0.1	6.8	6.9

　　CZ - 3 火箭模型八个风向角的非定常升力和阻力弯矩系数如图 4 - 29 所示，大部分数据点在设计条件值 $C_{dd}=2$、$C_{Ld}=3.5$ 之下，在 $Sr=0.15$ 时，135°风向角的 $C_{dd}=3.5$、$C_{Ld}=6.5$，但相对于小 Sr，其动压头仅为 1/4 以下，不构成最大载荷工况，因此，非定常气动系数设计值应以小 Sr 对应数据为依据。

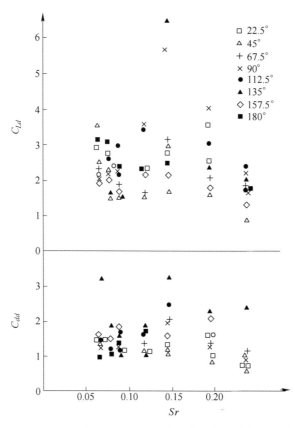

图 4 - 29　CZ - 3 火箭缩比模型的非定常升力和阻力弯矩系数

　　首次采用旋转扫描试验方法的 CZ - 2E 火箭模型的试验结果如图 4 - 30 和图 4 - 31 所

示，增加了40m/s风速旋转扫描发现的198°最大动态响应风向角，雷诺数在（0.3～2.5）×10^6范围内，C_L在−0.2～0.5范围内，C_d在0.4～1.0范围内，大部分试验点分别在0.3和0.85以下；试验的斯特劳哈尔数在0.08～0.2范围内，C_{Ld}在1.2～5.7范围内，C_{dd}在0.5～2.5范围内，并且最大非定常升力矩系数对应风速较大的低斯特劳哈尔数，因此载荷条件值应接近上限值，$C_{Ld}=5.5$，$C_{dd}=2$。

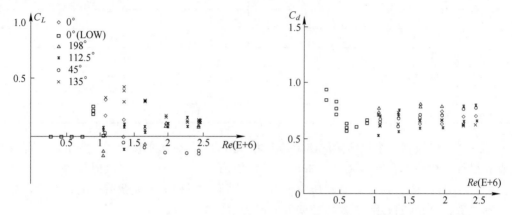

图4-30　CZ-2E火箭缩比模型的定常升力和阻力弯矩系数

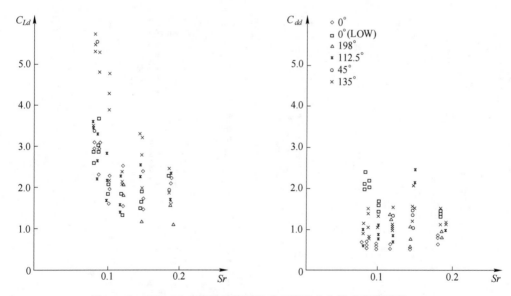

图4-31　CZ-2E火箭缩比模型的非定常升力和阻力弯矩系数

　　CZ-5火箭在所有型号中地面风载荷最小，主要体现在非定常气动力弯矩系数上，原因在于其助推器支承跨距大，并且箭体表面特别是二级以上鼓包很少（图4-1），导致动态载荷较低。定常载荷（图4-32）与其他型号的经验值基本一致，略微偏低且散布范围较窄，C_L在±0.2范围内，C_d在0.65～0.8范围内；非定常载荷（图4-33）显著偏低且散布范围也较窄，C_{Ld}在1.5以下，C_{dd}在1以下，不同风速和不同风向角下的气动系数基本在0.5的数值范围内波动。

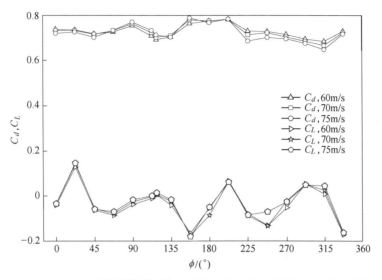

图 4 - 32　CZ - 5 火箭风洞模型的定常升、阻力弯矩系数随吹风角度变化
（升力系数 C_L、阻力系数 C_d）

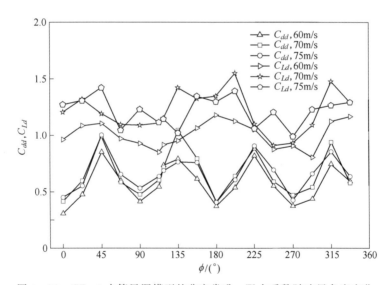

图 4 - 33　CZ - 5 火箭风洞模型的非定常升、阻力系数随吹风角度变化
（升力系数 C_{Ld}、阻力系数 C_{dd}）

　　CZ - 7 火箭的动态载荷最为严酷，箭体二级以上表面鼓包很多，高度较高，并且分布不对称（图 4 - 34），导致产生最大的非定常气动力弯矩系数。另外新建的文昌航天发射场地面风条件远超内陆发射场给定的设计条件，为此火箭尾段结构进行了增强设计，并在级间段安装了连接在脐带塔的防风减载装置。此外，为验证地面风载荷设计条件的正确性和防风减载装置的有效性，专门进行了两发火箭的转运和射前地面风载荷监测（图 4 - 34）。

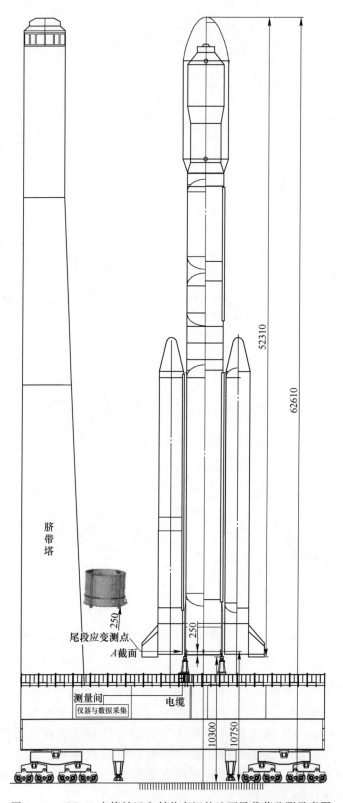

图 4 - 34　CZ - 7 火箭转运和射前弯矩的地面风载荷监测示意图

　　CZ-7 火箭模型不同风速、不同风向角的气动力矩系数如图 4-35 所示，定常气动系数随风速的变化较小，随风向角的变化规律较强，系数变化范围为 0.3（升力-0.2～0.1，阻力 0.65～0.95），体现了表面鼓包分布不对称的影响；非定常气动力矩系数在最小斯特劳哈尔数时（对应高风速）的数值最大，$C_{Ld}=10$，$C_{dd}=8.2$，风向角为 45°时不同风速的响应较大。

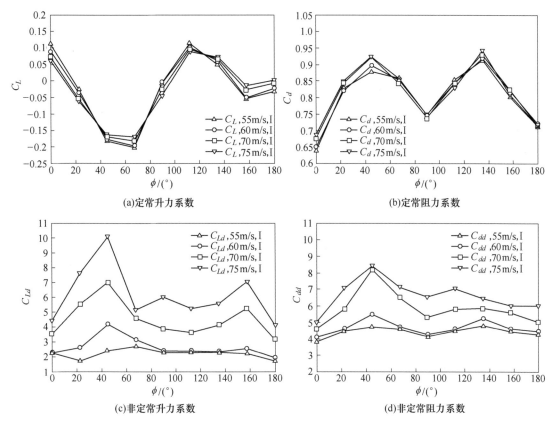

(a)定常升力系数　　　　　　　　　　　　　　(b)定常阻力系数

(c)非定常升力系数　　　　　　　　　　　　　(d)非定常阻力系数

图 4-35　CZ-7 火箭风洞模型的力矩系数随吹风角度的变化

　　CZ-7 火箭脐带塔联合风洞模型不同风速、不同风向角的气动力矩系数如图 4-36 所示。与单独火箭模型相比，定常气动系数变化范围显著（升力-0.45～0.1，阻力-0.2～1），体现了脐带塔对火箭周围流场的影响，定常升力系数随风速的变化较小，在 90°风向角时升力系数值及变化范围均增大，显示了窄通道效应，阻力系数随风向角的变化规律也是在 90°风向角有所变化，从 0.75 提高到 0.95，显示了窄通道流速提高产生的阻力增大效应，但不同风速下的定常阻力系数基本不变；与相同风速数据相比，非定常气动力矩系数略有增大，也是在最小斯特劳哈尔数时（对应高风速）的数值最大，$C_{Ld}=6.9$，$C_{dd}=6.8$，风向角为 70°时不同风速的响应也较大，与其他型号火箭相比动态载荷仍偏大。

　　从各个型号的试验结果分析可以看出，定常气动系数有一定的规律，特别是定常阻力系数 0.8～1.0 可以包络大部分型号，定常升力系数较低，显著低于阻力系数，大部分型号在 0.1～0.4 范围内；非定常气动系数中升力均显著大于阻力，规律与定常系数相反。另外，不同型号的非定常系数散布范围很大，这正是非定常气动系数无法预估的主要原

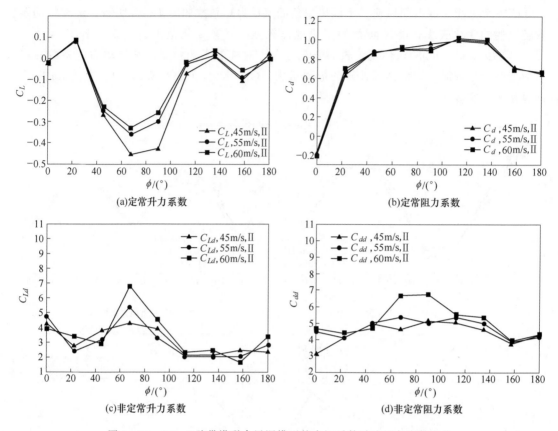

图 4-36　CZ-7 脐带塔联合风洞模型的力矩系数随吹风角度的变化

因。CZ-5 火箭的非定常气动系数最低，CZ-7 火箭的非定常气动系数最高，而这两型火箭在一个发射场区，均面对相同的超出设计条件的地面风剖面，但 CZ-5 火箭由于大跨距助推器支承和低气动系数，不存在地面竖立风载问题，只是补充进行了 1∶20 模型吹风试验，并且在试验中增加了脐带塔和勤务塔模型（图 4-37），而勤务塔的设计与生产是风载模型中难度最大、成本最高的，活动工作平台要求采用三种打开角度（完全打开、完全合拢和打开 45°）进行吹风试验，最重要的设计要求是保证风洞试验中，巨大迎风面积塔架模型的结构完整性和试验安全性；CZ-7 火箭采用传统的芯级支承方式，却拥有最大的竖立状态气动弯矩系数，因此面临严重的地面竖立风载问题，不得不进行结构抗风载设计。

与国外的研究工作类似，我们也开展了少数型号的发射场地面风载荷试验（表 4-5）。CZ-2F 火箭之前的型号均在发射区吊装和测试，箭体不平移，只有瞄准系统要求的绕纵轴的箭体转动，因此风载响应测量系统放置在发射塔内的固定工作间。从 CZ-2F 火箭的发射准备方式改进为"三垂"模式，发射平台可移动，在技术区进行火箭吊装和垂直测试，然后火箭竖立在发射台上垂直转运到发射区，在发射区进行简单测试后加注推进剂，火箭择机发射。竖立风载试验不仅要测量在发射区的风激动态响应，还要测量火箭转运过程的风激动态响应，因此测量系统必须采用跟随测量方式。CZ-2F 火箭风载试验时，在发射台下层平台两个角落处各搭建了一个 3m×3m×2m 的彩钢板测量间（图 4-

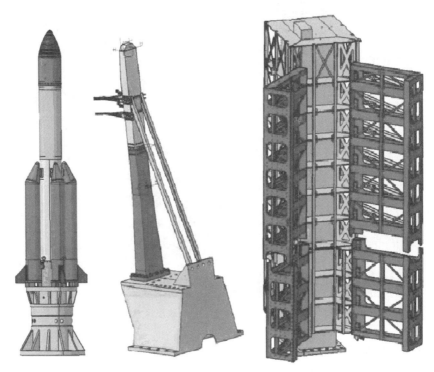

图 4 - 37　CZ - 5 火箭 1 : 20 缩比模型（带脐带塔和勤务塔）

38），保证了风雨交加气候条件下高风速响应数据的获取。CZ - 7 火箭转运过程和射前载荷监测方式更为先进，竖立风载响应测量系统进入发射场测、发、控系统，放置在活动发射平台地板下的前置设备间内（图 4 - 34），火箭射前无人值守，自动测量记录并存储，通过 broadcom 双网卡传输到指挥控制大厅实时显示，发射结束后操作人员进入发射台内备份、导出测量数据，关闭测量系统。

表 4 - 5　部分型号弹（箭）的地面风载荷全尺寸试验状态

型号	弹（箭）状态	吹风地点	备注
XC	振动弹（吊装弹），尾段为初样，其余部段与试飞弹相同	酒泉卫星发射中心	
XD	合练弹，带塔架	酒泉卫星发射中心	经受 22m/s 的瞬时风速
CZ - 3	CZ - 3 卫星合练支架与合练箭	西昌卫星发射中心	先后做了两次吹风试验
CZ - 2F	合练箭（未加注，内部充压），飞船为结构船	酒泉卫星发射中心的技术区和发射区	经受 16m/s 的瞬时风速，头部动态位移±0.5m
CZ - 7	合练箭、Y1、Y2	海南文昌航天发射场的技术区和发射区	三次试验风速大多在 5m/s 以下，响应偏低

测量间

图 4 - 38　CZ - 2F 火箭的发射场地面风载荷试验

　　火箭发射场风载试验只能获得非定常载荷响应，由于应变测量方式的零漂和温漂问题，定常载荷响应难以准确获取，因此仅对部分型号的非定常气动力矩系数进行介绍。XC 火箭是国内最早进行的全尺寸发射场地面风载荷试验，试验过程中一段时间内地面风的方向变化不大，可以操作发射台使弹体 I-Ⅲ 象限平面旋转至与风向成指定的夹角，获取不同风向角下的风激响应数据（图 4 - 39），按模型试验确定的非定常气动系数 C_{dd} = 1.5、C_{Ld} = 4 折算动态弯矩，全部包络不同风速和风向的全尺寸试验结果，并且裕量适当，因此模型试验结果作为设计条件是正确的。

　　CZ - 3 火箭的模型试验结果（图 4 - 29）略高于全尺寸试验结果（图 4 - 40），两者基本一致，发射塔对载荷有改善，因此模型试验结果 C_{dd} = 2、C_{Ld} = 3.5 作为设计条件也是正确的。

　　CZ - 2F 火箭作为我国第一种垂直测试、垂直转运和垂直发射的高可靠性载人运载火箭，其垂直转运过程的地面风载荷问题受到了高度关注，在火箭合练流程中安排了两周时间进行比较充分的全尺寸地面风载荷与垂直运输试验（图 4 - 41），并且增加了带减振器的垂直运输试验。试验中采用了一些新的测试与数据处理方法，获得了许多新的认识和研究结果，显著提高了全尺寸火箭竖立风载试验技术水平。

　　在大部分振动响应试验中，测量与分析的主要参数是加速度数据，而在火箭竖立风载试验中，测量与分析的主要参数是根部弯矩数据，同时测量、记录头部加速度数据。这两种数据均为结构动态响应数据，但变化规律与工程意义有所不同。头部加速度主要用于相应部段的环境条件制定，另外还用于载荷动力学模型的分析，前两到三阶响应均比较高（图 4 - 42），根部弯矩主要用于火箭尾部结构的载荷条件制定，只有一阶较大（图 4 - 43），二阶以上的弯矩较低，这也是风载试验只考虑一阶响应的原因，但仅限于载荷分析，不适合环境条件制定。

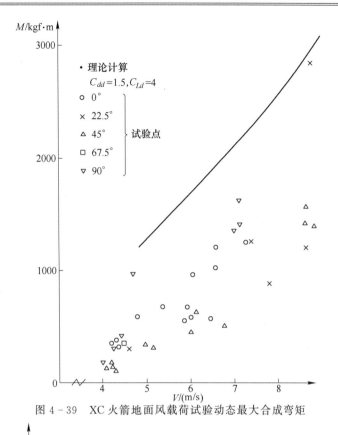

图 4 - 39　XC 火箭地面风载荷试验动态最大合成弯矩

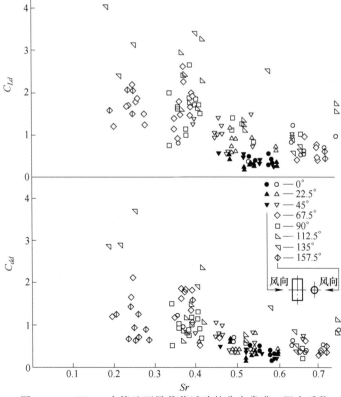

图 4 - 40　CZ - 3 火箭地面风载荷试验的非定常升、阻力系数

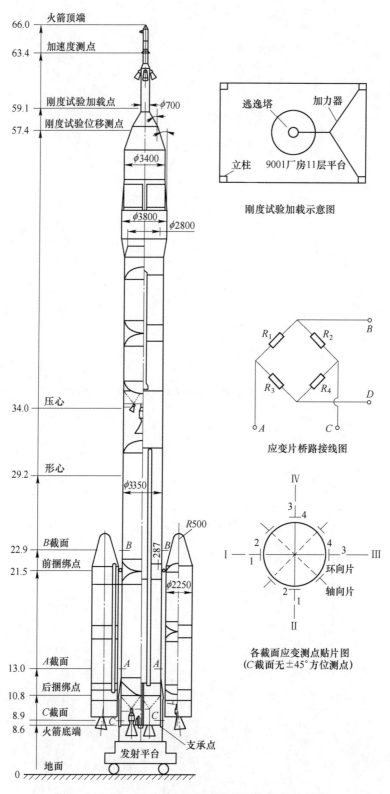

图 4-41 CZ-2F 火箭地面风载荷测量与加载示意图

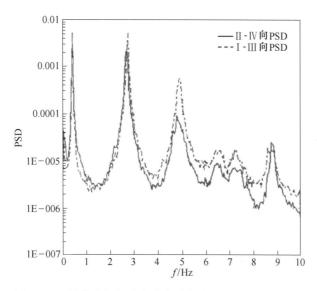

图 4 - 42　箭体头部加速度功率谱密度曲线（全尺寸火箭）

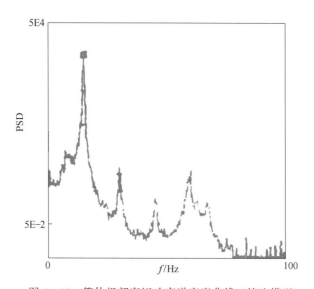

图 4 - 43　箭体根部弯矩功率谱密度曲线（缩比模型）

　　CZ - 2F 火箭风载试验有两个试验位置：一是在转运轨道的中部，技术区和发射区的构建物对风场的影响较小；二是在发射区，火箭方位可以转动，获取不同风向的试验数据，其中危险方位是模型旋转扫描试验确定的最大动态响应风向，垂直方位与运输状态垂直，发射方位是火箭射前的瞄准方位。风载试验的风速范围为 4～12m/s，最大动态弯矩为 450kN•m（图 4 - 44 和图 4 - 45），头部加速度为 0.07g，动态位移为 110mm。$C_{dd}=$ 2、$C_{Ld}=4.5$ 的设计条件基本可以包络大部分试验点，高于 $C_{dd}=1.4$、$C_{Ld}=3.1$ 的模型试验值。由根部弯矩折算出头部最大合成加速度为 0.085g，比实测值大 16%，说明风载试验状态下根部弯矩和头部加速度是一致的。

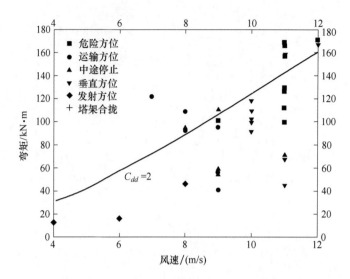

图 4 - 44　CZ - 2F 火箭风载试验阻力方向的最大动态弯矩

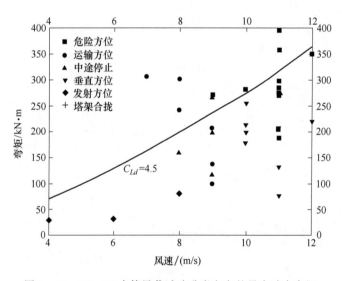

图 4 - 45　CZ - 2F 火箭风载试验升力方向的最大动态弯矩

CZ - 2F 火箭垂直运输试验车速为 0m/min、18m/min、28m/min，风速为 4～16m/s，不同车速下的根部动态弯矩在同一分散范围内（图 4 - 46 和图 4 - 47），车速的影响不明显。试验中的最大风速为 16m/s，根部动态最大合成弯矩为 721.2kN·m，头部最大合成加速度为 0.328g，动态位移约为 484mm，$C_{dd}=2$、$C_{Ld}=4.5$ 的设计条件基本可以包络大部分试验点。由根部弯矩折算出的头部最大合成加速度为 0.151g，比实测值小一半，说明运输激励产生的加速度高频分量较多，在运输状态下根部弯矩与头部加速度有差异。利用几组低风速下的运输试验数据，可以折算运输激励产生的最大合成弯矩小于 78kN·m，大约相当于 5m/s 的风速引起的响应，在 9m/s 以上风速激励下可以不计运输激励的影响。另外，在箭体逃逸塔根部安装减振器进行了运输试验，阻尼比从 1% 提高到 4%，与垂直运输试验数据相比，根部弯矩降低约一半，减振器的效果是明显的，验证了随机振动响应与阻尼比的平方根成反比的规律。

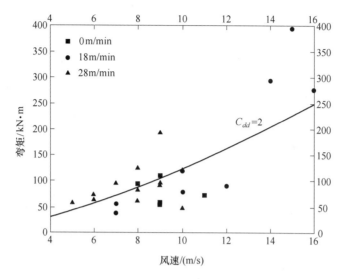

图 4 - 46　CZ - 2F 火箭垂直运输试验阻力方向的最大动态弯矩

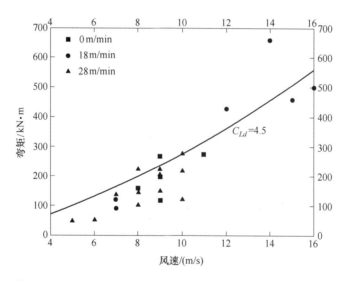

图 4 - 47　CZ - 2F 火箭垂直运输试验升力方向的最大动态弯矩

为分析箭体位置和方位对响应的影响，对非定常气动系数做了统计（图 4 - 48 和图 4 - 49），从运输试验和风载试验的非定常气动系数看，升力方向和阻力方向的比例在 2 左右，运输方位风载试验和中途风载试验的气动系数高于运输试验，因此载荷分析和统计可以只考虑风的影响。从各种方位的气动系数看，运输方位的气动系数大于中途风载气动系数，这可能是脐带塔的扰流影响，导致结构响应增大。气动系数较大的是危险方位和运输方位，垂直方位和中途风载的气动系数小一些，发射方位只有小风速下的数据，其数值不到其他方位的一半，而塔架合拢时气动系数不超过其他方位的 1/5。从图 4 - 48 和图 4 -

49 看，气动系数的分散性较大，试验的斯特劳哈尔数大部分在 0.13～0.20 范围内。与模型试验结果相比，除发射方位外，大部分数据都高于其气动系数（$C_{dd}=1.4$、$C_{Ld}=3.1$）；与型号设计初期确定的理论值（$C_{dd}=2$、$C_{Ld}=3.5$）相比，C_{dd} 值大部分低于理论值，而 C_{Ld} 值大部分高于理论值，因此 C_{Ld} 的理论值应取 4.5 或再高一些。CZ-2F 火箭气动系数偏高的原因是头部外形不光滑，逃逸用的凸出物过多且尺寸较大，并且增加了一些相对尺度较大的不对称附加物，使得头部气流扰动效应增大；另外，试验时风向以西北风为主，正好吹过箭体与脐带塔之间的空隙，存在通道变窄对气流的加速效应，使得流经箭体横风向两侧的气流速度不一致，产生压差，也导致动态响应增大；还有一个原因是风速测量误差，由于测风点与发射工位的风场存在差异，引起气动系数计算不准确。

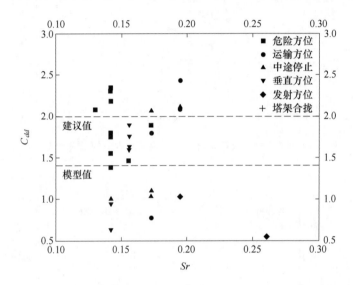

图 4-48　CZ-2F 火箭地面风载荷试验各种方位下的非定常气动阻力弯矩系数

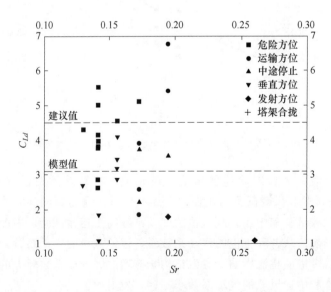

图 4-49　CZ-2F 火箭地面风载荷试验各种方位下的非定常气动升力弯矩系数

相比非定常气动系数，根据根部弯矩的标准偏差计算的均方根气动系数的分散性更稳定一些，是气动力的统计平均指标，约为非定常系数的 $1/3 \sim 1/2.5$，而根部弯矩的标准偏差约为最大值的 $1/4 \sim 1/3$，这个差别是风速不平稳引起的。当风速平稳时，两种统计量的比值在 $1/3$ 左右，采用适当的风速统计值，气动系数可以消除风速波动的部分影响。

箭体载荷理论分析中可给出各截面的剪力和弯矩，而在风载试验中过去只给出根部弯矩，在本次试验中首次获得了剪力试验结果。在试验中采用近似的弯矩差分法，不计两个截面之间的气动外力引起的弯矩，选择测量截面间距时应大小适中，即避免间距过小导致大数相减，也不宜间距过大引入过多的附加外力。通过刚度试验证明，相距 4m 左右的两个根部截面的测量剪力的误差在 10% 以内，可以用来计算运输试验和风载试验中的剪力。本文选择各种试验状态中的部分试验结果进行剪力和各截面的弯矩统计，并给出了相应的动态合力作用点（动态压心）。从动态压心位置看，除个别值外，绝大部分在 $20 \sim 30$m 范围内，平均高度 23.0m，变差系数 0.17，距地面 34m，比形心位置高 5m 左右。动态压心高于形心的原因是箭体头部凸起物使动态气动力增大，引起动态压心上移（图 4 - 41）。

CZ - 7 火箭是海南新建的文昌航天发射场第一个发射的型号，并且地面风剖面条件增大了 50%，火箭结构进行了增强，转运过程增加了防风减载措施，其垂直转运过程和射前的地面风载荷问题也受到了关注，但在火箭合练流程中只安排了 4 天的时间进行全尺寸地面风载荷与垂直运输试验，以验证模型试验的结果，考核火箭结构对地面风环境的适应性，研究防风减载结构设计的有效性。

试验中大部分时段风速小于 5m/s，尾段下截面的桥路应变未超过 $5\mu\varepsilon$，信号信噪比不高，因此后续数据处理时，只选用 5m/s 以上风速的少部分风载荷数据，在加注状态的射前开塔时段的数据品质稍好一些，获取了少量的非定常气动系数（图 4 - 50），最大值达到 11.5，略高于模型试验结果。

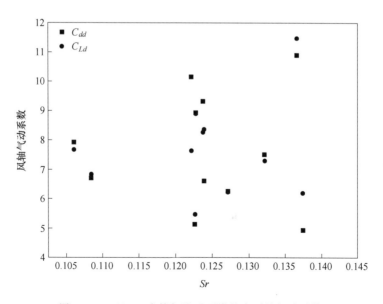

图 4 - 50 CZ - 7 火箭加注后开塔状态下的气动系数

　　选择风速、风向接近，有无防风减载结构的对应试验状态数据，比较减载措施的效果，45°吹风角度下箭体根部弯矩载荷减小 36.6％，90°吹风角度下箭体根部弯矩载荷减小 75.9％，防风减载结构可以大大降低箭体根部弯矩载荷，规律与标定试验的结果基本一致。

第 5 章　火箭地面风载荷的
两类试验与测量方法

在火箭研制过程中，一般安排两次比较复杂的大型试验来研究风载荷：一是方案或初样阶段的动力学相似缩比模型风洞吹风试验；二是试样阶段发射场合练期间的全尺寸火箭地面风载荷试验。通过两项试验的相互验证和补充完善，获取火箭地面风载荷的完整分析与试验结果，为火箭尾段结构设计和可靠性评估提供依据，并给出火箭的发射条件边界。

5.1　缩比模型风洞试验

缩比模型风洞吹风试验的主要工作项目如下。

5.1.1　风洞缩比模型设计

风洞缩比模型通常有刚性模型和弹性模型两种方法，在过去所做的风洞试验中，均采用弹性模型。弹性模型的具体设计方法后文有单独章节讨论，这里不再展开。

5.1.2　缩比模型弯矩测量的灵敏度标定试验

灵敏度标定试验的主要目的是确定竖立状态下模型测量截面应变片的弯矩灵敏度系数值，为吹风试验的数据处理提供原始参数。对于芯级支承火箭的结构形式，在缩比模型的根部粘贴应变片，测量其弯矩灵敏度系数值即可。但对于助推支承方式的火箭，除了在缩比模型的支承筒上粘贴应变片以外，还在芯一级中段、助推中段上都粘贴应变片，以了解芯级与助推器间的传力分布情况。在标定时，需要对这些位置的部段单独标定。

若是吹风试验中还有脐带塔等结构，需要在脐带塔根部也粘贴应变片，并进行静力灵敏度标定，方法与火箭缩比模型的标定方法相同，但只进行两个方向的标定。

在每个测量截面的测量方位处轴向和环向各贴两片应变片，形成全桥，两竖片为工作片，两横片为温度补偿片。全桥测量的目的主要是消除温漂影响，并提高测量灵敏度。测量截面弯矩时两个工作片邻臂连接，测量截面轴力时两个工作片对臂连接。标定试验时对模型上部局部刚度较大位置处，分级施加横向静力载荷，记录所有测量方位应变片在各级载荷产生的桥路应变，加载方式一般采用螺旋加载器，也可使用作动筒，加力线上串接测力计，待各级载荷稳定后记录载荷和应变的平均值。测量截面的弯矩灵敏度矩阵 $[C_{ij}]$ 在测量坐标系中定义，$C_{ij}=\varepsilon_i/M_j(i,j=X,Y)$，可以通过拟合各测点应变与标定载荷的斜率获得。实际载荷作用下的桥路应变表达式为

$$\begin{Bmatrix} \varepsilon_X \\ \varepsilon_Y \end{Bmatrix} = \begin{bmatrix} C_{XX} & C_{XY} \\ C_{YX} & C_{YY} \end{bmatrix} \begin{Bmatrix} M_X \\ M_Y \end{Bmatrix}$$

式中，ε_X 和 ε_Y 为两个测点方位的弯曲桥路应变；M_X 和 M_Y 为灵敏度标定试验中在两个测点方位分别施加的弯矩，非对角线上的耦合灵敏度项 C_{XY} 和 C_{YX} 是对应变片贴片和结构非对称性的修正，可以提高标定精度，以保证载荷计算的准确。将上式求逆可得两个方向弯矩载荷的表达式

$$\begin{Bmatrix} M_X \\ M_Y \end{Bmatrix} = \begin{bmatrix} C_{XX} & C_{YX} \\ C_{XY} & C_{YY} \end{bmatrix}^{-1} \begin{Bmatrix} \varepsilon_X \\ \varepsilon_Y \end{Bmatrix}$$

早期型号的静力灵敏度标定，在每隔 22.5° 方向上粘贴应变片，并分别进行标定；CZ-2F 火箭地面风载测量期间，研究了 0°、45°、90°、135° 的标定结果，发现两个主方向的标定结果基本一致。因此，后续型号应变片粘贴在 0°、90° 方向上，标定可以只在 0° 和 90° 两个方向进行。

5.1.3　缩比模型模态试验

模态试验可以在风洞场外进行，得到前三阶的弯曲模态和扭转模态（包括频率、振型和阻尼），也可以在风洞内进行，缩比模型安装于风洞底座内，由于风洞内一般不具备模态试验条件，只能得到前三阶频率和第一阶阻尼。

（1）风洞外的模态试验

模态试验的主要目的是测量缩比模型的前三阶弯曲模态和扭转模态，为结构参数计算提供数据；在吹风试验之前验证模型的一阶频率是否满足设计要求。

模态试验时，模型的安装边界要尽可能与风洞一致，否则可能造成结构频率不准确。图 5-1 所示为 CZ-7 火箭缩比模型在试验大厅进行模态试验的现场照片，可用正弦、随机和锤击等激励方式。

（2）风洞内的简易模态试验

缩比模型安装于风洞地面以后，由于条件的限制，用锤击法或者释放法进行模态试验。锤击模型头部，根据头部的加速度计以及根部的应变片数据，分析得到模型的前三阶频率。模型的阻尼比通过振动衰减按下式给出

$$\xi = \frac{1}{2\pi n} \ln \frac{A_i}{A_{i+n}}$$

式中，n 为波数；A_i 和 A_{i+n} 为相邻 n 个周期的振幅，也可采用希尔伯特变换方法求解，可以得到更为全面、准确的结果。

图 5-1　CZ-7 火箭缩比模型在试验大厅进行模态试验的现场照片

5.1.4　吹风试验

在吹风试验之前制订详细的吹风试验运转计划，包括试验状态编号、模型构型、迎风角度、风速级、风速变化顺序、测量时间等，吹风试验数据要根据吹风状态单独命名，防止后续数据处理时数据混乱。

吹风试验中首先进行固定风向变风速试验，目的是获得风速与结构响应的关系。从 $0°$ 开始依次间隔 $22.5°$ 吹风，每个角度、每级风速下记录响应数据超过 1000 个一阶振动周期，重复三次。然后，固定风速 $0°\sim360°$ 旋转连续扫描试验，即风洞内风速不变（如 40m/s），模型在风洞内以 $1(°)/s$ 的角速率连续转动，得到模型动态响应值较大的方位角，并在该方位角下进行吹风试验。

固定风向动态吹风试验在各方位角下以不同风速进行。若升、阻力方向上布置有应变电桥路，则模型截面的升、阻力弯矩值按下式计算

$$\begin{Bmatrix} M_L \\ M_d \end{Bmatrix} = \begin{bmatrix} C_{11} & C_{12} \\ C_{21} & C_{22} \end{bmatrix}^{-1} \begin{Bmatrix} \varepsilon_L \\ \varepsilon_d \end{Bmatrix}$$

若升、阻力方向上没有布置应变电桥路，则获取测量坐标系下 X、Y 方向上截面弯矩后，将测量坐标系下的截面弯矩转换到风轴坐标系。令测量坐标系下 X 轴与风向的夹角为 θ，模型截面的升、阻力弯矩值分别为

$$\begin{cases} M_d = M_X \cos\theta + M_Y \sin\theta \\ M_L = -M_X \sin\theta + M_Y \cos\theta \end{cases}$$

对采集时间区间内的升、阻力弯矩值取平均，获得截面升、阻力弯矩平均值 $\overline{M_L}$、$\overline{M_d}$，作为定常载荷，将升、阻力弯矩减去平均值后选取出升、阻力弯矩绝对值最大值，获得截面非定常升、阻力弯矩 M_{Ld}、M_{dd}，作为非定常载荷，然后按照前文的定义计算定常与非定常升、阻力气动力矩系数。

以战神 I-X 飞行试验火箭模型的风洞吹风试验（图 5-2）为例，沿模型高度从上到下基本均布了九个双向加速度传感器，在上面段两个高度沿环向各均布了八个高灵敏度压阻式动态压力传感器，模型底部安装了测量根部弯矩的动态天平。另外为研究阻尼比对动态响应与载荷的影响，在模型上面段上部安装了双向阻尼器（图 5-3）。在吹风试验过程中实时测量箭体不同位置的加速度、根部弯矩和上面段的压力，研究脉动压力、加速度和动态弯矩之间的相互关系。

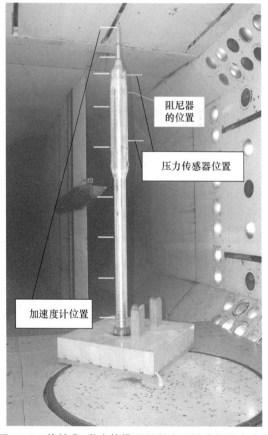

图 5-2　战神 I-X 火箭模型风洞吹风试验的测点分布

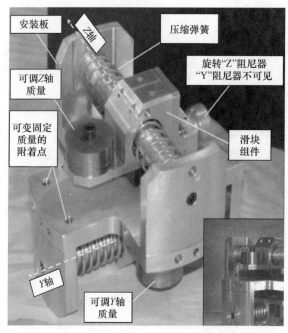

图 5-3　战神火箭风洞试验模型的可调节阻尼器

5.2　发射场全尺寸地面风载荷试验

发射场全尺寸地面风载荷试验的主要工作内容如下。

5.2.1　试验计划、试验件状态、测量系统等

在试验进行之前必须制订严谨、周密的试验计划，确定试验件状态、试验吹风范围、试验方案、测量参数和测点布局等。

试验件状态（外形、质量、刚度分布）与真实火箭相同，一般采用合练状态的产品。对于火箭来说，还存在模拟加注的问题，通常是加水模拟；如果无法模拟加注状态，则可贮箱内部充压，模拟贮箱内的受力状态；如果加注了真实推进剂，试验中存在危险因素，测量系统需要有防爆措施。

火箭必须安装固定于真实的发射装置、发射平台上，尽可能在真实受风状态下进行风激响应试验，同时保证试验件安全。除了发射平台上的风激响应试验外，有些型号还要进行垂直运输试验。

5.2.2　静力灵敏度试验

与风洞吹风试验类似，在吹风试验之前，先进行静力灵敏度试验，目的是给出火箭在一个或几个测量截面处的弯矩灵敏度系数，为地面风激响应试验数据处理提供原始参数。

吹风试验需要测量的是两种参数，截面的应变片数据，以及弹（箭）头部或者关键位置的加速度数据。测量系统与风激响应试验相同。根据应变数据读取截面弯矩值，根据加

速度数据得到结构的非定常变形值。图 5 - 4 所示为静力灵敏度试验、模态试验以及吹风试验的测量系统框图。应变片要考虑温度补偿，搭成全桥。

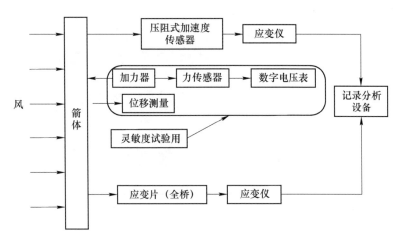

图 5 - 4　静力灵敏度试验、模态试验以及吹风试验的测量系统框图

　　灵敏度试验在技术区内进行。在火箭头部施加静力载荷，测量火箭根部的应变响应和头部位移响应。最好进行四个方向的加载和测量，CZ - 2F 火箭进行了四种方位（0°、-90°、45°、-45°）下的灵敏度试验，至少应进行两种相互垂直方位的灵敏度试验。试验方法基本与风洞吹风试验的静力灵敏度试验相同。加载方式可以采用螺旋加载器，有条件时建议采用气动加载方式，加载效率高，重复性好，劳动强度低，能对箭体施加脉冲激励，兼顾模态试验的加载要求。

　　加载条件不满足正交要求时，可采用非正交标定方法和数据处理方法，具体内容见第 3 篇 24.4 节。

5.2.3　模态试验

　　模态试验可以在风激响应试验场或者振动塔内进行，但必须确保边界支承刚度与发射设备相同。在发射场进行模态试验时，由于条件所限，通常采用锤击激励或牵制释放激励的方法确定模态参数，一般需要得到火箭的前三阶弯曲模态参数。锤击激励能量有限，敲击点位置和力量重复性差，并且对箭体结构安全性有一定的影响，因此我们在 CZ - 2C 火箭发射场竖立模态试验和 CZ - 7 火箭发射场风载试验中，创新应用了气动激励方式，在加力线中串接颈缩拉断杆（图 5 - 5），缓慢增加气缸压力，达到颈缩杆的拉断载荷时，加力线断开产生牵制释放效应，箭体进行振动衰减响应，可以获得一阶弯曲模态参数；突然增加气缸压力时，快速达到颈缩杆的拉断载荷，加力线断开，施加频带较宽的脉冲加载效应（图 5 - 6），箭体产生冲击振动响应，通过传递函数的参数识别，可以获得前三阶弯曲模态参数。采用气动方式进行脉冲加载时，应将颈缩拉断杆紧挨箭体，具有一定频响范围的测力计布置在颈缩拉断杆的旁边：一是避免箭体振荡过程中牵连多余的加力线装置；二是测力计在颈缩杆拉断后立刻回零，不受加力线断开后的轴向振荡影响。

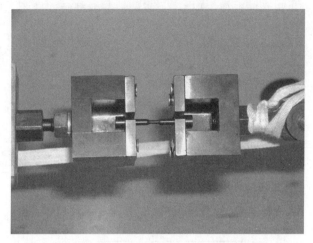

图 5 - 5　可实现脉冲加载和载荷释放的颈缩拉断杆

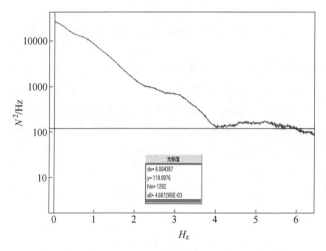

图 5 - 6　气动方式突加激励的功率谱密度曲线

5.2.4　风激响应试验

　　风激响应试验按照试验计划进行。与风洞内均匀风速相比，大气风场风速、风向都不均匀，因此，需要实时测量风速，供风剖面分析使用，试验至少测得四个高度的风速风向数据。另外，每天试验的不同时段，需要测量若干次大气压力和温、湿度，以确定空气密度，结合风速统计结果计算动压头。

　　风激响应试验在发射台和转运轨道上进行，在不同风速、风向下重复试验，同时记录弹（箭）响应参数和气象参数，每种试验状态采样时间应覆盖 500 个一阶振动周期，重复三次以上。

　　处理试验数据需要用到空气密度、运动黏度和当量风速。由气体状态方程可得出空气密度为

$$\rho = \frac{p}{RT}$$

式中，p 为大气压力；T 为绝对温度；R 为气体常数；由 ρ 和风速 V 可计算动压头 $q = 0.5\rho V^2$，运动黏度为空气动力黏度与密度之比

$$\gamma = \frac{\mu}{\rho}$$

由于风速不稳定，对应于每个试验记录样本的时段，给出风速的三种统计值：一是时段中的最大风速 $V_{\max}$，用于计算分析非定常升、阻力系数；另一种是均方根风速 $\overline{V}_2$，算式为

$$\begin{cases} \overline{V}_2 = \sqrt{\dfrac{1}{n}\sum_{i=1}^{n}\big[(V_i\sin\theta_i)^2 + (V_i\cos\theta_i)^2\big]} = \sqrt{\dfrac{1}{n}\sum_{i=1}^{n}V_i^2} \\[4mm] \overline{\theta}_2 = \arctan\sqrt{\dfrac{\displaystyle\sum_{i=1}^{n}(V_i\sin\theta_i)^2}{\displaystyle\sum_{i=1}^{n}(V_i\cos\theta_i)^2}} \end{cases}$$

式中，V_i、θ_i 为瞬时风速、风向角；$\overline{\theta}_2$ 为均方根风速风向角，由此可算出平均动压，用于计算定常升、阻力系数；还有一种是均四次方根风速 $\overline{V}_4$，算式为

$$\begin{cases} \overline{V}_4 = \sqrt{\sqrt{\dfrac{1}{n}\sum_{i=1}^{n}(V_i\sin\theta_i)^4} + \sqrt{\dfrac{1}{n}\sum_{i=1}^{n}(V_i\cos\theta_i)^4}} \\[4mm] \overline{\theta}_4 = \arctan\sqrt[4]{\dfrac{\displaystyle\sum_{i=1}^{n}(V_i\sin\theta_i)^4}{\displaystyle\sum_{i=1}^{n}(V_i\cos\theta_i)^4}} \end{cases}$$

式中，$\overline{\theta}_4$ 为均四次方根风速风向角，由此可算出均方根动压，用于计算均方根升、阻力系数和升、阻力系数功率谱。

数据处理以非定常载荷响应为主，将测量方向的根部载荷时间历程与风速测量和统计结果相关联，计算不同风向角下的非定常载荷与风速统计值的关系。进一步将载荷响应换算为非定常气动弯矩系数，与模型试验结果进行比较，确认和修正载荷条件。

在 CZ‑2F 火箭全尺寸风载试验中，研究了非定常气动加速度系数与力矩系数的关系，两者有一定的相关性，只是气动加速度系数中受高频加速度分量的影响，与力矩系数有一定的差异，可以设想通过数字滤波处理后，这个差异能降低。非定常气动升力和阻力加速度系数为

$$C_{La} = \frac{(a_L)_{\max} m_1}{qA}\frac{r_1}{\varphi_1}\sqrt{\frac{\xi_1}{Sr}}\,, \quad C_{da} = \frac{(a_d)_{\max} m_1}{qA}\frac{r_1}{\varphi_1}\sqrt{\frac{\xi_1}{Sr}} \tag{5-1}$$

式中，$(a_L)_{\max}$ 为升力方向的最大加速度；$(a_d)_{\max}$ 为阻力方向的最大加速度；φ_1 为加速度传感器安装位置的振型值。同样，若将加速度数据积分两次，减去趋势项，转化为非定常位移响应，可以对非定常气动位移系数（后文推导）和弯矩系数进行比较。由于非定常位移的高频分量小，与弯矩系数的一致性高于加速度系数。

5.3　风洞缩比模型试验与靶场全尺寸试验的关系

缩比模型的风洞吹风试验和全尺寸火箭发射场地面风载荷试验各有其优缺点，试验目的有各自的侧重点，两者互为补充，不能相互代替。

风洞试验的优点是风速稳定、风场均匀，测量方便、精度高，数据处理简单，物理概念清晰，获得的定常阻力和升力系数准确；缺点是不能模拟实际的雷诺数范围，无法模拟箭体边界支持状态和结构的刚度、质量及阻尼分布情况，导致动响应与全尺寸火箭相似程度降低，非定常阻力和升力系数精度难以保证。另外邻近结构（如发射架、起竖架等）对火箭绕流及其尾涡的影响在风洞试验时也难以模拟，存在阻塞效应，还有在成本和周期上明显高于全尺寸试验，因为需要额外设计、生产缩比相似模型。

发射场全尺寸风载荷试验的优点是风场环境真实，箭体质量、刚度、阻尼分布和边界真实，能够保证 Re 和 Sr 的模拟，可以考验箭体结构承受风载的能力和发射流程，可考核各系统在真实发射环境下工作的可靠性，能获得比较准确的非定常响应与阻力和升力系数，试验成本和周期与风洞试验相比低得多；缺点是难遇适合考核的风场，风速不稳定，测量系统干扰大，存在零漂和温漂，导致定常阻力和升力系数精度难以保证，数据处理复杂、烦琐，另外需要布置一定数量的测风仪，而测风仪在某些风向时会受到周围建筑物的干扰，因此风速风向不易测准，还有全尺寸试验由于在火箭合练中进行，在组织试验、协调关系上工作量较大。

由此可见，风洞试验适宜获取定常气动系数，发射场试验适宜获取非定常气动系数，两者互为补充，缺一不可。

5.4　风洞试验中刚性模型与弹性模型的关系

发射场全尺寸地面风载荷试验采用的是实物火箭，不存在模型设计和相似理论问题，风洞地面风载荷模拟试验需要设计缩比模型，一般有刚性模型测随机压力分布和弹性模型测随机响应两种方法。刚性模型的相似要求有几何外形和雷诺数（Re），外形相似除尺寸缩比、轮廓相似外，外表面上的导管、鼓包等凸出物也要相似，并且需要做附面层厚度修正；Re 相似要求和风洞的风速变化范围则一定程度上确定了模型的缩尺比例，即决定了模型的大小。但刚性模型存在两个不足之处，一是随机脉动压力分布比较复杂，空间相关长度较小，导致测点间距不能过大，测点数量过高，并且脉动压力测量对测量系统的频响特性有较高的要求，使测量的难度和规模大为增加；二是刚性模型不能模拟弹性体与流体的相互耦合效应，例如"脱涡锁定"现象。

弹性模型的相似要求相比刚性模型主要增加了弹性动响应相似，即要求模型与实物火箭动力学相似，包括结构阻尼、质量和刚度分布、振型及频率等。要做到全动力相似比较困难，通常要进行适当简化。由于火箭竖立在发射台上时的风激振荡主要是一阶响应，而且是属于小阻尼结构响应，尤其对于根部动态弯矩和头部动态位移，其一阶响应远远大于高阶响应，故可将缩比模型的完全动力学相似退化为斯特劳哈尔数（Sr）相似，即只要一阶弯曲振动频率按 Sr 相似要求进行设计，而结构阻尼比不论是实物火箭还是缩比模型，一般大致在 $0.5\%\sim1\%$ 的范围内。一阶弯曲振型对于任何质量与刚度分布的悬臂梁式结构均差别不大，由此讨论可知满足 Sr 相似可以保证一阶响应相似，其他动力参数相似可放松要求，不要求结构质量和刚度分布相似，高阶频率与振型也不做要求，这样模型设计就可大为简化。上述分析的基础是结构响应参数是根部弯矩和头部位移，若响应参数是头部加速度，则以上结论不准确。另外，弹性模型还有一个重要的优点，测点数量可降至最低，其测点数量可低至两路，只要给出尾段截面两个方向的动、静态弯矩即可，与刚性模型至少几十甚至数百路测点相比，测点数量低 $1\sim2$ 个数量级，并且动响应的频率范围只需覆盖结构的前几阶频率，远低于脉动压力的频率范围，对测量系统的频响特性要求低得多；若需要其他截面的载荷，每个截面只需增加两路测点，也可增加头部两个方向的位移测点。CZ‑2F 火箭的风载试验结果证明，由根部弯矩和头部位移获得的结构响应是一致的，两种参数对应的气动载荷系数在理论推导中也是相关的。

对比风洞试验的刚性模型和弹性模型，不难发现，刚性模型存在许多不足，建议采用弹性模型获取箭体截面的静、动态地面风载荷。

第6章 火箭地面风载荷响应分析方法

火箭的地面风载荷响应以试验分析方法为主，原因在于主要的载荷响应为脱涡激励的非定常升力，受到箭体表面中小尺度凸出物的强烈影响，流场理论分析和工程经验估算不易得到适当的载荷设计条件，即使外形轮廓相近的型号，载荷条件也不具备借用基础，最基本的载荷设计条件是缩比模型的试验分析结果。

对于地面风载荷的定常部分，规律性较强，式（4-1）定义的定常气动系数散布范围比较稳定，定常阻力系数 0.8～1.0 可以包络大部分型号，定常升力系数较低，显著低于阻力系数，大部分型号在 0.1～0.4 范围内。即使不进行试验，也能通过工程方法估算或者 CFD 计算，给出裕量适当的定常载荷设计条件，并且主要分量是定常阻力载荷。而随风速变化的阵风载荷可按定常载荷处理，在动压头中计及阵风因子即可，或者采用阵风谱进行分析。

非定常载荷的响应分析是竖立风载问题中最难以把握的，在工程中大多以模型试验实测的非定常气动系数，结合箭体动力学模型，给出箭体所有截面的动态载荷与位移。赵人濂在 1965 年根据模型试验的气动力功率谱，采用结构动力学模型对 XC 火箭不同状态、不同截面的最大动态弯矩、剪力和位移进行了工程计算分析，确定了弹体结构设计的载荷条件。夏益霖除给出了非定常气动系数的试验识别方法外，还给出了非定常气动力的功率谱识别方法。黄汉杰通过 CZ-2F 火箭刚性测压模型研究了助推器对流场压力分布的影响，并进一步探索了塔架、大气边界和雷诺数对压力分布系数的影响。另外采用弹性模型对动响应进行了试验与计算，获得了动响应计算的试验修正因子，但该结果仍以试验结果为基础。李哲采用 Nastran 有限元程序对 CZ-2F 和 CZ-5 火箭的地面风载荷进行了频域动响应分析，通过 Patran 的场功能施加脉动风压。由于缺乏实测的脱涡载荷功率谱曲线，分析结果与试验有差异。杨虎军则是采用谐波叠加法将脉动风压功率谱转换到时域进行动响应分析，分析基础与李哲相同，结果一致。刘瑞卿在其硕士论文中采用流固耦合方法分析了垂直发射导弹在地面风作用下阻力方向的竖立稳定性，未考虑脱涡效应的影响，对载荷分析特别是动态升力载荷不具有参考价值。

对于火箭非定常气动力的功率谱函数，在 CZ-2F 火箭全尺寸试验中，进行了气动力系数功率谱密度计算分析，积分后的均方根气动谱系数普遍小于时域均方根气动系数，约为非定常气动系数的 1/4～1/3，气动系数功率谱密度在低频区数值较大，随频率增加呈急剧下降趋势，各阶固有频率处的数值相差约两个数量级，风激励的能量主要集中在一阶频率以下，因此使用非定常和均方根气动系数是合理的，可以反映气动力的大小。气动力谱函数是响应谱与传递函数的商，在不同区间的误差是不一样的。在固有频率点附近，误差由各阶阻尼比的误差控制，一般低阶阻尼比的误差比高阶要小，谱函数在低阶频率附近精度高一些。在非固有频率区误差是由测量和数据采集系统的信噪比控制的，响应谱在非固有频率区数值很小，数据信噪比也就较低，而结构传递函数在非固有频率区数值也较小，一个误差较大的小数与一个小数相除，其结果的误差也较大，因此固有频率点之间的曲线是不可信的，可用固有频率点之间的连线代替，以减少低信噪比数据带来的误差（图6-1）。

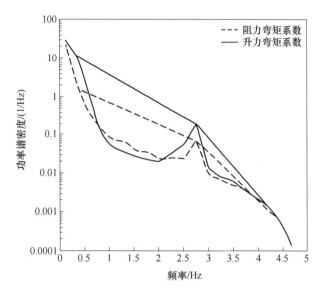

图 6-1　CZ-2F 火箭非定常气动升、阻力弯矩系数功率谱密度曲线

非定常气动力在工程上均采用试验分析的方法，以气动系数的形式将缩比试验的结果返回到全尺寸箭体。由于气动系数中考虑了动特性的效应，可以降低对缩比模型的动力相似要求，只需保证频率相似。由此需求，本文由简单到复杂，总结并推导不同箭体结构特性的非定常气动系数的算法，将试验测量结果去结构化和无量纲化，便于比较分析各种型号火箭的竖立风载特性。

6.1　轴对称串联式火箭的非定常气动系数

竖立在发射台上的各级串联式火箭或者缩比模型，如果其所有方向的横向弯曲振动特性相同，不存在频率接近的振动耦合，则从动特性角度可称为轴对称箭体结构，可以在升力和阻力方向单独分析地面风的非定常载荷分量，不必考虑耦合效应。

6.1.1　火箭地面风激励下的模态响应

对于各级串联式火箭，可假设箭体为沿高度坐标不均匀分布的线性悬臂梁结构（图2-1），在地面风某个方向的非定常气动力作用下的动力学响应方程为

$$m(z)\ddot{u}(z,t)+c(z)\dot{u}(z,t)+k(z)u(z,t)=f(z,t)$$

式中，沿箭体轴向的质量、阻尼和刚度线分布分别为 $m(z)$、$c(z)$ 和 $k(z)$，轴向坐标 Z 由箭体底部指向头部，箭体在风激励力 $f(z,t)$ 作用下的横向位移为 $u(z,t)$，基于模态特性的箭体动态位移可表示为各阶模态下的位移响应之和

$$u(z,t)=\sum_{j=1}^{n}\phi_j(z)q_j(t)$$

式中，$\phi_j(z)$ 和 $q_j(t)$ 分别为各阶振型和对应的广义位移响应，代入上式点乘第 k 阶振型 $\phi_k(z)$ 并沿箭体积分，引入各阶频率与阻尼比以及正交性条件可得各阶广义响应方程

$$\ddot{q}_j(t) + 2\xi_j\omega_j\dot{q}_j(t) + \omega_j^2 q_j(t) = F_j(t)/m_j$$

式中，$m_j = \int_{-H}^{L} m(z)\phi_j^2(z)\mathrm{d}z$ 为第 j 阶广义质量，积分区间从箭体下部的基础根部高度 $-H$ 处到箭体顶端高度 L 处；$F_j(t) = \int_0^L f(z, t)\phi_j(z)\mathrm{d}z$ 为第 j 阶广义力，积分区间包括整个迎风高度范围，不包括风洞地面以下的箭体高度部分。在跨临界区流场中脱涡无规则，激励为宽带随机，箭体响应为固有频率附近的窄带随机。对上式进行傅氏变换，在频域内可得各阶广义响应为

$$q_j(\omega) = \frac{F_j(\omega)}{m_j(\omega_j^2 + 2\mathrm{i}\xi_j\omega_j\omega - \omega^2)}$$

在分析时段 T 内第 j 阶广义响应的均方值为

$$\sigma_{q_j}^2 = \frac{2}{T}\int_0^\infty q_j(\omega)q_j^*(\omega)\mathrm{d}\omega = \frac{2}{T}\int_0^\infty \frac{F_j(\omega)}{m_j(\omega_j^2 + 2\mathrm{i}\xi_j\omega_j\omega - \omega^2)} \cdot \frac{F_j^*(\omega)}{m_j(\omega_j^2 - 2\mathrm{i}\xi_j\omega_j\omega - \omega^2)}\mathrm{d}\omega$$

式中，"$*$" 为共轭函数标识，对于风洞试验数据，由于风剖面为均匀分布，动压头 q 沿高度不变；动态气动系数 $C_W(t)$ 是沿高度完全相关的宽带平稳随机过程，则箭体不同截面高度的线分布气动力为

$$f(z, t) = \frac{qA}{L^2}D(z)C_W(t)$$

式中，A 和 L 分别为箭体投影面积和长度；$D(z)$ 为箭体不同高度处的直径。将此式代入上式可得

$$\sigma_{q_j}^2 = \frac{2}{T}\left(\frac{qA}{L^2}\frac{A_j}{m_j}\right)^2 \int_0^\infty \frac{C_W(\omega)C_W^*(\omega)\mathrm{d}\omega}{(\omega_j^2 - \omega^2)^2 + 4\xi_j^2\omega_j^2\omega^2}$$

式中，$A_j = \int_0^L D(z)\phi_j(z)\mathrm{d}z$ 为箭体的第 j 阶广义迎风投影面积，由风洞研究结果可得出，非定常气动系数的功率谱密度函数为

$$\frac{2C_W(\omega)C_W^*(\omega)}{T} = \frac{D_0}{2\pi V}\sigma_{CW}^2 P_{CW}(S)$$

式中，$S = \dfrac{\omega D_0}{2\pi V}$；$D_0$ 为箭体的特征直径，可以选芯级贮箱或者整流罩的直径；$P_{CW}(S)$ 是方差为 1 的零均值宽带平稳随机过程功率谱密度函数，代入上式可得

$$\sigma_{q_j}^2 = \left(\frac{qA}{L^2}\frac{A_j}{m_j}\right)^2 \frac{D_0}{2\pi V}\sigma_{CW}^2 \int_0^\infty \frac{P_{CW}(S)\mathrm{d}\omega}{(\omega_j^2 - \omega^2)^2 + 4\xi_j^2\omega_j^2\omega^2}$$

由于被积函数在 $\omega = \omega_j$ 处为尖峰函数，分子项为平缓变化函数，取 $S = S_j = \dfrac{\omega_j D_0}{2\pi V}$ 后可以移出积分项，并利用广义积分公式

$$\int_0^\infty \frac{\mathrm{d}\lambda}{(1 - \lambda^2)^2 + 4\xi^2\lambda^2} = \frac{\pi}{4\xi}$$

可以得到

$$\sigma_{q_j}^2 = \left(\frac{qA}{L^2}\frac{A_j}{m_j}\right)^2 \frac{\sigma_{CW}^2}{\omega_j^3}\frac{D_0}{2\pi V}P_{CW}(S_j)\frac{\pi}{4\xi_j} = \frac{\pi}{4}\sigma_{CW}^2 P_{CW}(S_j)\frac{S_j}{\xi_j}\left(\frac{qA}{L^2}\frac{A_j}{m_j\omega_j^2}\right)^2$$

假设最大的广义响应为 $q_{j\max}$，3 倍均方根时对应 99.9% 的概率上限，令非定常气动系数为

$$C_F^2 = \frac{\pi}{4}\frac{q_{j\max}^2}{\sigma_{q_j}^2}\sigma_{CW}^2 P_{CW}(S_j) = q_{j\max}^2\frac{\xi_j}{S_j}\left(\frac{L^2}{qA}\frac{m_j\omega_j^2}{A_j}\right)^2$$

则最大广义响应为

$$q_{j\max} = C_F\frac{qA}{L^2}\frac{A_j}{m_j\omega_j^2}\sqrt{\frac{S_j}{\xi_j}}$$

式中，$C_F \approx 1.5\sigma_{CW}\sqrt{\pi P_{CW}(S_j)} = 2.66\sigma_{CW}\sqrt{P_{CW}(S_j)}$，即非定常气动系数与动态气动系数标准偏差的关系。

6.1.2　三种响应统计参数对应的气动系数

由箭体动态位移和广义位移的关系，假设各阶模态的响应为统计独立无关随机变量，并且气动系数与模态无关，则前 n 阶模态的最大动态位移的平方为各阶模态的最大位移的平方和，则可写出

$$u_{\max}(z) = \sqrt{\sum_{j=1}^{n}\phi_j^2(z)q_{j\max}^2} = C_F\frac{qA}{L^2}\sqrt{\sum_{j=1}^{n}\left[\frac{A_j}{m_j\omega_j^2}\phi_j(z)\right]^2\frac{S_j}{\xi_j}} \qquad (6-1)$$

仍由箭体位移和广义位移的关系，进一步可以导出箭体加速度和广义位移的关系，各阶模态的响应为统计独立无关随机变量的假设仍然成立，则前 n 阶模态的最大加速度的平方为各阶模态的最大加速度的平方和

$$a_{\max}(z) = \sqrt{\sum_{j=1}^{n}\phi_j^2(z)\omega_j^4 q_{j\max}^2} = C_F\frac{qA}{L^2}\sqrt{\sum_{j=1}^{n}\left[\frac{A_j}{m_j}\phi_j(z)\right]^2\frac{S_j}{\xi_j}} \qquad (6-2)$$

风载试验最为关注的是根部弯矩响应，设根部弯矩测量截面高度为 E，对应各阶模态由惯性力产生的最大弯矩为

$$M_{Bj\max} = \int_E^L m(z)\omega_j^2 q_{j\max}\phi_j(z)(z-E)\mathrm{d}z = \omega_j^2 q_{j\max}\int_E^L m(z)\phi_j(z)(z-E)\mathrm{d}z$$

令 $M_{Bj} = \int_E^L m(z)\phi_j(z)(z-E)\mathrm{d}z$ 为第 j 阶模态弯矩，依然假设各阶模态的弯矩响应为统计独立无关随机变量，则前 n 阶模态的最大弯矩平方为各阶模态的最大弯矩平方和

$$M_{B\max} = \sqrt{\sum_{j=1}^{n}M_{Bj\max}^2} = \sqrt{\sum_{j=1}^{n}(\omega_j^2 q_{j\max}M_{Bj})^2} = C_F\frac{qA}{L^2}\sqrt{\sum_{j=1}^{n}\left(\frac{M_{Bj}}{m_j}A_j\right)^2\frac{S_j}{\xi_j}}$$

$$(6-3)$$

上述三种动态响应参数均与非定常气动系数相关，都可从各自的统计结果中获得非定常气动系数，只需要将式（6-1）～式（6-3）进行变换即可，可以得到基于三种响应参数的非定常气动系数。由式（6-3）得到的非定常气动弯矩系数为

$$C_F = \frac{M_{B\max}}{qAL}\Bigg/\sqrt{\sum_{j=1}^{n}\left(\frac{M_{Bj}}{m_j L}\frac{A_j}{L^2}\right)^2\frac{S_j}{\xi_j}} = \frac{M_{B\max}}{qAL}\Bigg/\sqrt{\sum_{j=1}^{n}\left(\frac{N_j}{r_j}\right)^2\frac{S_j}{\xi_j}} = \frac{M_{B\max}}{qAL}\Big/C_M$$

式中，$r_j = L^2/A_j$ 为箭体几何形状的广义长细比；$N_j = M_{Bj}/(m_j L)$ 为箭体质量分布的广义质心高度比，上式中的分母项定义为计及多阶模态的动态弯矩因子

$$C_M = \sqrt{\sum_{j=1}^{n} \left(\frac{N_j}{r_j}\right)^2 \frac{S_j}{\xi_j}} = \sqrt{\sum_{j=1}^{n} C_{Mj}^2}$$

式中，C_{Mj} 为各阶模态单独的动态弯矩因子。当根部弯矩响应只考虑一阶分量时，非定常气动弯矩系数退化为

$$C_F = \frac{M_{B\max}}{qAL} \frac{r_1}{N_1} \sqrt{\frac{\xi_1}{S_1}}$$

将动态载荷折算为等效的静态气动系数

$$C_{eq} = \frac{M_{B\max}}{qAL_A} = C_F \frac{L}{L_A} \frac{N_1}{r_1} \sqrt{\frac{S_1}{\xi_1}}$$

按照 CZ - 7 火箭模型的结构模态参数和 50m/s 风速估算，非定常气动弯矩系数 C_F 大约为等效静态气动弯矩系数 C_{eq} 的 5 倍，模型设计时可按此比例将非定常载荷折算为静态载荷。

在升力和阻力方向引入最大动态升力弯矩 M_{Ld}、阻力弯矩 M_{dd}，即可导出如式（4 - 2）的非定常升、阻力气动弯矩系数。由式（6 - 2）得到的非定常气动加速度系数为

$$C_F = \frac{m_1 a_{\max}(z_0)}{qA} \bigg/ \sqrt{\sum_{j=1}^{n} \left[\frac{m_1 \phi_j(z_0)}{m_j r_j}\right]^2 \frac{S_j}{\xi_j}} = \frac{m_1 a_{\max}(z_0)}{qA} \bigg/ C_a$$

上式中分子、分母项增加 m_1 项的目的是各自无量纲化，式中的分母项定义为计及多阶模态的加速度因子

$$C_a = \sqrt{\sum_{j=1}^{n} \left[\frac{m_1 \phi_j(z_0)}{m_j r_j}\right]^2 \frac{S_j}{\xi_j}} = \sqrt{\sum_{j=1}^{n} C_{aj}^2}$$

式中，C_{aj} 为各阶模态单独的加速度因子。当箭体头部 z_0 高度处加速度测点响应只考虑一阶分量时，非定常气动加速度系数退化为

$$C_F = \frac{m_1 a_{\max}(z_0)}{qA} \frac{r_1}{\phi_1(z_0)} \sqrt{\frac{\xi_1}{S_1}}$$

在升力和阻力方向引入最大升力加速度 $(a_L)_{\max}$、阻力加速度 $(a_d)_{\max}$，即可导出如式（5 - 1）的非定常升、阻力气动加速度系数。由式（6 - 1）得到的非定常气动位移系数为

$$C_F = \frac{m_1 \omega_1^2 u_{\max}(z_0)}{qA} \bigg/ \sqrt{\sum_{j=1}^{n} \left[\frac{m_1 \omega_1^2 \phi_j(z_0)}{m_j \omega_j^2 r_j}\right]^2 \frac{S_j}{\xi_j}} = \frac{m_1 \omega_1^2 u_{\max}(z_0)}{qA} \bigg/ C_u$$

式中的分母项定义为计及多阶模态的动态位移因子

$$C_u = \sqrt{\sum_{j=1}^{n} \left[\frac{m_1 \omega_1^2 \phi_j(z_0)}{m_j \omega_j^2 r_j}\right]^2 \frac{S_j}{\xi_j}} = \sqrt{\sum_{j=1}^{n} C_{uj}^2}$$

式中，C_{uj} 为各阶模态单独的动态位移因子。当箭体头部 z_0 高度处位移测点响应只考虑一阶分量时，非定常气动位移系数退化为

$$C_F = \frac{m_1 \omega_1^2 u_{\max}(z_0)}{qA} \frac{r_1}{\phi_1(z_0)} \sqrt{\frac{\xi_1}{S_1}}$$

在升力和阻力方向引入动态最大升力位移$(u_L)_{max}$、阻力位移$(u_d)_{max}$，即可导出非定常升、阻力气动位移系数

$$C_{Lu} = \frac{(u_L)_{max} m_1 \omega_1^2}{qA} \frac{r_1}{\phi_1(z_0)} \sqrt{\frac{\xi_1}{S_1}}, \qquad C_{du} = \frac{(u_d)_{max} m_1 \omega_1^2}{qA} \frac{r_1}{\phi_1(z_0)} \sqrt{\frac{\xi_1}{S_1}} \qquad (6-4)$$

式（5-1）和式（6-4）仅相差ω_1^2的因子，正是一阶加速度与一阶动态位移的比值，如果响应以一阶为主，则两种算法的结果应该是一致的，但加速度响应的高频分量高于位移响应，因此两种算法有差异，气动加速度系数高于气动位移系数，也高于气动弯矩系数，后两者由于高频分量小，准确性相对更高。为分析高频响应对气动系数计算准确性的影响，以 CZ-5 火箭 1∶12 缩比模型为例，将三种响应参数对应的无量纲动态因子进行比较（表 6-1），分别计算前三阶单独的动态因子和综合的动态因子。

表 6-1　CZ-5 火箭两种构型的动态弯矩、位移和加速度因子

模型	模态	动态弯矩因子	动态位移因子	加速度因子
构型 E	前三阶	0.3416	0.1683	0.2117
	一阶	0.3402	0.1665	0.1665
	二阶	0.03080	0.02356	0.06325
	三阶	0.003454	0.006470	0.1146
构型 D	前三阶	0.2882	0.15621	0.19813
	一阶	0.2871	0.1544	0.1544
	二阶	0.02507	0.02304	0.07104
	三阶	0.004394	0.00587	-0.10182

从表 6-1 可以看出，考虑前三阶模态的动态弯矩、位移因子与只考虑一阶模态的因子非常接近，只在第三位有效数字上有差别，这就是火箭竖立风载分析一般只计及一阶模态效应的原因。但对于加速度因子此结论不适用，第一阶与前三阶的因子相差较大。若根据加速度测量数据分析非定常气动力，应将加速度数据积分两次并消除趋势项，转换为动态位移数据，利用动态位移因子分析非定常气动系数。三种因子在引入升力和阻力方向后，可直接转换为升力和阻力响应因子。

6.1.3　风剖面对特征参数的影响

在三种响应参数（根部弯矩、头部位移和加速度）得到的非定常气动系数中，包含三类参数：一是结构特性参数——几何参数（箭体长度 L 和横向投影面积 A）和动特性参数（各阶广义质量 m_j、固有频率 ω_j、阻尼比 ξ_j、振型 $\phi_j(z)$、模态弯矩 M_{Bj}）；二是来流特性——动压头 q；三是耦合特性参数——斯特劳哈尔数（与固有频率、特征尺寸和来流速度相关）和广义长细比（与广义力相关）。

风洞试验时风剖面为均匀的平剖面，等效风速为均匀风速，所有参数的计算可以直接引用均匀风速，包括动压头、雷诺数和斯特劳哈尔数。对于发射场的全尺寸竖立风载试验，一般风剖面是不均匀的，等效风速应选择产生较大载荷和响应的整流罩形心高度处的风剖面风速。对于斯特劳哈尔数和雷诺数来说，相应的特征尺寸也应选择整流罩的直径，

少数型号火箭的整流罩直径小于火箭直径，则特征尺寸选用火箭直径，而等效风速选择锥段肩部高度处的风剖面速度（图6-2）。假设等效风速对应的风剖面高度为 Z_e，则等效风速与 $H_0 = 10\text{m}$ 高度处参考风速 V_0 的关系为

$$V_e = V_0 \left(\frac{Z_e}{H_0}\right)^\alpha$$

式中，α 为地面的粗糙度指数，以等效风速表示的风剖面为

$$V = V_e \left(\frac{Z}{Z_e}\right)^\alpha, \quad (Z = 0 \sim L)$$

动压头与高度相关，不再是常数，不同高度动压头为

$$q(z) = \frac{1}{2}\rho V^2 = \frac{1}{2}\rho V_e^2 (Z/Z_e)^{2\alpha} = q_e (Z/Z_e)^{2\alpha}, \quad (Z = 0 \sim L)$$

式中，等效动压头为 $q_e = \frac{1}{2}\rho V_e^2$。

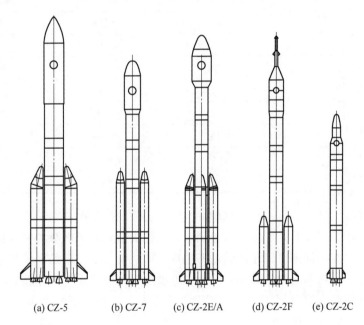

(a) CZ-5　　　(b) CZ-7　　　(c) CZ-2E/A　　　(d) CZ-2F　　　(e) CZ-2C

图 6-2　我国研制的部分火箭型号

　　风剖面不均匀时还影响广义长细比的计算，原因在于前文广义力计算时采用了均匀风剖面假设，风剖面不均匀时，广义力的算式不变，但气动力应改写为

$$f(z, t) = \frac{q(z)A}{L^2}D(z)C_W(t) = \frac{A}{L^2}q_e D(z)C_W(t) (Z/Z_e)^{2\alpha}$$

式中，仍假定非定常气动系数 $C_W(t)$ 是沿高度完全相关，但此时的广义力算式为

$$F_j(t) = \int_0^L f(z, t)\phi_j(z)\mathrm{d}z = \frac{A}{L^2}q_e C_W(t)\int_0^L D(z)\phi_j(z)(Z/Z_e)^{2\alpha}\mathrm{d}z = \frac{A}{L^2}q_e C_W(t)A_{Vj}$$

式中，$A_{Vj} = \int_0^L D(z)\phi_j(z)(Z/Z_e)^{2\alpha}\mathrm{d}z$ 为风剖面二次加权的广义投影面积，将 A_{Vj} 和 q_e 代替前文的 A_j 和 q，并将广义长细比变换为风剖面二次加权的广义长细比 $r_{Vj} =$

L^2/A_{Vj}，即可得到发射场全尺寸试验对应不均匀风剖面的非定常气动系数，算式的其他参数不变。由于粗糙度指数 α 为零时，风剖面为均匀的平剖面，因此 A_{Vj}、r_{Vj} 和 V_e 既适用于全尺寸试验，也适用于缩比模型风洞试验。非定常气动系数的计算方法可统一采用全尺寸试验的公式，区别只体现在粗糙度指数上。

6.2　不对称串联式火箭的非定常气动系数

当箭体结构的横向弯曲刚度沿环向存在不对称性时，在一般方向上存在频率接近的振动耦合现象。只有在两个相互垂直的方向上没有振动耦合现象，这两个方向称为箭体横向弯曲振动的主振方向。在 CZ－2C 火箭发射场竖立模态试验中，对二级箭体 45°象限吊点施加横向释放激励和脉冲激励，在箭体根部各个方向产生衰减弯曲应变信号，除 22.5°和 112.5°方向的应变信号幅值为单调衰减曲线外，其他方向均存在近频信号耦合现象，有些方向"拍"现象非常明显，因此 22.5°和 112.5°为 CZ－2C 火箭竖立状态的主振方向。

6.2.1　风轴非定常气动弯矩系数与体轴系数的关系

箭体弯曲刚度不对称时存在主振方向，地面风作用在箭体上将产生沿风向的阻力响应和垂直于风向的升力响应。如果阻力和升力方向不是箭体主振方向，则阻力响应和升力响应均为近频信号的耦合响应。只有两个主振方向的响应各自为频率接近的单频响应，而前文中的公式只适合于单频响应，可以用于主振方向定位的体轴坐标系，不能直接用于地面风向定位的风轴坐标系。

定常气动响应与主振方向无关，不需要坐标变换，动态气动响应与主振方向有关，需要将体轴的非定常气动系数转换到风轴坐标系。设体轴的 X、Y 轴为主振方向，风向与 X 轴的夹角为 θ（图 6－3），动态风轴弯矩与体轴弯矩变换关系为

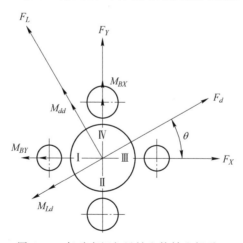

图 6－3　气动弯矩与风轴和体轴坐标系

$$\begin{cases} M_{dd} = M_{BX}\cos\theta + M_{BY}\sin\theta \\ M_{Ld} = -M_{BX}\sin\theta + M_{BY}\cos\theta \end{cases}$$

当箭体的两个主振动方向的频率有差别时，两个方向的截面动态定常弯矩 M_{BX}、

M_{BY} 的响应频率也存在差别，相关系数 $\rho(M_{BX}, M_{BY})$ 为零，由此条件和坐标变换关系，可获得风轴方向动态气动阻力弯矩 M_{dd} 和升力弯矩 M_{Ld} 的标准偏差 σ_d、σ_L 与结构主振方向动态弯矩标准偏差 σ_{BX}、σ_{BY} 的关系

$$\begin{cases} \sigma_d^2 = (\sigma_{BX}\cos\theta)^2 + (\sigma_{BY}\sin\theta)^2 \\ \sigma_L^2 = (\sigma_{BX}\sin\theta)^2 + (\sigma_{BY}\cos\theta)^2 \end{cases}$$

根据动态弯矩均为零均值随机过程的条件，M_{dd} 和 M_{Ld} 的相关系数为

$$\rho(M_{dd}, M_{Ld}) = \frac{E(M_{dd}M_{Ld})}{\sigma_d\sigma_L} = \frac{E[(-M_{BX}^2 + M_{BY}^2)\cos\theta\sin\theta + M_{BX}M_{BY}(\cos^2\theta - \sin^2\theta)]}{\sqrt{(\sigma_{BX}^2\cos^2\theta + \sigma_{BY}^2\sin^2\theta)(\sigma_{BX}^2\sin^2\theta + \sigma_{BY}^2\cos^2\theta)}}$$

式中，E 为数学期望运算符，代入相关系数 $\rho(M_{BX}, M_{BY})$ 为零的条件，上式简化为

$$\rho(M_{dd}, M_{Ld}) = \frac{(-\sigma_{BX}^2 + \sigma_{BY}^2)\sin2\theta}{\sqrt{(\sigma_{BX}^2 + \sigma_{BY}^2)^2\sin^2 2\theta + 4\sigma_{BX}^2\sigma_{BY}^2\cos^2 2\theta}}$$

由于风轴动态响应为体轴两个方向独立无关动态响应的线性组合，因此风轴动态响应的相关系数一般不为零。假设动态弯矩的最大值与标准偏差之间的比值为常数 k，即有 $(M_i)_{\max} = k\sigma_i$，则可得

$$\begin{cases} (M_{dd})_{\max}^2 = (M_{BX})_{\max}^2\cos^2\theta + (M_{BY})_{\max}^2\sin^2\theta \\ (M_{Ld})_{\max}^2 = (M_{BX})_{\max}^2\sin^2\theta + (M_{BY})_{\max}^2\cos^2\theta \end{cases}$$

引入体轴非定常气动弯矩系数

$$C_{dX} = \frac{(M_{BX})_{\max}}{qAL}\bigg/ C_{MX}, \quad C_{dY} = \frac{(M_{BY})_{\max}}{qAL}\bigg/ C_{MY}$$

式中，C_{MX}、C_{MY} 为体轴坐标系下的动态弯矩因子，表达式为

$$C_{MX} = \sqrt{\sum_{j=1}^{n}\left(\frac{N_{Xj}}{r_{Xj}}\right)^2\frac{S_{Xj}}{\xi_{Xj}}}, \qquad C_{MY} = \sqrt{\sum_{j=1}^{n}\left(\frac{N_{Yj}}{r_{Yj}}\right)^2\frac{S_{Yj}}{\xi_{Yj}}}$$

各阶广义质心高度比、广义长细比、斯特劳哈尔数和阻尼比均对应于各自的主振方向，将体轴非定常气动系数代入风轴非定常气动弯矩，得到非定常气动弯矩为

$$\begin{cases} (M_{dd})_{\max}^2 = (C_{dX}qALC_{MX}\cos\theta)^2 + (C_{dY}qALC_{MY}\sin\theta)^2 \\ (M_{Ld})_{\max}^2 = (C_{dX}qALC_{MX}\sin\theta)^2 + (C_{dY}qALC_{MY}\cos\theta)^2 \end{cases}$$

由于风轴方向不存在模态参数，不能直接使用前文的非定常气动弯矩系数，需要利用体轴参数推导风轴的非定常气动弯矩系数。设体轴坐标系两个方向的动态弯矩因子的几何平均值为

$$C_{MXY}^2 = C_{MX}C_{MY} = \sqrt{\sum_{j=1}^{n}\left(\frac{N_{Xj}}{r_{Xj}}\right)^2\frac{S_{Xj}}{\xi_{Xj}}\sum_{j=1}^{n}\left(\frac{N_{Yj}}{r_{Yj}}\right)^2\frac{S_{Yj}}{\xi_{Yj}}}$$

X 方向的动态弯矩因子与平均因子的比值为 $k_X = C_{MX}/C_{MXY} = \sqrt{C_{MX}/C_{MY}}$，$Y$ 方向的动态弯矩因子与平均因子的比值为 $k_Y = C_{MY}/C_{MXY} = \sqrt{C_{MY}/C_{MX}} = 1/k_X$，将平均因子和比值代入上式，得

$$\begin{cases} (M_{dd})_{\max} = qALC_{MXY}\sqrt{(C_{dX}k_X\cos\theta)^2 + (C_{dY}k_Y\sin\theta)^2} \\ (M_{Ld})_{\max} = qALC_{MXY}\sqrt{(C_{dX}k_X\sin\theta)^2 + (C_{dY}k_Y\cos\theta)^2} \end{cases}$$

设非定常气动阻力和升力弯矩系数分别为

$$C_{dd} = \frac{(M_{dd})_{\max}}{qAL}/C_{MXY}, \quad C_{Ld} = \frac{(M_{Ld})_{\max}}{qAL}/C_{MXY}$$

则由上式可得风轴非定常气动弯矩系数与体轴系数的关系为

$$\begin{cases} C_{dd} = \sqrt{(C_{dX}k_X\cos\theta)^2 + (C_{dY}k_Y\sin\theta)^2} \\ C_{Ld} = \sqrt{(C_{dX}k_X\sin\theta)^2 + (C_{dY}k_Y\cos\theta)^2} \end{cases}$$

以上为基于体轴参数的非定常气动阻力和升力弯矩系数的计算公式，式中 C_{MXY} 的意义为两个方向动态弯矩因子的几何平均值。当 $C_{MX} = C_{MY}$ 时，$C_{MXY} = C_{MX} = C_{MY}$，$k_X = k_Y = 1$，上式退化为轴对称动特性箭体的计算公式。

由于箭体结构两个主振方向的频率不一致，导致相同风速下的两个主振方向的斯特劳哈尔数也不一致，因此需要取一个等效的斯特劳哈尔数，作为非定常气动系数的自变量和影响因素，等效斯特劳哈尔数 S_{eq1} 取两个主振方向的几何平均值 $\sqrt{S_{X1}S_{Y1}}$。

6.2.2　全尺寸火箭非定常弯矩与模型试验结果的关系

当通过缩比的非轴对称动力相似模型获得 C_{dd}、C_{Ld} 以及相关系数 $\rho(M_{dd}, M_{Ld})$ 后，需要估算实物火箭在地面风作用下象限方向的根部非定常气动弯矩。根据弯矩坐标变换关系式求逆可得体轴方向弯矩与风轴方向弯矩的变换关系为

$$\begin{cases} M_{BX} = M_{dd}\cos\theta - M_{Ld}\sin\theta \\ M_{BY} = M_{dd}\sin\theta + M_{Ld}\cos\theta \end{cases}$$

由于非轴对称模型试验中得到的 M_{dd}、M_{Ld} 中均包含 M_{BX}、M_{BY}，因此相关系数 $\rho(M_{dd}, M_{Ld})$ 一般不为零。对于响应方差的逆变换关系，需要考虑随机变量之间的相关性。根据非独立随机变量函数的标准偏差关系式，结构主振方向非定常气动弯矩的标准偏差 σ_{BX}、σ_{BY} 与风轴方向非定常阻力弯矩和升力弯矩标准偏差 σ_d、σ_L 的关系为

$$\begin{cases} \sigma_{BX}^2 = (\sigma_d\cos\theta)^2 + (\sigma_L\sin\theta)^2 - \rho(M_{dd}, M_{Ld})\sigma_d\sigma_L\sin2\theta \\ \sigma_{BY}^2 = (\sigma_d\sin\theta)^2 + (\sigma_L\cos\theta)^2 + \rho(M_{dd}, M_{Ld})\sigma_d\sigma_L\sin2\theta \end{cases}$$

仍然假设非定常弯矩的最大值与标准偏差之间的比值为常数，则由上式可得

$$\begin{cases} (M_{BX})_{\max}^2 = (M_{dd})_{\max}^2\cos^2\theta + (M_{Ld})_{\max}^2\sin^2\theta - \rho(M_{dd}, M_{Ld})(M_{dd})_{\max}(M_{Ld})_{\max}\sin2\theta \\ (M_{BY})_{\max}^2 = (M_{dd})_{\max}^2\sin^2\theta + (M_{Ld})_{\max}^2\cos^2\theta + \rho(M_{dd}, M_{Ld})(M_{dd})_{\max}(M_{Ld})_{\max}\sin2\theta \end{cases}$$

代入风轴非定常气动系数可得

$$\begin{cases} (M_{BX})_{\max} = qALC_{MXY}\sqrt{(C_{dd}\cos\theta)^2 + (C_{Ld}\sin\theta)^2 - \rho(M_{dd}, M_{Ld})C_{dd}C_{Ld}\sin2\theta} \\ (M_{BY})_{\max} = qALC_{MXY}\sqrt{(C_{dd}\sin\theta)^2 + (C_{Ld}\cos\theta)^2 + \rho(M_{dd}, M_{Ld})C_{dd}C_{Ld}\sin2\theta} \end{cases}$$

上式为结构主振方向非定常气动弯矩与非定常气动阻力和升力系数的关系，由此关系可利用模型试验获得的气动系数 C_{dd}、C_{dL} 和相关系数 $\rho(M_{dd}, M_{Ld})$，代入实物火箭的 $qALC_{MXY}$ 与不同风向角 θ，得到实物火箭不同 θ 角下的非定常最大弯矩。

6.2.3　风轴非定常气动加速度与位移系数和体轴系数的关系

非轴对称箭体头部的瞬时加速度和位移均是矢量，风轴方向的响应与体轴方向的响应

具有与根部弯矩相同的坐标变换关系，因此风轴的非定常气动加速度和位移系数与体轴系数的变换关系，应该与根部弯矩系数变换关系一致，可写为

$$\begin{cases} C_{da} = \sqrt{(C_{Xa}k_{Xa}\cos\theta)^2 + (C_{Ya}k_{Ya}\sin\theta)^2} \\ C_{La} = \sqrt{(C_{Xa}k_{Xa}\sin\theta)^2 + (C_{Ya}k_{Ya}\cos\theta)^2} \end{cases}, \begin{cases} C_{du} = \sqrt{(C_{Xu}k_{Xu}\cos\theta)^2 + (C_{Yu}k_{Yu}\sin\theta)^2} \\ C_{Lu} = \sqrt{(C_{Xu}k_{Xu}\sin\theta)^2 + (C_{Yu}k_{Yu}\cos\theta)^2} \end{cases}$$

式中，风轴气动加速度系数的定义为

$$C_{da} = \frac{(a_d)_{\max}\sqrt{m_{1X}m_{1Y}}}{qA}\bigg/C_{aXY} , \quad C_{La} = \frac{(a_L)_{\max}\sqrt{m_{1X}m_{1Y}}}{qA}\bigg/C_{aXY}$$

体轴气动加速度系数的定义为

$$C_{Xa} = \frac{(a_X)_{\max}m_{1X}}{qA}\bigg/C_{aX} , \quad C_{Ya} = \frac{(a_Y)_{\max}m_{1Y}}{qA}\bigg/C_{aY}$$

各个参数的算式为

$$C_{aXY}^2 = C_{aX}C_{aY} , \quad C_{aX} = \sqrt{\sum_{j=1}^{n}\left(\frac{m_{1X}\phi_{jX}}{m_{jX}r_{jX}}\right)^2\frac{S_{jX}}{\xi_{jX}}} , \quad C_{aY} = \sqrt{\sum_{j=1}^{n}\left(\frac{m_{1Y}\phi_{jY}}{m_{jY}r_{jY}}\right)^2\frac{S_{jY}}{\xi_{jY}}} \text{（体轴加}$$

速度因子）

$$k_{Xa} = C_{aX}/C_{aXY} = \sqrt{C_{aX}/C_{aY}} , \quad k_{Ya} = C_{aY}/C_{aXY} = \sqrt{C_{aY}/C_{aX}} \text{（体轴加速度因子之比）}$$

风轴气动动态位移系数的定义为

$$C_{du} = \frac{(u_d)_{\max}\omega_{1X}\omega_{1Y}\sqrt{m_{1X}m_{1Y}}}{qA}\bigg/C_{uXY} , \quad C_{Lu} = \frac{(u_L)_{\max}\omega_{1X}\omega_{1Y}\sqrt{m_{1X}m_{1Y}}}{qA}\bigg/C_{uXY}$$

体轴气动动态位移系数的定义为

$$C_{Xu} = \frac{(u_X)_{\max}m_{1X}\omega_{1X}^2}{qA}\bigg/C_{uX} , \quad C_{Yu} = \frac{(u_Y)_{\max}m_{1Y}\omega_{1Y}^2}{qA}\bigg/C_{uY}$$

各个参数的算式为

$$C_{uXY}^2 = C_{uX}C_{uY} , \quad C_{uX} = \sqrt{\sum_{j=1}^{n}\left(\frac{m_{1X}\omega_{1X}^2\phi_{jX}}{m_{jX}\omega_{jX}^2 r_{jX}}\right)^2\frac{S_{jX}}{\xi_{jX}}} , \quad C_{uY} = \sqrt{\sum_{j=1}^{n}\left(\frac{m_{1Y}\omega_{1Y}^2\phi_{jY}}{m_{jY}\omega_{jY}^2 r_{jY}}\right)^2\frac{S_{jY}}{\xi_{jY}}}$$

（体轴位移因子）

$$k_{Xu} = C_{uX}/C_{uXY} = \sqrt{C_{uX}/C_{uY}} , \quad k_{Yu} = C_{uY}/C_{uXY} = \sqrt{C_{uY}/C_{uX}} \text{（体轴位移因子之比）}$$

形式上三种响应参数的变换关系式相同，差别只体现在各项系数的定义和算法上。

6.3　芯级支承捆绑火箭非定常气动系数的参数

捆绑火箭与串联火箭的区别主要体现在几何形状和质量、刚度及振型的空间分布上，助推器与芯级的连接大致分为静定与静不定两种方式。CZ-2E、CZ-2F、CZ-3B、CZ-5、CZ-6A 火箭均为球头与"Z"字形三连杆的静定连接方式。除 CZ-5 火箭外，其他捆绑火箭均是上捆绑为三连杆、下捆绑为球头的芯级传递推力构型，CZ-7 是上、中捆绑为三连杆、下捆绑为球头的静不定连接方式。

从箭体支承方式看，除 CZ-5 火箭为助推器支承方式外，其他捆绑火箭均为芯级支承方式。助推器支承加上捆绑球头的特点是竖立状态的支承跨距大、抗风能力强、芯级载荷小、助推器发动机多、载荷大且有轴力与弯矩的静不定耦合，竖立风载响应分析相对复

杂，起飞状态发动机喷流流场散布范围大、导流效果差、发射台的力热环境恶劣、严酷；芯级支承捆绑火箭的特点是竖立状态的支承跨距小、抗风能力差、芯级载荷大、助推器单发动机、载荷小、无轴力与弯矩的耦合，起飞状态发动机喷流流场相对集中、导流效果较好，发射台的力热环境相对良好。

与串联式火箭相比，捆绑火箭非定常气动系数的定义不变，箭体长度、动压头、斯特劳哈尔数和阻尼比的定义也不变，箭体投影面积和广义投影面积需要考虑吹风时芯级、助推器之间的相互遮蔽效应。助推器支承火箭由于轴力与弯矩的耦合效应，竖立风载响应分析涉及的广义质量和模态弯矩计算方法比较复杂，分析方法在下一节推导，本节对芯级支承捆绑火箭的非定常气动系数的参数进行推导，不需要考虑支承方式产生的轴力与弯矩耦合，只需要考虑捆绑连接方式产生的影响。

芯级的有效迎风面积为其投影面积，各个助推器的有效迎风面积为其投影面积的一半，箭体投影面积和广义投影面积的算式为

$$A = \int_0^L D(z)\mathrm{d}z + \frac{1}{2}\sum_{k=1}^4 \int_{z_1}^{z_2} D_k(z)\mathrm{d}z \ , \ A_j = \int_0^L D(z)\phi_j\mathrm{d}z + \frac{1}{2}\sum_{k=1}^4 \int_{z_1}^{z_2} D_k(z)\phi_{jk}\mathrm{d}z$$

式中，k 为四个助推器的序号；z_1 和 z_2 为助推器底端和顶端的高度；ϕ_{jk} 为四个助推器的弯曲振型。广义质量要考虑（计及）助推器的贡献，算式为

$$m_j = \int_{-H}^L m(z)\phi_j^2(z)\mathrm{d}z + \sum_{k=1}^4 \int_{z_1}^{z_2} m(z)\phi_{jk}^2(z)\mathrm{d}z = \sum_{k=0}^4 \int_{-H}^L m(z)\phi_{jk}^2(z)\mathrm{d}z$$

式中，$k=0$ 对应芯级的线质量密度（底标）和振型（下标），$k=1\sim4$ 对应助推器的线质量密度和振型，助推器在 $[z_1, z_2]$ 范围之外的线质量密度和振型均为零，因此其积分区间可与芯级统一为 $[-H, L]$。

对于非定常气动位移和加速度系数，由于不涉及模态弯矩的计算，只需要代入计及助推器贡献的箭体投影面积、广义投影面积、广义质量和测点处的振型值，即可得到相应的系数，不需要考虑捆绑连接方式的静定特性。但对于助推器支承火箭，广义质量中需要计及助推器轴向振动分量的影响，下一节中对此问题进行分析。

6.3.1　静定捆绑火箭的模态弯矩

模态弯矩的算法要计及测量截面位置和助推器连接是否静定的影响，静定捆绑方式的载荷测量方法与模态弯矩的算法相对简单，只需要分析传递到芯级测量截面上的助推器横向载荷。若测量截面位于上下捆绑点之间，不需要测量助推器对应高度的截面弯矩。以 CZ-2F 火箭发射场地面风载荷试验（图 4-41）为例，三个载荷测量截面分别位于火箭尾段底端面附近、上捆绑点之上和上下捆绑点（h_1，h_2）之间，上、下测量截面均为静定单传力路径，承担或者不承担助推器上的全部横向载荷；中部测量截面只承担上捆绑点的横向载荷，而上下捆绑点的载荷分配符合杠杆原理，因此模态弯矩分三段表达

$$\begin{cases} M_{Bj} = \int_E^L m(z)\phi_j(z)(z-E)\mathrm{d}z, （测量截面高度 E 在上捆绑点之上）\\ M_{Bj} = \int_E^L m(z)\phi_j(z)(z-E)\mathrm{d}z + \sum_{k=1}^4 \int_{z_1}^{z_2} m(z)\phi_{jk}(z)(z-E)\mathrm{d}z, （E 截面在下捆绑点之下）\\ M_{Bj} = \int_E^L m(z)\phi_j(z)(z-E)\mathrm{d}z + \frac{h_2-E}{h_2-h_1}\sum_{k=1}^4 \int_{z_1}^{z_2} m(z)\phi_{jk}(z)(z-h_1)\mathrm{d}z, （E 在捆绑点之间）\end{cases}$$

式中，h_2、h_1分别为上下捆绑点高度，引入极值函数上式可合并简写为

$$M_{Bj} = \int_E^L m(z)\phi_j(z)(z-E)\mathrm{d}z + \frac{h_2 - \min(h_2, E)}{h_2 - \min(h_1, E)}\sum_{k=1}^4 \int_{z_1\ k}^{z_2} m(z)\phi_{jk}(z)[(z-\min(h_1, E)]\mathrm{d}z$$

此式为芯级支承静定捆绑火箭模态弯矩的统一表达式，对应的测量条件是不需要在助推器截面上增加载荷测点，考虑助推器贡献的广义投影面积和广义质量，即可给出非轴对称箭体体轴的弯矩因子。或者给出轴对称箭体风轴的弯矩因子。只利用芯级两个方向测点的动态弯矩，即可获得体轴或者风轴的非定常气动弯矩系数。

对于定常气动弯矩系数的计算，可以参考模态弯矩的分析方法，只是舍去振型的加权，将式（4-1）中的箭体迎风面积和形心距改为

$$A'L_{A'} + 2A_z L_z \frac{h_2 - \min(h_2, E)}{h_2 - \min(h_1, E)}$$

式中，A'、$L_{A'}$为芯级箭体相对于测量截面以上的迎风面积和形心距；A_z、L_z为单个助推器的迎风面积和形心距。

6.3.2　静不定捆绑火箭的模态弯矩

对于静不定捆绑连接方式的 CZ-7 火箭发射场地面风载荷试验（图4-34），载荷测量截面也布置了三个高度，芯级尾段底端向上 300mm 截面测量根部载荷，Ⅰ-Ⅱ级间段中部截面测量二级以上箭体地面风载荷，这两个测量截面为单传力路径，模态弯矩的算法与静定捆绑方式一致，第三个测量截面在尾段上端面向下 250mm 处，位置略低于下捆绑点，试验中发现应变数据受壳体局部变形的影响，数据无效。因此，截面载荷测点应避开壳体变形影响区，壳体变形影响区不超过三倍的筒段半径与当量壁厚的平方根值。若测量截面位于芯级上下捆绑点（h_1，h_2）之间，由于助推器上、中、下捆绑点三点传递横向力，无法利用杠杆原理，载荷分配静不定，必须在芯级测点截面高度处的四个助推器截面增加载荷测点，总共十个测量通道才能获得火箭捆绑点之间五分支结构的合力矩载荷$(\sum_{k=0}^4 M_{Bk})_{\max}$，$M_{B0}$为芯级测量截面的载荷，$M_{Bk}(k=1\sim4)$为芯级测量截面相同高度处助推器测量截面的载荷，载荷测量的难度和工作量增大，但模态弯矩的算法简化，与串联火箭类似，表达式为

$$\begin{cases} M_{Bj} = \int_E^L m(z)\phi_j(z)(z-E)\mathrm{d}z，（测量截面高度 E 在上捆绑点之上） \\ M_{Bj} = \int_E^L m(z)\phi_j(z)(z-E)\mathrm{d}z + \sum_{k=1}^4 \int_{z_1\ k}^{z_2} m(z)\phi_{jk}(z)(z-E)\mathrm{d}z，（E 在下捆绑点之下） \\ M_{Bj} = \int_E^L m(z)\phi_j(z)(z-E)\mathrm{d}z + \sum_{k=1}^4 \int_{E\ k}^{z_2} m(z)\phi_{jk}(z)(z-E)\mathrm{d}z，（E 在捆绑点之间） \end{cases}$$

引入极值函数上式可合并简写为

$$M_{Bj} = \int_E^L m(z)\phi_j(z)(z-E)\mathrm{d}z + \frac{h_2 - \min(h_2, E)}{h_2 - \min(h_1, E)}\sum_{k=1}^4 \int_{z_E\ k}^{z_2} m(z)\phi_{jk}(z)(z-E)\mathrm{d}z$$

式中，助推器积分下限为

$$z_E = z_1 + (E-z_1)h(E-h_1)$$

式中，$h(z)$ 为阶跃函数，$z<0$ 时为零，$z>0$ 时为 1。上式为芯级支承静不定捆绑火箭模态弯矩的统一表达式，对应的测量条件是需要在助推器相应截面上增加弯矩载荷测点，利用动态弯矩的合成测量结果，考虑助推器贡献的广义投影面积和广义质量，可给出体轴的弯矩因子，进一步计算体轴与风轴的非定常气动弯矩系数。

对于定常气动弯矩系数的计算，仍可以参考模态弯矩的分析方法，舍去振型的加权。由于捆绑传力的静不定特性，不能利用杠杆原理分析载荷传递比例，只能增多弯矩测点通道，但迎风面积和形心距算式简化，可将式（4 - 1）中的箭体迎风面积和形心距改为

$$A'L_{A'} + 2A_{z'}L_{z'}$$

式中，A'、$L_{A'}$ 仍为芯级箭体相对于测量截面以上的迎风面积和形心距，而 $A_{z'}$、$L_{z'}$ 改为与芯级定义相同的单个助推器相对于测量截面以上的迎风面积和形心距。

6.4　助推器支承火箭非定常气动系数的参数

CZ - 5 火箭是我国唯一的助推器支承火箭，尽管上下捆绑方式的火箭在飞行状态下为静定结构，但竖立状态下助推器支承的结构形式使得箭体并联部段成为静不定结构，无法在箭体根部布置总弯矩测量截面，位于上捆绑点之上的芯级箭体为静定结构，可以布置弯矩测量截面获得二级箭体的载荷。在上捆绑点之下布置测量截面时，必须在五个并联部段中均布置载荷测量测点，而且助推器还必须增加轴力分量测点，芯级结构由于下端的三连杆捆绑点无轴向位移约束，没有轴力作用，只保留弯矩测量，通过五个部段的测量结果的综合，给出根部测量截面以上的总弯矩，也可分析静不定结构系统的载荷分配。在模型风洞试验中，可利用支承筒测量总弯矩，而实物火箭由于发射台的刚度很大，无法测量火箭的根部总弯矩，只能测量芯级和助推器下部的弯矩和轴力，以此推算总弯矩。并且需要采取适当的刚度标定方法，以适应箭体结构和发射场的加载和支承条件。

助推器支承火箭的非定常气动系数的表达式没有变化，区别仅在于广义质量和模态弯矩，其他参数的算法与芯级支承静定捆绑火箭相同。由于火箭的全箭弯曲振型包含助推器的轴向运动分量，模态力也要计及助推器的轴力以及跨距（图 6 - 4）。广义质量要考虑支承筒的贡献，积分下限应为支承筒下端高度 $-H$，芯级下端高度 H_0 到地面的高度范围内无箭体结构质量分布，广义质量可将支承筒和芯级合并，表达式写为

$$m_j = \int_{-H_0}^{L} m(z)\phi_{j0}^2(z)\mathrm{d}z + \sum_{k=1}^{4}\int_0^{z_2}m(z)[\phi_{jk}^2(z) + \phi_{jkz}^2(z)]\mathrm{d}z$$

式中，助推器下地面高度为零，ϕ_{jkz} 为第 k 个助推器的第 j 阶弯曲振型的轴向分量，这是与芯级支承捆绑火箭的区别所在。

测量截面位于上捆绑点 h_2 之下时，总弯矩的测量和模态弯矩的计算比芯级支承火箭要复杂一些，与象限方向成 δ 角的主振方向总弯矩的算式为

$$\begin{cases} [M_{BX}(t)]_{\max} = \{B[(T_1 - T_3)\cos\delta + (T_2 - T_4)\sin\delta] + \sum_{k=0}^{4}M_{BkX}\}_{\max} \\ [M_{BY}(t)]_{\max} = \{-B[(T_1 - T_3)\sin\delta + (T_2 - T_4)\cos\delta] + \sum_{k=0}^{4}M_{BkY}\}_{\max} \end{cases}$$

可合并简写为

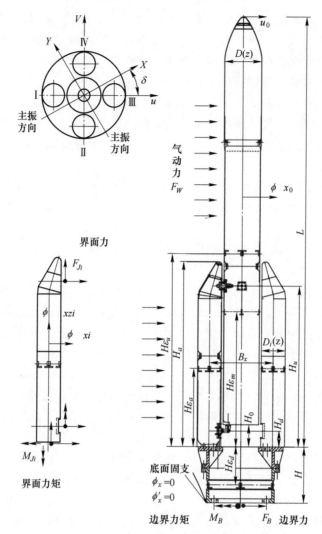

图 6 - 4　CZ - 5 火箭缩比模型结构和受力示意图

$$\begin{cases} [M_{BX}(t)]_{\max} = \Big[B \sum_{k=1}^{4} T_k \sin(\pi k/2 - \delta) + \sum_{k=0}^{4} M_{BkX} \Big]_{\max} \\ [M_{BY}(t)]_{\max} = \Big[-B \sum_{k=1}^{4} T_k \cos(\pi k/2 - \delta) + \sum_{k=0}^{4} M_{BkY} \Big]_{\max} \end{cases}$$

式中，$k = 0$ 表示芯级的测量数据，共包含 14 个通道的测量数据，远大于芯级支承静定捆绑火箭的两个测量通道，也大于芯级支承静不定捆绑火箭的 10 个测量通道。考虑到助推器的轴向运动振型分量，对应的主振方向模态弯矩为

$$\begin{cases} M_{BjX} = \int_{E}^{L} \Big[\sum_{k=1}^{4} m \phi_{jkXZ} B \sin(\pi k/2 - \delta) + \sum_{k=0}^{4} m \phi_{jkX}(z - E) \Big] \mathrm{d}z \\ M_{BjY} = \int_{E}^{L} \Big[-\sum_{k=1}^{4} m \phi_{jkYZ} B \cos(\pi k/2 - \delta) + \sum_{k=0}^{4} m \phi_{jkY}(z - E) \Big\} \mathrm{d}z \end{cases}$$

对于助推器，当 $z<0$ 或者 $z>z_2$ 时，$\underset{k}{m}(z)=0(k=1\sim4)$，因此当 $E<0$ 时，箭体底端

以下部分的 $\int_E^0 m\phi_{j0(X,Y)}(z-E)\mathrm{d}z$ 仍保留，上式形式保持不变，当 $E>h_2$ 时，上式只剩

余 $\int_E^L m\phi_{j0(X,Y)}(z-E)\mathrm{d}z$，引入阶跃函数 $h(z)$ 可将不同测量截面对应的模态弯矩统一

写为

$$
\begin{cases}
M_{BjX} = \int_E^L m\phi_{j0X}(z-E)\mathrm{d}z + h(h_2-E)\int_E^{z_2}\sum_{k=1}^4 \underset{k}{m}\big[\phi_{jkX}(z-E)+\phi_{jkXZ}B\sin(\pi k/2-\delta)\big]\mathrm{d}z \\[2mm]
M_{BjY} = \int_E^L m\phi_{j0Y}(z-E)\mathrm{d}z + h(h_2-E)\int_E^{z_2}\sum_{k=1}^4 \underset{k}{m}\big[\phi_{jkY}(z-E)-\phi_{jkYZ}B\cos(\pi k/2-\delta)\big]\mathrm{d}z
\end{cases}
$$

结合箭体主振方向的广义质量和广义投影面积，即可得到弯矩因子 C_{MX}、C_{MY}，通过体
轴的载荷测量结果可导出助推器支承火箭体轴和风轴的非定常气动系数。非定常气动位移
和加速度系数只需要引用广义质量和广义投影面积即可得到，与模态弯矩无关。

对于定常气动弯矩系数的计算，箭体相对于测量截面以上的迎风面积和形心距的算法
与静不定芯级支承火箭相同。

第7章 带防风减载装置的 火箭地面风载荷分析方法

海南文昌航天发射场的风速远远超过初始设计风速（平均风速10m/s），为了增加 CZ -7火箭的抗风能力，在箭体中部与脐带塔之间安装了防风减载装置（图7-1）。从动力学角度来说，竖立在发射台上的火箭，除了箭体尾段的支承约束外，还增加了箭体中部的约束条件，箭体的动力学方程发生改变，从而导致底部支承方式对应的模态质量、模态弯矩的计算公式也改变，需要重新推导。

图7-1 火箭新增的级间段防风拉杆装置

带防风减载装置的火箭受风载荷作用产生变形，其动力学简化模型如图7-2所示。防风结构一端与火箭相连，另一端与脐带塔相连。相比较而言，脐带塔的刚度远高于火箭，可以认为脐带塔的一端为固支状态，将防风减载装置简化为质量-弹簧的单自由度等效模型（图7-3）。单自由度系统和一端固定、另一端自由的等截面直杆纵向一阶频率分别为

$$\omega_{F1} = \sqrt{\frac{\Delta K}{\Delta M}}, \quad \omega_{FL} = \frac{\pi}{2L}\sqrt{\frac{E}{\rho}}$$

式中，ΔK、ΔM 为防风拉杆的有效刚度和质量，用单自由度系统等效等截面直杆，令

$$\Delta K = EA/L, \quad \omega_{F1} = \omega_{FL}, \quad M = L\rho A$$

则有，$\Delta M = \dfrac{4}{\pi^2}M = 0.405M$，其中 M 为防风减载装置的结构质量。ΔK 可通过增加防风结构后的标定载荷分配试验反推获得，分别施加平行和垂直于防风结构的标定载荷，根据箭

体根部弯矩的变化量，结合防风结构的高度可以得到其分担的载荷，同时测量箭体在防风结构安装截面沿载荷方向的横向位移，由此可获得防风结构两个方向的刚度。ΔM 可以通过有无防风结构的模态试验结果进行识别，建立相应的有限元模型，代入防风结构的有效刚度，依据一阶频率的变化量拟合防风结构的有效质量。

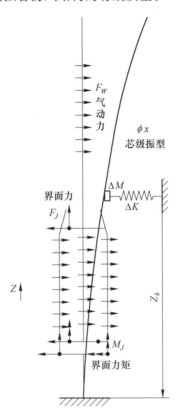

图 7 - 2 带防风减载装置的火箭动力学简化模型

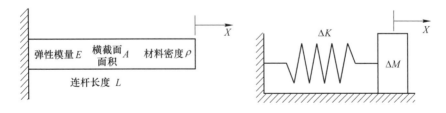

图 7 - 3 防风拉杆的单自由度等效模型

前文指出，地面风载荷试验中只取一阶模态是合理的，为了推导简便，公式中只取一阶振型（图 7 - 3），箭体轴向为 Z 方向，防风结构纵向为 X 方向，防风结构横向为 Y 方向。不带防风减载装置时，X 方向平面内火箭的横向弯曲运动方程为

$$m\ddot{u} + c\dot{u} + ku = F_x(z,\ t)$$

带防风减载装置时，X 方向平面内火箭的横向弯曲运动方程为

$$m\ddot{u} + c\dot{u} + ku = F_x(z, t) - \Delta M\ddot{u}(z_k) - \Delta K u(z_k)$$

式中，m 为箭体各部段的线分布质量密度；只考虑带防风结构的一阶振动模态时，$u(z, t) = u_0(t)\phi_x(z)$，$\phi_x(z)$ 为箭体带防风结构在 X 方向的一阶弯曲模态；z_k 为防风结构的高度，将上式乘以 ϕ_x 从底面到顶端积分得

$$\ddot{u}_0 \left[\int m\phi_x^2(z)\mathrm{d}z + \Delta M\phi_x^2(z_k) \right] + \dot{u}\int c\phi_x^2(z)\mathrm{d}z + u_0 \left[\int k\phi_x^2(z)\mathrm{d}z + \Delta K\phi_x^2(z_k) \right]$$
$$= \int F_x(z, t)\phi_x(z)\mathrm{d}z$$

定义增加防风结构后的模态质量为

$$m_x = \int m\phi_x^2(z)\mathrm{d}z + \Delta M\phi_x^2(z_k)$$

对应 X 平面内一阶弯曲模态，自由振动有防风结构时，高度为 z_M 的截面弯矩为

$$M_B = u_0\omega_1^2 \left[\int_{z_M}^{L} m\phi_x(z)(z - z_M)\mathrm{d}z + \Delta M\phi_x(z_k)(z_k - z_M) \right] - u_0\phi_x(z_k)\Delta K(z_k - z_M)$$
$$= u_0\omega_1^2 \left[\int_{z_M}^{L} m\phi_x(z)(z - z_M)\mathrm{d}z + \Delta M\phi_x(z_k)(z_k - z_M) - \frac{\Delta K}{\omega_1^2}\phi_x(z_k)(z_k - z_M) \right]$$

高度为 z_M 的截面的一阶模态弯矩为

$$M_x = \int_{z_M}^{L} m\phi_x(z)(z - z_M)\mathrm{d}z + \Delta M\phi_x(z_k)(z_k - z_M) - \frac{\Delta K}{\omega_1^2}\phi_x(z_k)(z_k - z_M)$$

模态投影面积的定义与算法与不带防风结构的状态相同。

第8章 火箭地面风载荷风洞试验的缩比模型设计方法

火箭竖立风载风洞缩比模型通常有刚性测压模型和弹性测力模型两种方法，在以前所做的竖立风载风洞试验中，绝大多数采用弹性模型，少数采用刚性模型，动响应预示精度不高。

8.1 模型设计的基本原则

风洞缩比弹性模型与实物火箭的相似要求有：

1）几何外形（包括导管、鼓包等凸起物及表面粗糙度、邻近结构）。

2）雷诺数相似，$Re = VD_0/\nu$。

3）斯特劳哈尔数相似，$Sr = f_1 D_0/V$。

在设计模型之前，首先要确定进行风洞试验的场地，国内过去的型号主要是在中国空气动力研究与发展中心的 FL－13 号风洞进行试验，少数型号在 701 所 9 号风洞进行试验，2019 年 627 所 6m×8m 闭口回流式 10 号风洞首次进行火箭竖立风载试验。目前，国内的风载试验风洞均为常压大气风洞，雷诺数范围有限；从事火箭风载研究最为充分的 NASA 兰利研究中心的跨声速风洞，总压在 0.1～1 个大气压范围内可调整，流体密度可变，可使用重气体介质，雷诺数范围是空气的 5 倍。根据风洞的尺寸确定模型的缩尺比例。为减小风洞边界对模型周围流场的干扰，考虑风洞阻塞效应以及风洞顶壁的附面层高度，模型组合安装阻塞面积不超过 5%，模型与风洞壁的间距大于 0.5m。

在跨临界雷诺数区，属于小阻尼系统对随机输入力的响应问题。通常认为气动力与弹性振动没有耦合，不会改变原来的气动力分布，气动力与振型无关，阻尼比也不必相同，只需是小阻尼系统。振型的影响体现在模态参数上，通过气动系数可以降低阻尼和振型不一致的影响，因此模型设计的主要相似参数为几何外形、雷诺数和斯特劳哈尔数。大型火箭的雷诺数较高，在风洞试验中完全满足雷诺数相似比较困难。对于粗糙模型，在达到一定的雷诺数（如跨临界）后，气动力系数趋于稳定。在条件不具备的情况下，在跨临界区雷诺数满足自相似，也可以得到许多有意义的结果。

8.2 相似参数的要求与实现

确定模型缩比尺寸以后，再按照实物的斯特劳哈尔数确定模型的一阶弯曲频率。风洞内吹风速度与一阶频率的组合，尽量满足实物的斯特劳哈尔数。若实物的斯特劳哈尔数范围较宽，确实无法满足时，要优先满足对应实物加注状态和高风速状态下的斯特劳哈尔数。在以前的模型设计中（如 CZ-5 火箭），也出现过这种状况。而在 CZ-7 火箭模型设计中，首次采用了改变一阶频率的模型设计，从而使模型的斯特劳哈尔数与实物的斯特劳哈尔数相同。风洞模型设计时，使其一阶频率达到 24Hz，然后在模型头部加配重，使模型频率可以降至 16Hz。从表 8-1 中可以看出，这种设计方式不会增加吹风次数和状态，只增加一次模态试验，就能保证覆盖实物所有的斯特劳哈尔数范围。

表 8-1 CZ-7 火箭风载模型的设计吹风状态

	吹风速度/(m/s)	模型的一阶频率/Hz	Sr 范围
低 Sr（加注状态）	40～80	16	0.084～0.17
高 Sr（未加注状态）	25～60	24	0.17～0.40

从雷诺数相似的要求看，模型尺寸缩比后，在不改变流体介质密度和种类时，风洞吹风速度需要增大相同的缩尺比例，再结合斯特劳哈尔数相似的要求，模型一阶频率需要增大为缩尺比例的平方，因此对模型的频率设计提出了很高的要求，需要采取优化设计方法来实现模型的高固有频率。采用重气体介质降低流体黏性后，模型频率可改为约 1/5 的缩尺比例的平方，显著降低模型设计的难度。雷诺数和斯特劳哈尔数与风速的关系正好相反，两者相乘可消除风速，成为不随风速变化的特性常数

$$SrRe = f_1 D_0^2 / \nu$$

此式只与结构特性和介质黏性有关，也可以看出动力相似的频率缩尺比例平方要求，两个相似参数为双曲线关系式。

战神 I 火箭的风洞试验，实现了模型与实物的完全相似，两者一阶响应的 Sr-Re 曲线完全重合（图 8-1），只是曲线上同一点对应的模型风速大约是实物风速的 4 倍，并且风洞介质采用重气体，实现了雷诺数的相似。而由于气体不可压条件的限制，模型试验风速范围不能超过 165ft/s，实物火箭 40ft/s 风速以上的响应不能在风洞中模拟，只能模拟跨临界区的响应。

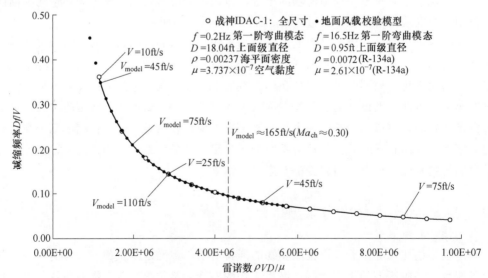

图 8-1 战神 I 火箭模型与实物的一阶风激响应对应的 Sr-Re 曲线

对于有些型号火箭风洞试验雷诺数偏低的问题，可以采用增加模型表面粗糙度的措施来应对。战神Ⅰ-X火箭竖立风载试验发现了特有的二阶响应与动态载荷，针对二阶模态参数，在斯特劳哈尔数满足相似要求后，模型试验与实物火箭的雷诺数比例为 0.29，Sr-Re 曲线（图 8-2）有明显差别。模型上面段对应的雷诺数达到 $(2.5\sim3)\times10^{6}$，处于跨临界区；边界层全部为湍流；实物火箭的雷诺数达到 11×10^{6}，超过了跨临界区，对模型振动响应相似存在不确定性。而对于直径约为上面段 2/3 的一级段，雷诺数范围更低，一级段脱涡特性与风激振动响应与全尺寸火箭差别更大。而且偏低的雷诺数也直接影响定常气动力的试验精度（图 3-9～图 3-11），在雷诺数超过 7×10^{6} 时，气动系数才趋于稳定。

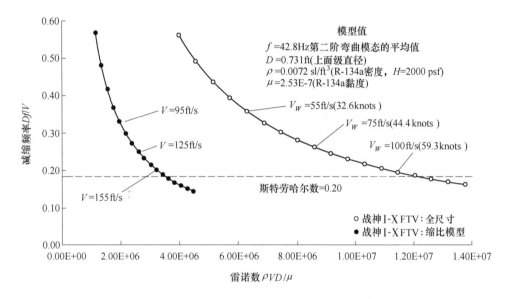

图 8-2　战神Ⅰ-X飞行试验火箭模型与实物的二阶风激响应对应的 Sr-Re 曲线（见彩插）

为使低雷诺数模型达到实物火箭的雷诺数范围，战神Ⅰ-X火箭模型表面涂刷了一定表面粗糙度的颗粒，颗粒度选择的原则是颗粒尺寸大到沿箭体产生适当的流场特性转换，但不能干扰脱涡特性。另外，过大的颗粒会引起虚假的阻力测量值。颗粒度对雷诺数的增加效应因子为

$$f_{\delta}=\frac{\delta}{3.5\times10^{-5}D}$$

式中，δ 为颗粒的直径；D 为不同高度处的模型直径。对于战神Ⅰ-X飞行试验火箭模型，雷诺数增加因子为雷诺数之比 0.29 的倒数 3.45，对于一级段直径 5.92in，需要的颗粒直径约为 0.0007in；对于上面段直径 8.77in，需要的颗粒直径约为 0.0011in。400 号颗粒度对应的颗粒直径为 0.00092in，可以附着在一级段表面；360 号颗粒度对应的颗粒直径为 0.00112in，可以附着在上面段表面。另外，上面段上下的锥段表面也涂覆 360 号颗粒度涂层，顶端的发射逃逸塔不增加表面粗糙度（图 8-3）。此外，为模拟动态响应与非定常根部弯矩，模型头部安装（图 5-2）可调节阻尼器（图 5-3）。

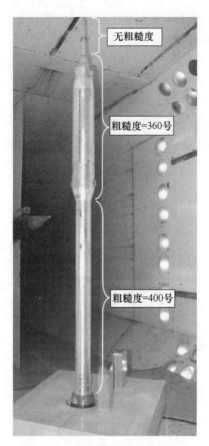

无粗糙度

粗糙度=360号

粗糙度=400号

图 8-3 风洞模型表面粗糙度

8.3 模型设计的要求与流程

缩比模型的主体材料采用焊接性能较好的钢材和铝材,下部结构采用强度较好的钢材,以提高支承部段的刚度,上部结构采用密度较小的铝材,需要时模型头部采用密度更小的高强度玻璃钢材料,以提高缩比模型的整体一阶频率。由于模型频率与实物火箭的比例为缩尺比例的平方,随着火箭尺寸和缩尺比例的增大,模型的一阶频率设计要求越来越高。

风洞缩比模型设计的全部流程如图 8-4 所示,首先根据火箭的地面风条件和箭体加注与空箱状态一阶弯曲频率,确定分析风速范围内对应的雷诺数和斯特劳哈尔数范围,根据风洞尺寸和吹风速度范围选择适用的风洞。由雷诺数相似要求和风洞能力确定模型缩尺比例和试验风速范围,再根据缩尺比例、风速范围和斯特劳哈尔数相似要求确定模型一阶弯曲频率。若雷诺数范围处于跨临界区,模型设计可放松要求,雷诺数数值上不要求相等,只要都处于跨临界区即可;若雷诺数范围处于超临界区,则雷诺数数值上要求相等,风速范围不满足要求时,可采用重气体(图 3-6)和增加表面粗糙度(图 8-3)的措施。斯特劳哈尔数应以加注状态和高风速区的相似为重点要求,可以放松空箱低风速的相似要求。

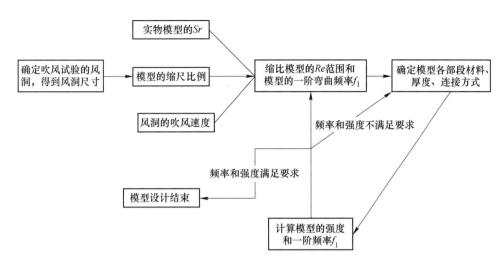

图 8 - 4 风洞缩比模型设计的全部流程

确定模型频率和最大试验风速后，开展模型总体布局、结构分段、部段材料与连接形式的初步优化设计，然后以初步确定的壁厚建立参数化的有限元模型，通过比较模型模态特性与应力分布的计算结果与设计要求的差异，不断调整筒段壁厚与材料性能，直至同时满足动特性与强度设计要求，按有限元分析结果绘制结构件加工图样，附加工艺质量要求及起吊、安装、运输、外观和测量等要求，完成模型设计的整个过程。

8.4 模型设计的基本方法

确定了模型整体的缩尺比例、长度、结构分段布局与材料以及一阶频率以后，需要用有限元软件或者工程分析方法计算该结构的一阶频率是否能满足要求，若不能达到，则必须重新设计结构。目前，做过的风洞缩比模型都是根部固支于风洞底座内，按照悬臂梁的模态特性，要提高结构一阶频率 ω_n

$$\omega_n = \sqrt{k_n / m_n} \ , \ m_n = \int_0^L m(z) \phi_n^2 \left(\lambda_n \frac{z}{L} \right) \mathrm{d}z \ , \ k_n = \int_0^L EI(z) \left[\frac{\mathrm{d}^2}{\mathrm{d}z^2} \phi_n \left(\lambda_n \frac{z}{L} \right) \right]^2 \mathrm{d}z$$

应该提高广义刚度 k_n、降低广义质量 m_n，广义质量与振型相关，广义刚度与振型曲率 $\frac{\mathrm{d}^2}{\mathrm{d}z^2} \phi_n \left(\lambda_n \frac{z}{L} \right)$ 相关，从悬臂梁的振型和振型曲率分布（图 8 - 5）看，降低悬臂梁上部质量分布可有效减小广义质量，提高悬臂梁下部刚度分布可有效增大广义刚度，因此提高结构一阶频率的主要方法就是提高根部刚度、减小头部质量。要降低结构频率，最简单的方法是提高头部质量，设计上很容易实现。

考虑到加工工艺的要求，金属筒段厚度应不小于 4mm，玻璃钢筒段厚度应不小于 2mm。

8.4.1 模型的分段设计

模型设计时必须考虑到加工、安装和拆卸方便，并且便于应变片粘贴与测量，还需兼顾鼓包和长排导管与电缆整流罩的安装位置，因此模型分段位置主要选择在变截面处、载荷测量截面和捆绑结构安装面附近。载荷测量截面与端面的距离大约与筒段直径相同，贴

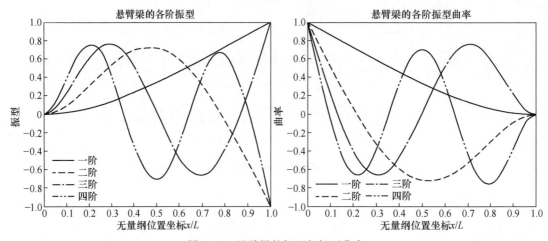

图 8-5　悬臂梁的振型与振型曲率

片区域筒段壁厚适当减薄，在降低模型频率有限的条件下，能够明显提高低风速下的应变测量信噪比。

筒段长度在不影响安装的条件下，根据工艺加工可行性尽可能加长，长度可以达到 3～4m，筒段内部有轴向安装操作要求时，筒段长度可以在 1.5m 左右，能够使用加长套筒扳手。一般来说，主要的大承力、高刚度部段之间用轴向连接方式连接，次要承力部件之间和最上面一个对接面采用径向连接方式，径向连接的承载能力小于轴向连接，但连接安装操作比较方便。筒段对接形式在风洞地面以上时采用内翻边对接框，以维持模型表面形状的光滑状态，对接框在风洞地面以下时，为安装方便，可以采用外翻边形式，在对接面上下筒段直径突变时，应配合使用内外翻边形式，在外翻边一侧进行安装操作。翻边宽度较大时，可以在连接孔两侧增加斜角撑，以增大连接刚度。两种型号火箭模型的分段布局形式如图 8-6 所示。

为避免模型部段连接弱刚度引起的不连续性和不确定性，除箭体最上端连接面考虑到安装要求及低受力状态，需要采用径向连接外，其余对接面均采用轴向连接，并且对接框按照压力容器翻边法兰盘的要求进行设计（图 8-7）。这种 $\phi300mm$ 左右法兰盘可以适应 M10 螺栓的安装要求，箭体模型总装时由下向上依次组装各个部段，每个部段下端面为台阶光孔，上端面为螺孔，用加长套筒扳手由上向下连接紧固各个对接面。如此设计对接面，刚度不会削弱，有限元建模时对接面直接固连，对接框只需要计及质量效应，能够保证频率设计要求的实现。对于其他直径筒段，法兰盘截面尺寸进行相应的调整，保证对接面刚度不降低。

径向连接采用内六角圆柱头螺钉连接，螺钉直径小于轴向连接螺栓，台阶孔径与内六角圆柱头螺钉直径紧密配合，只放置弹簧垫片，不放置平垫片，使得间隙尽可能小，保证连接刚度和表面光滑。

8.4.2　捆绑火箭模型的捆绑接头设计

捆绑火箭的助推器与芯级之间通过捆绑结构相连，除 CZ-5 火箭外，其他型号的上捆绑点是 Z 字形三连杆结构，传递径向力、环向力和轴向转矩，下捆绑点为球头结构，只传递三个方向的力，不传递力矩。CZ-7 火箭还增加了中捆绑点的 Z 字形三连杆结构。缩比模型按照真实传力形式进行结构设计，考虑到缩比模型芯级与助推器之间的空间有限，Z 字形三连杆结构设计为空间紧凑的旋转支耳结构形式（图 8-8），保证助推器在其

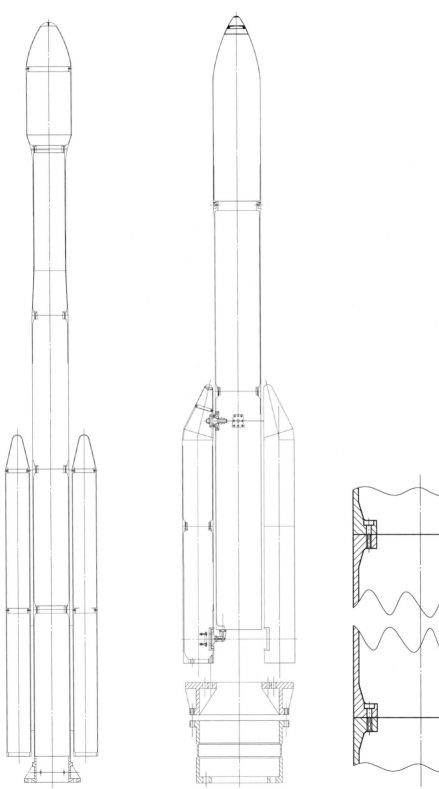

图 8-6　两种型号火箭模型的分段布局形式

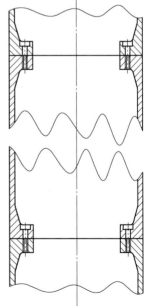

图 8-7　模型对接面结构设计

轴向的平动自由度和其他两方向的转动自由度释放；球头结构采用球形螺栓和球碗结构（图 8-9），能够满足传力、不传力矩的要求。捆绑结构中有转动部件，存在相互摩擦与滑动。为减小摩擦效应，采用高硬度的 30CrMnSiA 材料和减小表面粗糙度值的加工方法。由于各部段均为筒段结构，需要在捆绑连接区域设置内外垫块和连接板，将安装面由曲面转为平面，便于连接捆绑结构，另外可以达到开孔补强的设计要求。

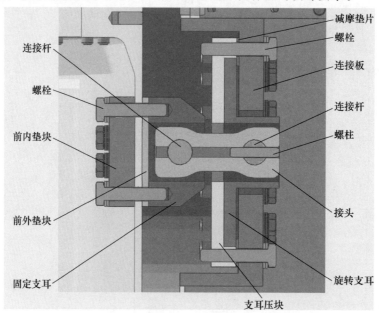

图 8-8　Z 字形三连杆捆绑接头的模拟结构设计示意图

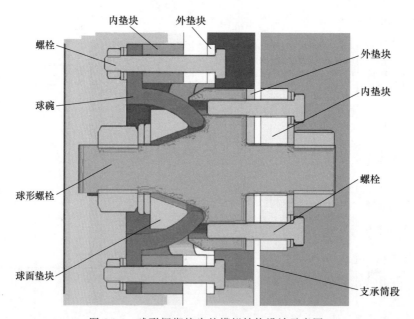

图 8-9　球形捆绑接头的模拟结构设计示意图

从捆绑接头两侧的结构形式看，Z 字形三连杆捆绑接头的固定支耳侧，结构的连续性较好，只有若干个螺钉光孔，并有内、外垫块的加强，承载性能较好，因此固定支耳侧宜位于竖立支承筒段上，而旋转支耳侧结构传力路径有弯折，承载性能较差，因此旋转支耳侧宜位于非支承筒段上；球形捆绑接头的球形螺栓侧，结构的连续性较好，只有若干个螺钉光孔和一个大螺钉光孔，并有内、外垫块的加强，承载性能较好，因此球形螺栓侧宜位于承力较大的筒段上，而球碗侧结构有大开孔，虽有内、外垫块的加强，但承载性能仍较差，因此球碗侧宜位于承力较小的筒段上。对于我国唯一的助推器支承火箭 CZ-5，三连杆捆绑接头位于下侧，固定支耳侧应布置在助推器筒段上，旋转支耳侧应布置在芯级筒段上；球形捆绑接头位于上侧，考虑到球碗结构对传力结构削弱较大，球碗侧应布置在助推器筒段上侧，球形螺栓侧应布置在承力较大的芯级筒段上侧。对于其他的芯级支承火箭型号，三连杆捆绑接头的固定支耳侧应布置在芯级筒段上，旋转支耳侧应布置在助推器筒段上；球形捆绑接头的球形螺栓侧应布置在芯级筒段上，球碗侧应布置在助推器筒段上。

8.4.3　火箭模型表面鼓包高度的附面层修正方法

箭体尾部的喷管和尾翼一般不需要模拟，这是因为：1) 其气动力压心与根部载荷测量截面的力臂很短，附加弯矩很小；2) 部件处于地表面影响区，无法准确模拟。外部导管、鼓包等一般用木质材料（如楸木），这是因为一方面木质材料密度小，加装鼓包不会影响到结构整体频率；另一方面木质材料与金属材料可以用粘接和螺钉连接，安装和拆卸方便。需要注意的是，外部导管、鼓包的高度需要考虑附面层修正效应。实物外鼓包按照缩尺比例 N_a 缩小，然后计算其高度是否超过附面层高度的一半，再进行修正，具体方法为

$$
\begin{cases}
h_m = \dfrac{h_F \delta_m}{\delta_F} & ，\ 当 \dfrac{h_F}{\delta_F} \leqslant 0.5\ 时 \\[3mm]
h_m = 0.5\delta_m + \dfrac{h_F - 0.5\delta_F}{N_a} & ，\ 当 \dfrac{h_F}{\delta_F} > 0.5\ 时
\end{cases}
$$

式中，h_m 为模型凸起物高度；h_F 为箭上凸起物高度；$\delta_m = \dfrac{0.37 D_m}{Re_m^{0.2}}$ 为模型附面层厚度；$\delta_F = \dfrac{0.37D}{Re_L^{0.2}}$ 为箭体附面层厚度；D_m 为模型特征尺寸；D 为箭体特征尺寸；Re_m 为以模型特征尺寸为参考长度的雷诺数；Re_L 为以箭体特征尺寸为参考长度的雷诺数。

8.4.4　邻近结构对火箭地面风载荷的影响

脐带塔、起竖架等邻近结构一般按照外形近似设计，结构频率原则上高于箭体缩比模型的频率。由于方形截面的临界斯特劳哈尔数约为 0.1，低于圆形截面的临界斯特劳哈尔数 0.2，并且邻近结构的横向尺度大于箭体，因此邻近结构不会对流场产生脱涡锁定的影响。大部分型号的风洞模型吹风试验中未考虑邻近结构的影响，CZ-6 火箭和 CZ-7 火箭考虑了脐带塔（起竖架）的影响，而 CZ-5 火箭第二次竖立风载试验中进一步增加了勤务塔状态的测试。试验结果表明，脐带塔、起竖架等对火箭定常、非定常气动特性均有影响，土星 V 火箭和土星 I-B 的试验结果也证明了这个结论，最大影响系数不超过 1.3（图 2-5 和图 2-6），火箭位于脐带塔侧后方 45° 时动态响应最大。

8.4.5　捆绑火箭带非正锥头助推器的模型设计方法

我国现役火箭包括 CZ-2 系列、CZ-3 系列和 CZ-4 系列，无论是串联式火箭还是

捆绑式火箭，其芯级和助推器的头部均为正锥形式。出于气动力方面的考虑，国外有些捆绑式火箭，如俄罗斯的质子号、能源号和法国的阿里安 5，其助推器均采用了侧平锥头形式，即锥头有一条母线与箭体纵轴平行，锥头轴线与箭体纵轴的夹角——锥头倾角为半锥角 α。我国部分火箭型号如图 6-2 所示，CZ-5 系列火箭助推器采用了侧平锥头，另外在 CZ-2E 捆绑火箭的基础上曾发展了增强式捆绑火箭 CZ-2E/A，其助推器也采用了侧平锥头。

对于风洞试验的缩比模型，几何外形相似是最基本的设计要求，以保证气动力分布与全尺寸火箭相同，以往的正锥头火箭模型均如此。由于锥柱对接面为垂直于箭轴的圆截面，模型设计与加工也比较简单。对于带侧平锥头助推器的捆绑式火箭，侧平锥与柱段的对接面为倾斜的椭圆截面，其法线位于夹角为半锥角 α 的箭轴与锥轴形成的平面内，与箭轴和锥轴的夹角均不是半锥角的一半，其表达式目前文献中还没有明确的结果。本书基于立体几何中圆锥曲线的基本关系推导出了侧平锥与柱段对接面的夹角表达式，为模型几何外形设计奠定了基础。另外，考虑到未来火箭的助推器，可能由于气动力或其他因素，出现锥头倾角介于 0° 到半锥角 α 之间的斜锥头，基于圆锥斜截面的理论结果又推导出了斜锥与柱段对接面的夹角表达式及近似公式，奠定了带斜锥头助推器的捆绑式火箭缩比模型设计的基础。这两种锥头统称为非正锥头，侧平锥为斜锥的特殊和极限形式。

（1）侧平锥头锥柱对接面的角度

对于侧平锥头，当锥段的一条母线与柱段平行时，若不采用过渡柱段，锥柱直接对接（图 8-10），锥头倾角为半锥角 α，对接面为侧平锥的斜截椭圆底面，又为柱段的斜截椭圆顶面，长轴为 AF，短轴为柱段直径，但 AF 所在的对接面方向角 β 或 θ 未知，这里 β 为对接面与锥段横截面的夹角，θ 为对接面与柱段横截面的夹角。目前，已有的研究结果正好是此问题的逆问题，即已知对接面与圆锥横截面的夹角 β，可得出彼此对接的锥头倾角，但这个夹角一般不是半锥角 α，需要不断调整 β 角，最终找出使锥头倾角等于半锥角的 β 角。

对接面角度的确定基于圆锥曲线方程，图 8-10 中侧平锥的最短母线 OF 与柱段的一条母线共线，最长母线 OA 与柱段母线相交于 A 点，锥段和柱段轴线位于侧平锥的两条母线 OF、OA 构成的母线平面内，整个平面与锥柱面相交，形成锥头的侧向投影轮廓线，在此平面内建立对接面法线与锥、柱轴线的夹角关系；根据圆锥曲线的性质，垂直于母线平面并且经过柱段轴线的平面，与锥段表面相交能产生一条抛物线 DGE。将图 8-10 的空间立体图转换为垂直母线平面的背向投影图 [图 8-11（a）] 和母线平面的侧向投影图 [图 8-11（b）]，下面利用抛物线方程来推导对接面方向角 β 或 θ 与半锥角 α 的关系：

1）在图 8-11（b）中过 A 点作与锥轴垂直的辅助平面 AB，与锥面相交出一个半径

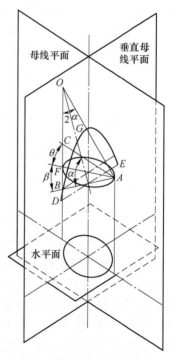

图 8-10　侧平锥整流罩锥柱
对接示意图

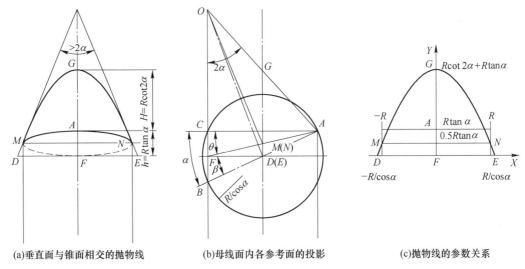

(a)垂直面与锥面相交的抛物线　　　(b)母线面内各参考面的投影　　　(c)抛物线的参数关系

图 8 - 11　侧平锥对接面在投影平面内的几何关系

为 $R/\cos\alpha$，圆心位于锥、柱轴交点处的圆平面，这里 R 为柱段半径，A、B 点为圆平面直径的端点，另作与柱轴垂直的辅助平面 AC，AB 平面与 AC 平面的夹角为 α。

2）在图 8 - 11（a）中，垂直母线平面与锥面相交的抛物线，顶点 G 位于图 8 - 11（b）中母线 OA 的中点，与 AC 平面的距离为 $R\cot2\alpha$，抛物线与锥的底圆 AB 相交于 D、E 两点，D、E 与柱轴的距离为 $R/\cos\alpha$，与 AC 面的距离为 $R\tan\alpha$。

3）在柱轴和 D、E 点构成的辅助平面内建立坐标系［图 8 - 11（c）］，以 D、E 的中点作为原点，DE 作为横轴，则抛物线的顶点坐标为（0，$R\cot2\alpha + R\tan\alpha$），$D$、$E$ 的坐标分别为（$\pm R/\cos\alpha$，0），则抛物线的方程为

$$y = \frac{R}{\sin2\alpha}\left[1 - \left(\frac{x}{R}\cos\alpha\right)^2\right]$$

4）设对接椭圆面 AF 与抛物线的两个交点为 M、N，由于 M、N 既在柱面又在抛物线上，因此其横坐标 $X = \pm R$，代入上面的方程可得 $Y = 0.5R\tan\alpha$，M、N 点的纵向高度正好位于 AC 平面和 D、E 点的中间，根据三角形相似关系，锥、柱对接椭圆面的最低点 F 应位于 CB 连线的中点，与 D、E 点高度相同。在图 8 - 11（b）的三角形 ABC 中，AF 为 BC 边的中线，因此 AF 平面分别与 AB 平面和水平面 AC 的夹角为

$$\beta = \alpha - \arctan(0.5\tan\alpha), \quad \theta = \arctan(0.5\tan\alpha) \tag{8-1}$$

根据 $0.5\tan\alpha > \tan(0.5\alpha)$ 的关系，可以确定 $\beta < \alpha - \arctan[\tan(0.5\alpha)] = \alpha/2$，$\theta > \arctan[\tan(\alpha/2)] = \alpha/2$。

5）根据 $Y = 0.5R\tan\alpha$，在图 8 - 11（b）的母线平面内可以方便地确定锥柱另一侧的相交点 F，从侧平锥长母线与柱母线的交点 A 分别作锥、柱轴线的垂线 AB、AC，与侧平锥垂直母线相交于 B、C 点，B、C 点的中点 F 为相互重合的锥、柱母线的分界点，AF 线段为锥、柱相交面的椭圆长轴，长半轴为 $R/\cos[\arctan(0.5\tan\alpha)]$，短半轴为柱半径 R。

通过上述推导，首次给出了侧平锥头锥柱对接面与锥、柱横截面的夹角，使得侧平锥对接有了正问题解，可不再反复试算逆问题解获取对接面夹角，提高了模型外形设计的效

率和水平。

（2）斜锥头锥柱对接面的角度

考虑到未来可能的需求，本文对斜锥头的倾角做了理论探讨和公式推导。斜锥头锥柱对接的正问题为：柱段轴线垂直，锥段轴线倾斜，锥头倾角 Φ 大于 $0°$、小于半锥角 α，需要确定锥、柱对接面与水平面的夹角 θ（也是柱段轴线与对接面法线的夹角）或对接面与锥段横截面的夹角 β（锥段横截面与锥段母线的夹角为 $\gamma=90°-\alpha$），也就是需要确定 θ 或 β 与 α 和 Φ 的关系（图 8 - 12）。

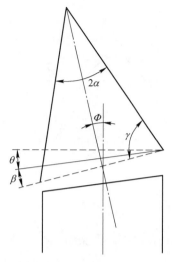

图 8 - 12　斜锥整流罩锥柱对接示意图

与侧平锥相同，斜锥头直接对接的正问题没有现成结果，而且由于柱段最短母线的横向位置不能像侧平锥那样时先确定，锥柱之间的横向相对位置多了一个不确定因素，因此不能像侧平锥给出正问题的结果，只能根据半锥角 α 和对接面夹角 β（或 θ），给出锥头倾角 Φ，根据 $\Phi \sim f(\alpha, \beta)$ 或 $\Phi \sim g(\alpha, \theta)$ 关系式，再求出反函数 $\beta \sim w(\alpha, \Phi)$ 或 $\theta \sim u(\alpha, \Phi)$。

斜锥柱对接的反问题为：锥段轴线垂直，对接面与锥段横截面夹角为 β，对接面法线与锥段轴线夹角也为 β，需要确定出一个圆柱段，其斜截面与斜截锥底面均为相同长、短轴椭圆面，两个面重合后圆柱轴线与对接面法线夹角为 θ，则有锥头倾角 $\Phi=\theta+\beta$［图 8 - 13 （b）］，将斜锥和斜圆柱体逆时针转动 Φ，使得柱体垂直、锥底面与水平面的夹角为 θ，与锥段轴线法向平面的夹角为 β［图 8 - 13 （a）］。即对确定的半锥角 α，给定锥段轴线法

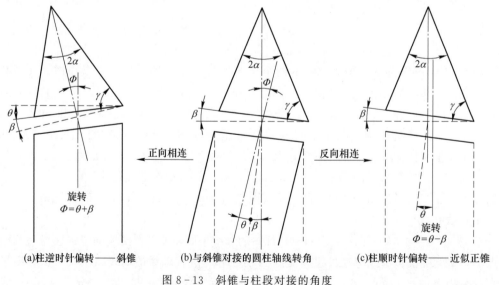

(a)柱逆时针偏转——斜锥　　　　(b)与斜锥对接的圆柱轴线转角　　　　(c)柱顺时针偏转——近似正锥

图 8 - 13　斜锥与柱段对接的角度

向平面与对接面夹角 β，对应一个对接面与水平面的夹角 θ，则可得出锥头倾角 $\Phi=\theta+\beta$，做出 $\Phi - \beta$ 曲线，利用这条曲线即可根据锥头倾角，确定锥轴线法向平面与对接面夹角为

β。下面利用圆锥斜截面的理论结果，推导斜锥与柱段对接时的锥头倾角 Φ，并进一步导出对接面夹角与 α 和 Φ 的关系。

①θ 与 β 的关系

圆锥半锥角为 α，底面半径为 r，与斜截面夹角为 β，斜截面与圆锥相交形成长半轴为 a、短半轴为 b 的椭圆斜截面，椭圆斜截面的中心点与圆锥轴线的距离为 Δ，与圆锥底面的距离为 H（图 8 - 14），根据几何关系可以推导出对接椭圆斜截面的长、短半轴为

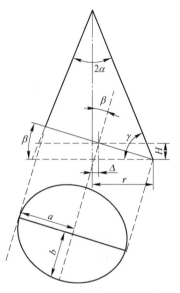

$$a = r\,\frac{\sin\gamma}{\sin(\gamma+\beta)} = r\,\frac{\cos\alpha}{\cos(\alpha-\beta)}$$

$$b = r\sqrt{\frac{\sin(\gamma-\beta)}{\sin(\gamma+\beta)}} = r\sqrt{\frac{\cos(\alpha+\beta)}{\cos(\alpha-\beta)}}$$

与圆锥斜截面对接的圆柱斜截面具有相同的椭圆长、短半轴，圆柱半径等于短半轴 b，斜截面法线与圆柱轴线夹角为 θ，θ 角的余弦为

$$\cos\theta = \frac{b}{a} = \sqrt{\frac{\cos(\alpha+\beta)}{\cos(\alpha-\beta)}}\Bigg/\frac{\cos\alpha}{\cos(\alpha-\beta)}$$

$$= \frac{\sqrt{\cos^2\alpha-\sin^2\beta}}{\cos\alpha} = \sqrt{1-\frac{\sin^2\beta}{\cos^2\alpha}}$$

图 8 - 14　圆锥斜截面椭圆的参数

②θ 与 α 和 Φ 的关系

利用第①节得到的关系式，求出 β 的表达式

$$\sin\beta = \sin\theta\cos\alpha,\ \beta = \arcsin(\sin\theta\cos\alpha)$$

由上式可以看出 $\beta < \theta$，代入锥头倾角公式中，得

$$\Phi = \beta + \theta = \arcsin(\sin\theta\cos\alpha) + \theta$$

将上式变形，得

$$\sin(\Phi-\theta) = \sin\theta\cos\alpha,\ \sin\Phi\cos\theta - \cos\Phi\sin\theta = \sin\theta\cos\alpha$$

$$\sin\theta(\cos\Phi+\cos\alpha) = \sin\Phi\cos\theta,\ \frac{\sin\theta}{\cos\theta} = \frac{\sin\Phi}{\cos\Phi+\cos\alpha}$$

由此可得，已知半锥角 α 和锥头倾角 Φ 时，对接面与水平面的夹角为

$$\theta = \arctan\left(\frac{\sin\Phi}{\cos\Phi+\cos\alpha}\right) \qquad (8-2)$$

当斜锥退化为侧平锥时，由 $\Phi = \alpha$ 可得，$\theta = \arctan\left(\dfrac{\sin\alpha}{\cos\alpha+\cos\alpha}\right) = \arctan(0.5\tan\alpha)$，与式（8-1）相同。

③β 与 α 和 Φ 的关系

仍然利用第①节得到的关系式，求出 θ 的表达式为

$$\sin\theta = \frac{\sin\beta}{\cos\alpha},\ \theta = \arcsin\left(\frac{\sin\beta}{\cos\alpha}\right)$$

由此可得到锥头倾角为

$$\Phi = \beta + \theta = \beta + \arcsin\left(\frac{\sin\beta}{\cos\alpha}\right)$$

将上式变形，得

$$\sin\beta = \cos\alpha\sin(\Phi - \beta) = \cos\alpha\,(\sin\Phi\cos\beta - \cos\Phi\sin\beta)$$

$$\sin\beta(1 + \cos\alpha\cos\Phi) = \cos\alpha\sin\Phi\cos\beta,\ \frac{\sin\beta}{\cos\beta} = \frac{\cos\alpha\sin\Phi}{1 + \cos\alpha\cos\Phi}$$

由此可得，已知半锥角 α 和锥头倾角 Φ 时，对接面与斜锥横截面的夹角为

$$\beta = \arctan\left(\frac{\cos\alpha\sin\Phi}{1 + \cos\alpha\cos\Phi}\right) \tag{8-3}$$

当斜锥退化为侧平锥时，由 $\Phi = \alpha$ 可得，$\cot\beta = \cot\alpha(1 + \cos^{-2}\alpha)$，将侧平锥式（8-1）的结果 $\beta = \alpha - \arctan(0.5\tan\alpha)$ 进行变换，$\alpha - \beta = \arctan(0.5\tan\alpha)$，$\tan(\alpha - \beta) = 0.5\tan\alpha$，展开 $\tan(\alpha - \beta)$，可得

$$\cot\beta = \cot\alpha(2 + \tan^2\alpha) = \cot\alpha(1 + \cos^{-2}\alpha)$$

与式（8-3）在 $\Phi = \alpha$ 时相同。

（3）斜锥头对接面角度的近似公式

侧平锥对接面夹角公式的形式比较简单，与半锥角的关系也很明确，而斜锥对接面夹角 θ、β 的形式相对复杂一些，与半锥角和锥柱夹角的关系不易分析，但计算 θ 时，发现当 α 不变时，θ 与 Φ 成正比，即使半锥角 α 达到 $45°$ 时，θ-Φ 曲线的线性相关系数仍大于 0.9_5；当 α 小于 $30°$ 时，相关系数增大并非常接近于 1。由此结果可以利用侧平锥与斜锥对接面夹角关系式，推导斜锥对接面夹角的近似公式，其近似公式形式上应与侧平锥相似，近似公式应在侧平锥公式 $\theta = \arctan(0.5\tan\alpha)$ 的基础上增加一项比例因子 Φ/α，当 $\Phi = \alpha$ 时，退化为侧平锥公式，当 $\Phi \neq \alpha$ 时，为近似关系式。斜锥对接面夹角 θ 的近似公式可写为

$$\widetilde{\theta} = (\Phi/\alpha)\arctan(0.5\tan\alpha) \tag{8-4}$$

式（8-4）的核心正是式（8-1），对于 α 角的取值范围，图 6-2 中各型火箭的芯级和助推器锥头的全锥角有：$20°$、$25°$、$30°$、$44°$ 和 $50°$，$25°$ 和 $30°$ 锥角使用得相对多一些，目前没有超过 $90°$ 全锥角的头，因此本文选半锥角 α 为：$10°$、$12.5°$、$15°$、$20°$、$22.5°$、$30°$ 和 $45°$，锥头倾角 Φ/α 取 $0\sim1$，以 0.1 的间隔取 11 级，在误差较大区域适当加密，在此范围内计算 θ 与 α、Φ 的关系，以此结果来验证上段猜想中的精度。根据对式（8-2）计算结果的分析，发现 θ 与 Φ 成正比，根据侧平锥的结果，当 $\Phi = \alpha$ 时，式（8-2）应退化为式（8-1），经过试算与比对，式（8-4）具有上述两个特征，即与 Φ 成正比并可退化为式（8-1），在前述 α 和 Φ 的取值范围内，计算比较 θ 的准确值［式（8-2）］和近似值［式（8-4）］，并记两者的误差为：$\Delta\theta = \widetilde{\theta} - \theta$，计算结果见表 8-2。

表 8-2　θ 的准确值/近似值 $\widetilde{\theta}$

$\alpha/$（°） Φ/α	10	12.5	15	20	22.5	30	45	随 α 误差（$\Delta\theta$）
0	0	0	0	0	0	0	0	0
	0	0	0	0	0	0	0	

（续）

Φ/α ＼ α/（°）	10	12.5	15	20	22.5	30	45	随 α 误差（Δθ）
0.1	0.50383	0.6325	0.763	1.0311	1.1695	1.6077	2.6362	0.0203
	0.50384	0.63253	0.76307	1.0314	1.1701	1.6102	2.6565	
0.2	1.0077	1.265	1.526	2.0622	2.3391	3.2156	5.2736	0.0394
	1.0077	1.2651	1.5261	2.0628	2.3402	3.2204	5.313	
0.3	1.5115	1.8975	2.289	3.0934	3.5087	4.8237	7.9133	0.0562
	1.5115	1.8976	2.2892	3.0942	3.5103	4.8306	7.9695	
0.4	2.0153	2.53	3.052	4.1246	4.6784	6.4324	10.557	0.0694
	2.0153	2.5301	3.0523	4.1256	4.6804	6.4408	10.626	
0.5	2.5191	3.1625	3.8151	5.1559	5.8483	8.0416	13.205	0.0779
	2.5192	3.1626	3.8154	5.1571	5.8505	8.0511	13.283	
0.55	2.7711	3.4788	4.1966	5.6715	6.4333	8.8464	14.531	0.0799
	2.7711	3.4789	4.1969	5.6728	6.4355	8.8562	14.611	
0.575	2.897	3.6369	4.3874	5.9294	6.7258	9.2489	15.195	0.0803
	2.8971	3.637	4.3877	5.9306	6.728	9.2587	15.275	
0.6	3.023	3.795	4.5782	6.1872	7.0183	9.6515	15.859	0.0803
	3.023	3.7952	4.5784	6.1885	7.0206	9.6613	15.939	
0.65	3.2749	4.1113	4.9597	6.703	7.6034	10.457	17.188	0.0788
	3.2749	4.1114	4.96	6.7042	7.6056	10.466	17.267	
0.7	3.5268	4.4276	5.3413	7.2187	8.1886	11.262	18.52	0.0752
	3.5269	4.4277	5.3415	7.2199	8.1906	11.271	18.596	
0.8	4.0307	5.0601	6.1044	8.2504	9.359	12.874	21.191	0.0613
	4.0307	5.0602	6.1046	8.2513	9.3607	12.882	21.252	
0.9	4.5345	5.6927	6.8675	9.2821	10.53	14.488	23.872	0.0368
	4.5345	5.6927	6.8677	9.2827	10.531	14.492	23.909	
1	5.0384	6.3253	7.6307	10.314	11.701	16.102	26.565	0
	5.0384	6.3253	7.6307	10.314	11.701	16.102	26.565	
随 Φ 误差（Δθ）	3.75E-05	1.15E-04	2.88E-04	0.00123	0.00224	0.0098	0.0803	0.0803
α 不变时 θ-Φ 曲线的线性拟合结果								
标准偏差	3.5E-5	5.7E-5	9.9E-5	4.4E-4	8.7E-4	0.0037	0.030	
相关系数	1	1	1	1	1	1	0.9_5	

　　从表 8-2 中可以看出，θ 的近似值与准确值非常接近，误差 Δθ 随着 α 增大而增大，Δθ 与 Φ 的关系不是单调变化，正锥（Φ＝0°）和侧平锥（Φ＝α）没有误差，在 α＝45°、Φ/α＝0.575 时误差最大，最大误差仅为 0.08°，与 α 的取值范围 10°～45°相比低两个数量级，优于结构件加工和检验的精度，因此 θ 的近似关系式（8-4）具有很高的精度，并且

形式很简单，与半锥角 α 和锥头倾角 Φ 的关系很明确，非常便于在斜锥头的设计和加工中进行应用与分析。从理论上讲近似关系式不是唯一的，但近似关系式（8-4）能推算出准确的侧平锥头关系式（8-2），在斜锥柱对接状态具有最简单的形式，并且误差非常小，绝对误差低于 $0.08°$，相对误差低于 0.8%，因此近似关系式是准确值最好的近似表达式，形式简单并且精度很高。

有了 θ 的近似关系，可以根据关系式 $\Phi=\theta+\beta$，得到 β 的高精度近似公式为

$$\tilde{\beta}=\Phi[1-\arctan(0.5\tan\alpha)/\alpha] \tag{8-5}$$

β 的近似关系式（8-5）的绝对误差完全与 θ 的近似关系式（8-4）相同，最大绝对误差也为 $0.08°$，但由于 $\beta<\theta$，式（8-5）的相对误差略大于式（8-4），最大相对误差为 1%。

当柱段绕对接面法线转 $180°$ 后再反向对接，则可得出锥头倾角为 $\Phi_{反}=\theta-\beta$，此时锥段轴线偏转很小，接近正锥头，但对接面与轴线不垂直［图 8-13（c）］。斜锥反向对接时，可形成斜截面对接的近似正锥，斜截对接面与柱段轴线不垂直，而斜截近似正锥头的锥柱轴线夹角，即近似正锥倾角，可以利用 θ、β 的近似关系式（8-4）、式（8-5）很方便地进行推导和计算，近似正锥倾角可写为

$$\tilde{\Phi}_{反}=\tilde{\theta}-\tilde{\beta}=\Phi[2\arctan(0.5\tan\alpha)/\alpha-1] \tag{8-6}$$

由式（8-6）可以看出，近似正锥倾角 $\Phi_{反}$ 与斜锥头倾角 Φ 成正比，近似与 α 的二次方成正比，其量级为角度参数的三次方，而 Φ 和 α 均小于 1rad，因此 $\Phi_{反}$ 远小于 Φ 和 α，在 Φ 和 α 的取值范围内的最大近似正锥倾角 $\Phi_{反}$ 约为 $8°$。对于最常用的、小于 $15°$ 的半锥角，近似正锥倾角小于 $0.3°$，即使半锥角达到 $22.5°$，近似正锥倾角也小于 $0.9°$，在外形上基本不可察觉。

8.5　模型模态分析和模型强度校核

模型重要尺寸设计与模态分析和强度校核是交替迭代进行的，设计过程与模态分析和强度校核是同时完成的，然后开展加工图样的设计与编制，最后再进行模型生产加工。模态分析的目的是保证缩比模型的频率满足设计要求，得到结构振型为后续气动系数计算提供参数。强度校核的目的是保证吹风试验中试件和风洞设施的安全，保证吹风试验顺利完成。

8.5.1　模态特性分析

缩比模型与风洞底座的连接不可能达到理想固支状态，模型各部段之间的连接也可能存在刚度不连续和间隙，导致缩比模型实际频率要低于设计频率，因此设计阶段缩比模型的一阶频率最好比要求的一阶频率提高 $2\sim3Hz$。根部安装于风洞地面的缩比模型，其动特性本质上为变截面悬臂梁，可以用工程算法估算结构频率，也可以用成熟的商业软件，如 MSC/Nastran、ANSYS、Abaqus 等。

有限元模型处理需要注意三个问题：

1）部段间对接一般处理为节点直接固连，但要把对接框和捆绑结构的质量作为集中

质量添加于对接部段的节点上，尤其是靠近头部的质量不能忽略。

2）缩比模型与风洞基座连接的筒段要建模，连接处的螺钉也尽量建模。

3）为了增加测量灵敏度，支承筒或者缩比模型下部均匀厚度筒段一般应设计约 100mm 长度减薄厚度的弱刚度测量截面，该段结构对模型整体频率有一定影响，但可有效提高根部弯矩测量的信噪比，建模时需要考虑刚度削弱。

根据以往设计与试验的经验，对于根部固连建模，一般计算出来的模型一阶频率会比实测频率高 2～3Hz，如果对根部连接的翻边和螺栓建模，计算出来的模型一阶频率与实测频率的误差基本在 1Hz 左右。

通过有限元程序提取缩比模型的前三阶频率和振型，结合模型的质量分布，给出前文中响应分析所需要的结构动特性参数——广义质量、广义投影面积和测量截面的模态弯矩，为吹风试验数据处理提供模型参数基础，将吹风试验数据进行去模型化和无量纲化处理，以便将模型的气动系数应用于全尺寸箭体。

由于风洞试验时间和场地限制，一般在风洞内只测量模型的前三阶频率和第一阶阻尼，而不再测量模型的振型，以模态预示或者洞外模态试验得到的振型为准。

8.5.2 模型强度校核

强度校核包括两部分内容：一部分是各部件本身的强度；另一部分是连接强度，包括捆绑结构、连接螺栓和对接框的强度。连接面上的应力是通过部件上的力和弯矩来确定的。载荷条件按极限风速和均匀风剖面以及适当的安全系数来确定。

（1）缩比模型的载荷

气动分布载荷一般按照公式 $p = \dfrac{1}{2}\rho V^2 C_e$ 计算，其中，ρ 为密度，V 为吹风速度，取吹风速度的最大值，对于中国空气动力研究与发展中心低速所的 FL-13 号风洞，吹风速度为 20～80m/s，为了保守起见，可以取 90m/s，C_e 为动、静载荷合成的等效静态气动力系数，静态阻力系数为 0.8～1，考虑到最大动态载荷不超过 3 倍的静态阻力载荷，相当于非定常气动系数为 10～12，静态阻力和动态升力的矢量合成气动载荷系数取为 3，再设定 1.5 的安全系数，合成载荷的等效静态气动力系数取 $C_e = 4.5$。按此条件确定的载荷与结构设计结果，显著高于风洞试验标准的建议值，已通过多个型号的模型试验考核，可以保证试验件和风洞的安全，能够覆盖风载响应最严酷的 CZ-7 火箭模型试验的要求，而 CZ-7 火箭模型的试验结果已超过了风洞试验标准的建议值。

风洞内的气流速度场较均匀，假设气动压力载荷在火箭迎风面上均匀分布。

对于不带助推器的箭体缩比模型来说，假设模型迎风面受到风压载荷 p 的作用，背风面不受风载作用，对于轴对称箭体模型结构无风向的问题，而像 CZ-2E、CZ-2E/A、CZ-5、CZ-7 火箭等具有四个助推器的缩比模型来说，需要考虑吹风方向的问题（图 8-15 和图 8-16），0°和 45°两种方向的受力状态要分别计算，取两种工况中受力较大的状态进行结构校核。分析结果表明，两种受力方向的应力水平基本一致，0°受力方向略高。强度校核时助推器不考虑遮蔽效应，四个助推器迎风面均受到风压 p 的作用。

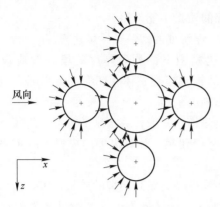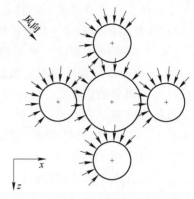

图 8-15　0°吹风状态示意图　　　　　图 8-16　45°吹风状态示意图

（2）部件强度校核

部件的剩余强度系数为

$$\eta = \frac{\varphi \sigma_s}{\sigma_{\max}}$$

式中，φ 为焊缝系数；σ_s 为屈服强度；$\sigma_{\max}$ 为部件中的最大应力。当 $\eta > 1$ 时可以保证部件不会破坏，为了安全起见，工程中一般要求 $\eta > 1.2$，紧固件要求 $\eta > 1.25$，若用抗拉强度 σ_b 计算 η 值，则要求 $\eta > 2.0$。

在模型设计中，保证壁厚变化比较平滑，建议过渡坡度 1∶3，开孔处都有补强措施，从而不会出现壁厚变化和开孔引起的应力集中，校核时不考虑应力集中问题。

（3）对接面强度校核

筒段连接通过螺栓将相邻部段连接起来，螺栓所受的载荷为

$$F = \frac{4M}{nD} + \frac{P}{n}$$

式中，n 为螺栓个数；D 为螺栓分布圆直径；M 为筒段上的弯矩；P 为轴力。当轴向对接时，螺栓受拉力；当径向连接时，螺栓受剪力。除对螺栓做校核外，还需对连接框和筒段的局部强度进行校核，共进行拉伸、剪切、挤压和拉脱四种强度校核。对接法兰盘按照 GB/T 150 压力容器规范设计，其厚度和刚度远大于筒段，强度裕量较大，因此不对其进行校核。

对于 CZ-5、CZ-7 火箭等有捆绑结构的缩比模型来说，存在捆绑部件与筒段的连接载荷，焊接在筒段的内外垫块和连接板厚度远大于筒段壁厚，不需要校核其强度。连接部件采用短梁建模，梁两端根据连接情况进行适当的自由度释放，提取短梁的内力载荷后，校核旋转支耳圆孔处（图 8-8）的剪切与挤压强度，以及球形螺栓根部（图 8-9）的弯曲强度。若连接处有焊接，侧角焊缝的应力为

$$\sigma = \frac{F}{0.7 l \delta}$$

式中，δ 为焊缝宽度，应在 3mm 以上；l 为焊缝周长。由于螺栓材料强度高于被连接件，因此被连接件需要校核挤压强度，对螺栓需要进行拉伸和剪切强度校核。螺纹拉脱应该在设计时避免，不能使用薄螺母，低强度被连接件螺纹长度要大于标准螺母厚度的 2~3 倍。

参 考 文 献

[1] NASA，SP - 8008. Prelaunch Ground Wind Loads. 1965，Nov. ［R］.

[2] G W JONES，M G FARMER. Wind - Tunnel Studies of Ground - Wind Loads on Saturn Launch Vehi-cles ［J］. Journal of Spacecraft，Feb. 1967，4（2）：219 - 223.

[3] 黄怀德. 振动工程（下）［M］. 北京：宇航出版社，1995.

[4] 龙乐豪. 总体设计（上）［M］. 北京：宇航出版社，1989.

[5] R. D. 白莱文斯. 流体诱发振动 ［M］. 北京：机械工业出版社，1981.

[6] E. D. 盖斯勒. 风对发射飞行器的影响 ［M］. 北京：国防工业出版社，1976.

[7] T G IVANCO，DO F KELLER. Investigation of Ground - Wind Loads for Ares Launch Vehicles ［J］. Journalof Spacecraftand Rockets，July - Aug. 2012，49（4）：574 - 584.

[8] S R COLE，D F KELLER，D J PIATAK. Contributions of the NASA Langley Transonic Dynamics Tunnel to Launch Vehicle and Spacecraft Development ［R］. AIAA，2000 - 1772.

[9] 黄汉杰，贺德馨. 运载火箭地面风荷载及响应研究 ［J］. 流体力学实验与测量，2001，15（1）：36 - 42.

[10] 李哲，安军，万小朋. 运载火箭地面风载荷响应特性分析 ［J］. 航空工程进展，2013（2）：199 - 203.

[11] 杨虎军，安军，赵美英，等. 基于时域法的运载火箭风载荷动力响应分析 ［J］. 强度与环境，2013（4）：22 - 26.

[12] 刘瑞卿. 垂直发射导弹地面风载荷响应特性研究 ［D］. 北京：北京理工大学，2015.

[13] 夏益霖. 火箭在地面风作用下的振动载荷识别 ［J］. 强度与环境，1998（4）：1 - 7.

[14] 赵人濂. 竖立在发射台时由风引起的变形及载荷计算 ［R］. 航天一部，1965 年 11 月.

[15] 程镇煌. 大型火箭风载试验 ［J］. 上海航天，1996（4）：3 - 9.

[16] 俞淑云，赵冬梅. 捆绑火箭竖立状态下地面风激振动模型风洞试验研究 ［J］. 强度与环境，1989（5）：1 - 7.

[17] 马斌捷，吴艳红，高庆. 助推器支承的火箭地面风载荷非定常气动系数 ［J］. 强度与环境，2009，36（2）：1 - 7.

[18] 马斌捷，吴艳红，张冬梅，等. 带非正锥头助推级火箭的地面风载荷风洞试验模型设计 ［J］. 导弹与航天运载技术，2014（3）：60 - 67.

[19] 马斌捷，谭志勇. CZ - 2F 火箭地面风载荷及垂直运输试验分析 ［J］. 导弹与航天运载技术增刊，2004：1 - 4.

[20] QJ 2073A—98. 地地导弹和运载火箭及其发射设备地面风载荷试验方法 ［S］.

[21] QJ 2074—91. 地地导弹和运载火箭地面风载荷风洞试验方法 ［S］.

[22] 孙新铭. 圆锥体（上）［J］. 机械工艺师，1997（1）：34 - 36.

[23] 孙新铭. 圆锥体（下）［J］. 机械工艺师，1997（2）：33 - 36.

总　　结

　　火箭的地面风载荷问题目前已经有成熟的工程分析与处理方法，核心的工作内容有两方面，一是发射场的地面风环境与风剖面的测量、统计与设计条件制定，这是每个发射场必须开展的一项基础研究性工作，需要建立风剖面测量系统，连续收集多年不同季节、不同月份、不同日期、不同时间的风速风向数据，重点是发射窗口期的数据，滚动统计和制定一定概率意义下的地面风剖面条件，为发射窗口选择和发射可靠性分析奠定基础，数据积累到一定程度后，地面风条件趋于稳定，竖立风载统计包络范围得到确认，针对某个发射场的此项工作可以结束或者告一段落；二是火箭缩比模型的风洞吹风试验与分析，这是每个火箭型号应该开展的工作，火箭竖立风载，主要是动载荷响应分量——非定常升力载荷对上部结构外形的变化比较敏感，即使对定常气动力不重要的结构细节，对非定常响应仍有显著影响，因此无论是理论数值仿真，还是相近型号火箭的风载试验结果，参考价值都不大，这就是新型号火箭必须进行模型风载试验的根本原因。当然，有条件时增加全尺寸火箭试验是有益的，可以修正模型试验中模拟实际结构和环境失真的影响，验证模型试验结果或者修改载荷设计条件，提高发射可靠性的评估精度。

　　火箭竖立风载本质上是动态气动力作用下的箭体随机振动响应，定常响应主要与平均风速相关，并且其评估方法有较高的可信度；在非定常响应中一部分是风速变化引起的，可以引用风速谱函数进行分析。由于风速变化周期一般大于结构的振动周期，这部分实际上是静态响应，采用阵风因子处理也有类似的效果；非定常响应中的主要部分，是流体绕圆柱体产生的交变脱涡横向载荷引起的，脱涡载荷与风速、箭体特征直径和振动频率相关，较大的振动位移能够导致脱涡频率接近结构频率，不再随风速变化，出现脱涡频率被改变成结构振动频率的频率调制和"锁定"现象，进一步加剧箭体的共振响应，这一点与升力面变形产生附加气动力的颤振现象的机理有所不同。有些型号的非定常升力载荷显著大于定常阻力，成为火箭竖立风载的主要分量，并且其数值范围和变化规律难以掌握，增大了火箭风载试验与响应测量的必要性和重要性。

　　邻近结构对箭体响应的影响是不可忽略的，最大的影响系数可按 1.3 进行估算。模型试验有条件时可以增加有塔架影响的试验状态，能较为准确地分析影响程度，但增加塔架后风洞柱塞效应增大，降低了最大试验风速和试验相似程度，相应减小了雷诺数范围，振动响应和测量信噪比也随之降低，增大了试验误差，因此是否设计邻近结构模型需要综合权衡策划。

　　火箭竖立风载分析涉及空气动力学、气象学、结构动力学和结构强度等多个学科，需要具备结构设计与加工、有限元建模与计算、结构静/动态响应试验测量与数据统计处理等多方面的技术基础和软、硬件条件，是一个多学科综合、多技能集合、多部门参与的复杂系统技术专业，工作环节多、流程长、技术和管理接口协调复杂，需要火箭总体设计部门、风洞试验部门（或者发射场地面操作部门）、模型结构设计部门（或者试验实施部门）、模型生产部门（或者火箭生产部门）通力合作，共同完成此项工作。承担此类试验，能够培养多学科的技术基础能力、各种软硬件的使用与操作能力、多部门的沟通协调能力、多场合的适应与处理问题能力，了解相关学科和部门的理论基础、技术要求与工作内容，是最为锻炼和提高个人工作能力的专业方向。

第2篇　贮箱液体晃动分析与试验技术

液体火箭在飞行中俯仰和偏航方向的操纵将会产生箭体的横向转动和弯曲，引起贮箱中推进剂的晃动，飞机油箱中的燃油在飞行中也有同样的激励环境和晃动响应，而舰船中的液态介质在船绕纵轴或横轴倾斜和摇摆时也要产生晃动。液体晃动对飞行器主要产生两个效应：一是在结构上作用一个周期载荷，需要在设计和试验中考虑其静力破坏或疲劳破坏问题；二是液体晃动可能引起飞行器运动不稳定，晃动与控制系统发生耦合效应，这个效应有更大的危险性。分析这两种效应的前提是掌握飞行器箱体内液体的晃动动力学特性，简单情况下可以采用流体力学理论进行计算，一般情况下采用缩比或全尺寸试验，称为晃动建模试验。另外，近年来液体运动仿真技术有显著发展，能够分析复杂边界条件下的液体运动规律，只是在阻尼计算上还有不足。液体晃动以一阶晃动为主，高阶晃动影响比一阶低 1.5～2 个数量级以上。若晃动特性不满足飞行姿态稳定性要求，一般是改变箱体内部结构形式，以改变晃动固有频率和阻尼比，当然也可以改变控制系统的动特性。

20 世纪 30 年代开始研究地震对水库、水闸、水塔和油罐的影响，以后随着飞机的发展开展了半满贮箱的推进剂运动对飞机动稳定性的影响。

液体火箭起飞时推进剂的质量超过 90%，飞行过程中的各种干扰（结构、气动和推力脉动）可能引起推进剂的晃动，产生强烈的横向晃动力和力矩，导致对结构的冲击和对控制系统的干扰问题，例如土星 V 的贮箱环形挡板被晃动冲击载荷拍击破坏，早期的雷神火箭由于晃动频率与控制系统耦合，使得箭体姿态发散导致飞行失败。其他的案例还有 1969 年"Apollo-11"月球探测器，在首次月球表面着陆的最后几秒钟，残余液体推进剂的晃动引起了预期之外的探测器抖动，从而影响了落点精确度；另一个案例是在 1998 年，同样是由 NASA 发射的 NEAR 探测器，由于其运动与液体推进剂晃动之间产生了耦合，导致该探测器的一个推进系统失效，致使整个任务过程被拖延 13 个月之久；由美国 SpaceX 公司研制的二级运载火箭，在 2007 年 3 月的试验发射过程中，火箭的第二级在进入太空后失去控制未完成预定任务，而液体晃动被认定为主要诱因。

液体晃动的线性问题在 20 世纪 60～70 年代已经基本解决，各种简单形状的光壁贮箱的液体晃动特性或者有精确的理论解析解，或者有近似的变分解，或者有试验结果。国内外学者展开了对小幅液体晃动等效力学模型的研究，形成了一大批研究成果，目前最成熟的是轴对称贮箱内液体晃动的单摆模型和弹簧-质量模型。复杂贮箱的液体晃动等效力学模型通常很难通过解析计算得到，只能通过试验或数值模拟，采用参数辨识的方法得到。在某些液体非线性晃动问题中，等效力学模型也得到了研究，如大幅度晃动特别是浅箱晃动的理论与试验研究已比较完善。

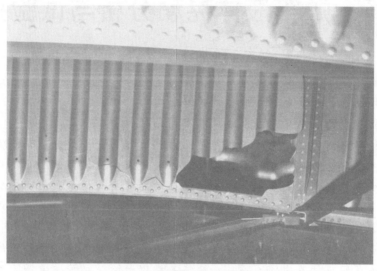

土星Ⅴ的贮箱环形挡板破坏形式

　　液体晃动的试验研究目前相当完善，不仅经历了全尺寸、缩比模型试验，也通过了飞行试验的考核，地面缩比模型试验结果结合相似理论分析，完全适用于飞行试验的晃动特性分析与全箭的控制稳定性仿真评估。

　　液体晃动问题研究的目的是获取等效动力学模型，为箭体控制系统分析姿态稳定性提供晃动特性参数，与箭体弹性振动的模态特性对箭体飞行控制稳定性的影响是完全相同的，因此晃动研究就是贮箱内推进剂的模态特性研究，不是响应研究，虽然可以利用晃动的等效动力学模型获得晃动力和力矩，但最主要的目的是得到晃动动力学模型的参数——晃动频率、阻尼、振型，另外包括与箭体模态特性不同的等效晃动质量和空间位置，核心参数是晃动阻尼，这是晃动参数中主要的可设计参数，通过采取适当的防晃结构形式，获得能满足控制系统稳定性要求的阻尼值。虽然增加分割挡板可以改变晃动特性，但实际工程中仅在箱底区域安装十字分割挡板，以改善推进剂出流特性，与晃动问题无直接关系。目前，国内外对贮箱液体晃动的防晃措施、挡板参数、阻尼特性的研究已经成熟，只要认识到晃动的影响，在需要的贮箱位置设置合适形式和尺寸的挡板，液体晃动的危害性是完全可以消除的。

第9章　晃动问题的基本理论

液体晃动研究的基本假设主要包括以下几条：

1）刚性贮箱，不考虑箱体的变形和流固耦合效应。

2）贮箱内液体匀质、理想、不可压，运动无黏、无旋。

3）液体运动为小位移，高阶项可忽略，满足线性化条件。

4）重力作用为主，忽略表面张力对液体运动的影响。

由液体不可压条件，其连续方程体现为散度为零

$$\mathrm{div}\, \overline{V} = 0$$

在 Z 轴方向上、原点位于自由液面中心的坐标系中，流体运动方程（欧拉方程）为

$$\frac{\partial \overline{V}}{\partial t} + (\overline{V}\,\mathrm{grad})\overline{V} = -\frac{1}{\rho}\,\mathrm{grad}\,P + \overline{g}_z$$

无旋液体为有势运动，可引入速度势 $\overline{V} = \mathrm{grad}\phi$，忽略速度二阶项，则有

$$\mathrm{grad}\left(\frac{\partial \phi}{\partial t} + \frac{P}{\rho} + g_z z\right) = 0 \quad \Rightarrow \quad \frac{\partial \phi}{\partial t} + \frac{P}{\rho} + g_z z = \mathrm{const} \tag{9-1}$$

只分析液体晃动的交变运动速度和压力时，式（9-1）的常数可取为零。连续方程简化为拉普拉斯方程

$$\Delta \phi = \frac{\partial^2 \phi}{\partial x^2} + \frac{\partial^2 \phi}{\partial y^2} + \frac{\partial^2 \phi}{\partial z^2} = 0 \tag{9-2}$$

在液体与贮箱的界面上，液体沿箱壁法线的速度与箱壁法向速度位移一致，即

$$\frac{\partial \phi}{\partial n} = V_n \tag{9-3}$$

在自由液面 $z=0$ 处压力为常量，法向速度 $\dfrac{\partial \phi}{\partial z} = \dfrac{\partial z}{\partial t}$，由运动方程式（9-1）变换可得

$$\frac{\partial^2 \phi}{\partial t^2} + g_z \frac{\partial \phi}{\partial z} = 0 \tag{9-4}$$

由式（9-2）的连续方程，结合式（9-3）、式（9-4）的边界和平衡条件，可解出速度势函数 ϕ，将速度势代入式（9-1），可得出压力场 p。

最简单的液体晃动问题研究结果为自由晃动解，表达式相对简洁，因此本文给出的结果均为自由晃动解。强迫晃动（包括平动激励和转动激励）的解也可以获得，将箱壁法向速度条件由零改为平动激励的线速度和转动激励的角速度，晃动解的差别主要体现在时间函数的频率放大效应上，表达式比较复杂，但可以得到传递函数，与等效动力学模型结合，能够得到等效动力学模型参数，这正是控制系统进行晃动稳定性分析需要的数据。

9.1　平底圆筒贮箱的晃动参数与特性

对于图 9-1 的平底圆筒贮箱中的液体自由晃动问题，将式（9-2）转换到柱坐标系

中，$x = r\cos\theta$，$y = r\sin\theta$，式（9-2）改写为

$$\frac{1}{r}\frac{\partial}{\partial r}\left(r\frac{\partial\phi}{\partial r}\right) + \frac{1}{r^2}\frac{\partial^2\phi}{\partial\theta^2} + \frac{\partial^2\phi}{\partial z^2} = 0 \tag{9-5}$$

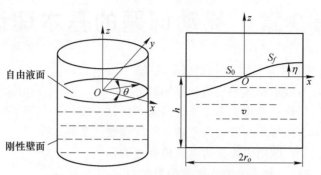

图 9-1　平底圆筒贮箱柱坐标系与边界定义

采用分离变量法求解上述偏微分方程，设 $\phi = R(r)\Theta(\theta)Z(z)S(t)$，先求空间分布函数，代入式（9-5）可得

$$\frac{1}{R}\frac{\partial^2 R}{\partial r^2} + \frac{1}{r}\frac{1}{R}\frac{\partial R}{\partial r} + \frac{1}{r^2}\frac{1}{\Theta}\frac{\partial^2\Theta}{\partial\theta^2} = -\frac{1}{Z}\frac{\mathrm{d}^2 Z}{\mathrm{d}z^2}$$

等式左端为 r 和 θ 的函数，等式右端为 z 的函数，因此两端应为同一常数。由于速度沿高度方向单调变化，常数为正时，$Z(z)$ 为交变的三角函数，常数为负时，$Z(z)$ 为单调的双曲函数，因此设此待定常数为 $-\lambda^2$，由上式可得到两个独立的方程，分别求解两个待定函数 $Z(z)$ 和 $\psi(r, \theta) = R(r)\Theta(\theta)$

$$\frac{\mathrm{d}^2 Z}{\mathrm{d}z^2} - \lambda^2 Z = 0 \tag{9-6}$$

$$\frac{\partial^2 R}{R\partial r^2} + \frac{1}{r}\frac{\partial R}{R\partial r} + \frac{1}{r^2}\frac{\partial^2\Theta}{\Theta\partial\theta^2} + \lambda^2 = 0 \tag{9-7}$$

式（9-6）的通解为

$$Z(z) = A_1\cosh(\lambda z) + A_2\sinh(\lambda z) \tag{9-8}$$

代入贮箱底部边界条件

$$\left.\frac{\partial\phi}{\partial z}\right|_{z=-h} = 0 \quad \Rightarrow \quad \left.\frac{\mathrm{d}Z}{\mathrm{d}z}\right|_{z=-h} = 0$$

可得：$-A_1\lambda\sinh(\lambda h) + A_2\lambda\cosh(\lambda h) = 0$，$\dfrac{A_2}{A_1} = \dfrac{\sinh(\lambda h)}{\cosh(\lambda h)}$；设液面法向速度势归一化条件为

$$Z(0) = 1$$

由此可得：$A_1 = 1$。代入式（9-8）可得

$$Z(z) = \frac{\cosh[\lambda(z+h)]}{\cosh(\lambda h)} \tag{9-9}$$

$Z(z)$ 的函数形式和变化规律由此获得。再次使用分离变量法求解式（9-7），将式（9-7）变换为

$$\frac{r^2}{R}\frac{\mathrm{d}^2 R}{\mathrm{d}r^2} + \frac{r}{R}\frac{\mathrm{d}R}{\mathrm{d}r} + \lambda^2 r^2 = -\frac{1}{\Theta}\frac{\mathrm{d}^2\Theta}{\mathrm{d}\theta^2} \tag{9-10}$$

式（9-10）左右两端应为同一常数，由于速度沿环向为周期交变有界函数，其通解为三角函数，因此设此常数为正数 m^2，可再得到两个独立的方程，分别求解两个待定函数 $R(r)$ 和 $\Theta(\theta)$

$$\frac{\mathrm{d}^2\Theta}{\mathrm{d}\theta^2} + m^2\Theta = 0 \tag{9-11}$$

$$\frac{\mathrm{d}^2 R}{\mathrm{d}r^2} + \frac{1}{r}\frac{\mathrm{d}R}{\mathrm{d}r} + \left(\lambda^2 - \frac{m^2}{r^2}\right)R = 0 \tag{9-12}$$

式（9-11）的通解为

$$\Theta(\theta) = B_1\cos(m\theta) + B_2\sin(m\theta) \tag{9-13}$$

$\Theta(\theta)$ 为周期函数，m 必须为非负整数（$m=0$，1，2…），$m=0$ 对应的液体沿环向为轴对称运动，其横向晃动合力和合力矩为零；$m=1$ 对应的液体沿某一直径方向有一条运动节线，节线两侧液面反对称运动，某个时刻一侧向上另一侧向下，垂直于节线方向产生横向晃动合力和合力矩，平行于节线的晃动合力为零；$m>1$ 对应的液体沿环向有 m 条等角度间隔运动节线，各条节线分别为液面向上和向下运动的交界线，只要有两条及以上平行于节线的晃动合力为零，整个平面内的横向晃动合力和合力矩为零。由此分析可知，对于飞行控制稳定性有影响的液体运动，只需考虑 $m=1$ 对应的反对称运动模式，若晃动方向沿 X 方向，归一化点选择 $\theta=0$，则 $B_2=0$。式（9-12）为带变量因子的变系数二阶常微分方程，对其求解需要采用特殊的技巧，在 19 世纪 70 年代通过复杂的推导过程获得了通解，形式为超越函数，可用 m 阶的第一和第二类贝塞尔函数表示

$$R(r) = C_1\mathrm{J}_m(\lambda r) + C_2\mathrm{Y}_m(\lambda r) = C_1\mathrm{J}_m(\lambda r) + C_2\mathrm{J}_{-m}(\lambda r)$$

求解方法的核心是采用级数法，具体过程见附录 A，假设 $R(r)$ 的两个特解分别为

$$R_1(r) = (\lambda r)^m\sum_0^\infty a_k\,(\lambda r)^k \;,\; R_2(r) = (\lambda r)^{-m}\sum_0^\infty b_k\,(\lambda r)^k$$

代入式（9-12）进行求解。对于平底圆筒贮箱，由于第二类贝塞尔函数 $\mathrm{Y}_m(\lambda r)$ 在 $r=0$ 趋于无穷大，而 $R(r)$ 为有界函数，因此系数 $C_2=0$。但对于平底圆环筒贮箱（图 9-2），最小半径 r_1 处为壁面条件 $R'|_{r=r_1}=0$，C_1、C_2 均不为零。不失一般性假设 $R(r_0)=1$，则有

$$R(r) = \frac{\mathrm{J}_m(\lambda r)}{\mathrm{J}_m(\lambda r_0)} \tag{9-14}$$

利用自由振动贮箱侧壁的边界条件式（9-3），可得

$$\left.\frac{\mathrm{d}R}{\mathrm{d}r}\right|_{r=r_0} = 0$$

设 $\xi = \lambda r$，则上式变为 $\dfrac{\mathrm{d}\mathrm{J}_m(\xi)}{\mathrm{d}\xi}=0$，不同的环向振型参数 m，均对应 $\mathrm{J}_m(\xi)$ 函数微商的无穷多的根 ξ_{m1}，ξ_{m2}…每个根均对应一个待定常数

$$\lambda_{mn} = \frac{\xi_{mn}}{r_0}$$

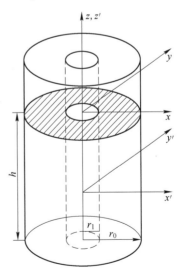

图 9-2　平底圆环筒贮箱

为求解时间函数 $S(t)$，将自由液面处的速度势 $\varphi = \Psi(r, \theta)Z(z)S(t)$，代入该处的运动方程式（9-4），可得

$$-\frac{1}{g_z S(t)}\frac{\mathrm{d}^2 S(t)}{\mathrm{d}t^2} = \frac{1}{Z(z)}\frac{\mathrm{d}Z(z)}{\mathrm{d}z} = \lambda\tanh(\lambda h)$$

与时间相关函数的控制方程为

$$\frac{\mathrm{d}^2 S}{\mathrm{d}t^2} + g_z\lambda\tanh(\lambda h)S = 0$$

此方程的解为周期振动，各阶振动的圆频率为

$$\omega_{mn} = \sqrt{\xi_{mn}\frac{g_z}{r_0}\tanh\left(\xi_{mn}\frac{h}{r_0}\right)}$$

由以上推导可写出贮箱内液体自由晃动的各阶速度势函数

$$\phi_{mn} = v_{mn0}\cos(\omega_{mn}t + \varepsilon_{mn})\frac{\mathrm{J}_m(\xi_{mn}r/r_0)}{\mathrm{J}_m(\xi_{mn})}\frac{\cosh[\xi_{mn}(z+h)/r_0]}{\cosh(\xi_{mn}h/r_0)}\cos(m\theta)$$

v_{mn0} 为归一化点处的各阶速度势最大值。对于存在横向晃动力的运动形式，$m=1$，则各阶晃动频率为

$$\omega_n = \sqrt{\xi_n\frac{g_z}{r_0}\tanh\left(\xi_n\frac{h}{r_0}\right)}$$

ξ_n 为第一类一阶贝塞尔函数 $\mathrm{J}_1(\xi)$ 的函数导数（微商）的各阶根，前五阶根为：1.8412、5.3314、8.5363、11.706、14.863，自由晃动的总速度势函数为

$$\phi = \cos\theta\sum_{n=1}^{\infty}v_{n0}\cos(\omega_n t + \varepsilon_n)\frac{\mathrm{J}_1(\xi_n r/r_0)}{\mathrm{J}_1(\xi_n)}\frac{\cosh[\xi_n(z+h)/r_0]}{\cosh(\xi_n h/r_0)}$$

不考虑液面静态压力，由式（9-1）可获得自由液面法向位移为

$$\eta(r, \theta, t) = \delta = -\frac{\partial\phi}{g_z\partial t}\bigg|_{z=0} = \cos\theta\sum_{n=1}^{\infty}v_{n0}\frac{\omega_n}{g_z}\sin(\omega_n t + \varepsilon_n)\frac{\mathrm{J}_1(\xi_n r/r_0)}{\mathrm{J}_1(\xi_n)}$$

归一化点 $r=r_0$、$\theta=0$ 处的各阶液面位移值为

$$\eta_n = v_{n0}\frac{\omega_n}{g_z}\sin(\omega_n t + \varepsilon_n)$$

代入式（9-1）可得，不计静水压力的液体动压为

$$P = \cos\theta\rho g_z\sum_{n=1}^{\infty}\eta_n\frac{\mathrm{J}_1(\xi_n r/r_0)}{\mathrm{J}_1(\xi_n)}\frac{\cosh[\xi_n(z+h)/r_0]}{\cosh(\xi_n h/r_0)}$$

贮箱沿 X 轴的横向晃动力为侧壁压力的合力，可写为

$$F_x = \int_{-h}^{0}\int_{0}^{2\pi}P(r_0, \theta, z)\cos\theta r_0\,\mathrm{d}\theta\,\mathrm{d}z$$

$$= \sum_{n=1}^{\infty}\frac{\rho r_0\eta_n g_z}{\cosh(\xi_n h/r_0)}\int_{-h}^{0}\cosh\left(\xi_n\frac{z+h}{r_0}\right)\mathrm{d}z\int_{0}^{2\pi}\cos^2\theta\,\mathrm{d}\theta$$

$$= mg_z\sum_{n=1}^{\infty}\frac{\eta_n}{\xi_n h}\tanh\left(\xi_n\frac{h}{r_0}\right)$$

过液体质心、绕 Y 轴的晃动力矩为

$$M_y = \int_{-h}^{0}\int_{0}^{2\pi}P(r_0, \theta, z)\left(\frac{h}{2}+z\right)\cos\theta r_0\,\mathrm{d}\theta\,\mathrm{d}z + \int_{0}^{r_0}\int_{0}^{2\pi}P(r, \theta, -h)r^2\cos\theta\,\mathrm{d}\theta\,\mathrm{d}r$$

$$= \sum_{n=1}^{\infty} \frac{\rho \pi g_z \eta_n}{\cosh(\xi_n h/r_0)} \left[r_0 \int_{-h}^{0} \cosh\left(\xi_n \frac{z+h}{r_0}\right)\left(\frac{h}{2}+z\right) dz + \frac{\int_{0}^{r_0} J_1(\xi_n r/r_0) r^2 dr}{J_1(\xi_n)} \right]$$

$$= \sum_{n=1}^{\infty} \frac{\rho \pi g_z \eta_n}{\cosh(\xi_n h/r_0)} \left\{ \frac{h}{2} r_0 \frac{r_0}{\xi_n} \sinh\left(\xi_n \frac{h}{r_0}\right) + \frac{r_0^3}{\xi_n^2}\left[1 - \cosh\left(\xi_n \frac{h}{r_0}\right) \right] + \frac{r_0^3}{\xi_n^2} \right\}$$

$$= m g_z \sum_{n=1}^{\infty} \frac{\eta_n}{\xi_n} \tanh\left(\xi_n \frac{h}{r_0}\right) \left[\frac{1}{2} - \frac{\cosh(\xi_n h/r_0) - 2}{\sinh(\xi_n h/r_0)\xi_n h/r_0} \right]$$

上式中利用了贝塞尔函数的递推公式和函数导数在 ξ_n 处等于零的条件 $J_1'(\xi_n)=0$，得到积分结果

$$\int_{0}^{r_0} J_1\left(\xi_n \frac{r}{r_0}\right) r^2 dr = \frac{r_0^3}{\xi_n^2} J_1(\xi_n)$$

推导过程见附录 B。各阶晃动力与液体质心的距离为

$$\Delta_n = \frac{M_y}{F_x} = \frac{h}{2} - r_0 \frac{\cosh(\xi_n h/r_0) - 2}{\xi_n \sinh(\xi_n h/r_0)}$$

与液面的距离为

$$\frac{h}{2} - \Delta_n = r_0 \frac{\cosh(\xi_n h/r_0) - 2}{\xi_n \sinh(\xi_n h/r_0)}$$

不考虑箱底压力的箱壁横向晃动力绕 Y 轴的力矩为（过质心）

$$M_y' = \int_{-h}^{0} \int_{0}^{2\pi} P(r_0, \theta, z)\left(\frac{h}{2}+z\right) \cos\theta r_0 d\theta dz$$

$$= \sum_{n=1}^{\infty} \frac{\rho \pi g_z \eta_n}{\cosh(\xi_n h/r_0)} r_0 \int_{-h}^{0} \cosh\left(\xi_n \frac{z+h}{r_0}\right)\left(\frac{h}{2}+z\right) dz$$

$$= m g_z \sum_{n=1}^{\infty} \frac{\eta_n}{\xi_n} \tanh\left(\xi_n \frac{h}{r_0}\right) \left[\frac{1}{2} - \frac{\cosh(\xi_n h/r_0) - 1}{\sinh(\xi_n h/r_0)\xi_n h/r_0} \right]$$

$$= m g_z \sum_{n=1}^{\infty} \frac{\eta_n}{\xi_n} \tanh\left(\xi_n \frac{h}{r_0}\right) \left[\frac{1}{2} - \frac{r_0}{\xi_n h} \tanh\left(\xi_n \frac{h}{2r_0}\right) \right]$$

各阶横向晃动力与液体质心的距离为

$$\Delta_n' = \frac{M_y'}{F_x} = \frac{h}{2} - \frac{r_0}{\xi_n} \tanh\left(\xi_n \frac{h}{2r_0}\right)$$

距液面的距离为 $\dfrac{h}{2} - \Delta_n' = \dfrac{r_0}{\xi_n} \tanh\left(\xi_n \dfrac{h}{2r_0}\right)$。与 H. F. 鲍尔的《圆筒形贮箱中的液体晃动》和 FLOW3D 数值计算结果一致，但与 NSAS‐SP‐106 的结果 $h_s = \dfrac{r_0}{\xi_1} \tanh\left(\xi_1 \dfrac{h}{r_0}\right)$ 和部标 QJ 2117—1991 的结果 $h_s = 2\dfrac{r_0}{\xi_1} \tanh\left(\xi_1 \dfrac{h}{2r_0}\right)$ 不一致。

对于各种参数的变化规律，可以通过图和曲线的形式进行分析，首先观察自由液面晃动振型，位移归一化的各阶液面位移为：$\eta_n = \cos\theta J_1(\xi_n r/r_0)/J_1(\xi_n)$，由于 $J_1(0)=0$，$r=0$ 处各阶位移均为零，是晃动位移节点，$\cos\theta$ 保证了液面位移的反对称性，前三阶液面晃动振型如图 9-3 所示。

在 $\theta=0°$ 和 $\theta=180°$ 平面内的振型曲线如图 9-4 所示，一阶振型接近平面，两端倾角趋于平缓，高阶振型形似反对称正弦曲线，只有中点处为零，两端均不为零，并且倾角也趋于平缓，在 $r=r_0$ 处由于特征值条件 $J_1'(\xi_n)=0$，各阶液面位移振型的倾角均为零；

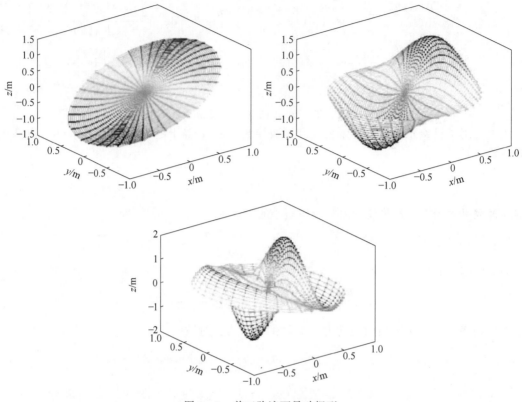

图 9 - 3　前三阶液面晃动振型

靠近中心的峰值大于靠近两端的峰值，所有的峰值都高于归一化点。归一化的各阶速度势 $\phi_n = \cosh[\xi_n(z+h)/r_0]/\cosh(\xi_n h/r_0)$ 沿深度的变化趋势如图 9 - 5 所示，随着深度的增加，速度势衰减很快，在深度与半径相当时，一阶速度势仅剩余 1/6，高阶速度势在 40% 半径的深度以下基本为零，因此液体晃动的影响大致在液面至与半径相当的深度范围内，再向下的液体大部分与贮箱随动，为相对贮箱的静止质量。

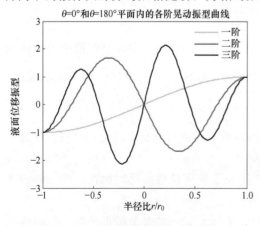

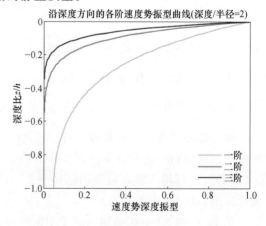

图 9 - 4　液面振型曲线（见彩插）　　　　图 9 - 5　深度方向振型曲线（见彩插）

各阶无量纲圆频率为

$$\omega_n\sqrt{\frac{r_0}{g_z}}=\sqrt{\xi_n\tanh\left(\xi_n\frac{h}{r_0}\right)}$$

与液体深径比的关系如图 9-6 所示，在 $h\to0^+$ 时各阶频率趋于零，一阶频率在深度大于半径后缓慢增加，大于 1.5 倍半径后基本不变，高阶频率在深度大于 0.3 倍半径后基本不变，这种规律也说明只有靠近液面的液体有晃动效应，内部液体的晃动可以忽略，可当作固体处理。

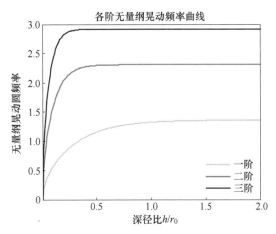

图 9-6　晃动频率曲线（见彩插）

晃动力的合力作用点（图 9-7）在 $h\to0^+$ 时趋于负无穷大（位于液面之上），其原因在于 $h\to0^+$ 时晃动力趋于一阶小量 $\rho\pi hr_0g_z\eta_n$，而晃动力矩由于箱底压力的存在，各阶晃动力矩趋于常数 $\rho\pi r_0^3g_z\eta_n/\xi_n^2$，导致合力点无限升高。随着液体深度的增加，晃动合力点逐渐降低，液深超过 0.7 倍半径后，晃动合力点降至液面之下。

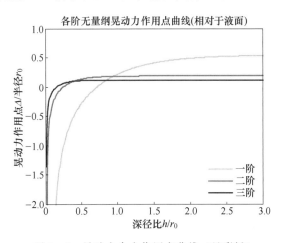

图 9-7　晃动力合力作用点曲线（见彩插）

为分析箱底压力对横向晃动力合力作用点的影响，不计箱底压力的各阶横向晃动力的合力作用点曲线如图 9-8 所示，在 $h\to0^+$ 时合力点趋于零，其原因在于 $h\to0^+$ 时晃动力仍为一阶小量 $\rho\pi hr_0g_z\eta_n$，而横向晃动力矩为四阶小量 $\rho\pi h^4\eta_n\xi_n^2g_z/(48r_0)$，使得合力

点为零，并且横向晃动力合力点曲线随着液体深度单调增大，也逐渐升高至液面之下
0.54 倍半径处，与考虑箱底压力的晃动力合力点曲线趋于一致，说明液体深度增加后，
箱底压力矩恒定，而箱壁压力的力臂增大，横向晃动力矩起主要作用。在液体深度趋于零
时，横向合力作用点在质心 $0.5h$ 处，而 NSAS - SP - 106 和部标 QJ 2117—1991 的结果
却在箱底处，这是不合理的，因此系数 2 不应存在。

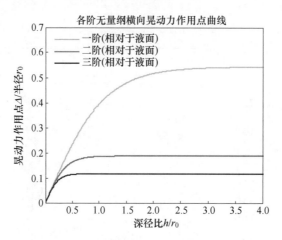

图 9 - 8　横向晃动力合力作用点曲线（见彩插）

　　以上结果为平底圆筒贮箱的自由晃动问题的理论解和运动特征与参数变化规律，在小
幅度晃动条件下得到了完备的解析解，奠定了火箭贮箱液体晃动问题分析的理论基础。

9.2　平底圆环筒贮箱的晃动参数与特性

　　比平底圆筒贮箱稍复杂的是圆环筒贮箱（图 9 - 2），对应于带中心隧道管贮箱。在平
底条件下，将 $r=0$ 处的速度势有界条件，更换为内半径 r_1 处的壁面法向速度为零的条
件：$R'|_{r=r_1}=0$，即可获得平底圆环筒贮箱的自由晃动问题的理论解。下面给出平底圆环
筒贮箱的自由晃动问题的理论解，不再进行推导。圆环筒贮箱自由晃动的各阶晃动频率形
式上与平底圆筒一致，但特征值 ξ_n 有所区别，由平底圆筒贮箱的 $J_1'(\xi)=0$ 改为平底圆环
筒贮箱的行列式为零

$$\Delta_1 = \begin{vmatrix} J_1'(\xi) & Y_1'(\xi) \\ J_1'(k\xi) & Y_1'(k\xi) \end{vmatrix} = 0$$

式中 $k=r_1/r_0$ 为内、外径之比，不同 k 值的前五阶根见表 9 - 1，可以看出一阶频率受到
k 值的影响逐渐降低，体现了一阶振型绕流的效应，而二阶以上的晃动频率基本上随着 k
值增大，并且也基本上高于圆筒贮箱，体现了高阶振型特征长度减小的影响。不考虑液面
静态压力的总速度势函数为

$$\phi = \cos\theta \sum_{n=1}^{\infty} v_{n0} \cos(\omega_n t + \varepsilon_n) \frac{\cosh[\xi_n(z+h)/r_0]}{\cosh(\xi_n h/r_0)} \frac{C_1(\xi_n r/r_0)}{C_1(\xi_n)}$$

式中

$$C_1\left(\xi_n\frac{r}{r_0}\right)=\begin{vmatrix} J_1(\xi_n r/r_0) & Y_1(\xi_n r/r_0) \\ J_1'(\xi_n) & Y_1'(\xi_n) \end{vmatrix}$$

表 9 - 1　不同 k 值对应的贝塞尔函数导数行列式的前五阶根 ξ_n

n＼k	0	0.1	0.2	0.3	0.4	0.5	0.6	0.7	0.8	0.9
1	1.841	1.803	1.705	1.582	1.461	1.354	1.262	1.182	1.113	1.053
2	5.331	5.137	4.962	5.137	5.659	6.564	8.041	10.591	15.777	31.446
3	8.536	8.199	8.433	9.308	10.683	12.706	15.801	21.003	31.450	62.847
4	11.706	11.358	12.165	13.693	15.848	18.942	23.623	31.455	47.147	94.258
5	14.863	14.634	15.993	18.115	21.048	25.202	31.462	41.917	62.849	125.671

与其他文献的差别在于用 $C_1(\xi_n r/r_0)/C_1(\xi_n)$ 代替了 $C_1(\xi_n r/r_0)/Y_1'(\xi_n)$，相差一个无量纲因子，便于分析晃动振型。$r=r_0$ 时，$C_1(\xi_n)=\dfrac{2}{\pi\xi_n}$（隆梅尔公式），上式改写为

$$\phi=\cos\theta\sum_{n=1}^{\infty}v_{n0}\cos(\omega_n t+\varepsilon_n)\frac{\pi\xi_n}{2}C_1\left(\xi_n\frac{r}{r_0}\right)\frac{\cosh[\xi_n(z+h)/r_0]}{\cosh(\xi_n h/r_0)}$$

计算贝塞尔函数的导数时，可利用低阶贝塞尔函数的导数与高阶贝塞尔函数的关系式，将一阶贝塞尔函数的导数变换为包含二阶贝塞尔函数的形式

$$Z_1'(\xi)=Z_1(\xi)/\xi-Z_2(\xi)$$

自由液面法向位移为

$$\eta(r,\ \theta,\ t)=-\left.\frac{\partial\phi}{g_z\partial t}\right|_{z=0}=\cos\theta\sum_{n=1}^{\infty}v_{n0}\frac{\omega_n}{g_z}\sin(\omega_n t+\varepsilon_n)\frac{\pi\xi_n}{2}C_1\left(\xi_n\frac{r}{r_0}\right)$$

$$=\cos\theta\sum_{n=1}^{\infty}\eta_n\frac{\pi\xi_n}{2}C_1\left(\xi_n\frac{r}{r_0}\right)$$

归一化点 $r=r_0$、$\theta=0$ 处的各阶液面位移值为

$$\eta_n=v_{n0}\frac{\omega_n}{g_z}\sin(\omega_n t+\varepsilon_n)$$

在 $\theta=0°$ 平面内的晃动位移振型 $C_1(\xi_n r/r_0)\pi\xi_n/2$ 如图 9 - 9 所示，由于内筒壁的限制，一阶振型没有节点，内、外壁振型值接近，更接近平面，两端倾角更平缓，高阶振型依次有 $n-1$ 个节点，内外半径处均不为零，并且在 $r=r_1$ 和 $r=r_0$ 处由于法向速度为零，各阶液面位移振型的倾角均为零；靠近内壁的峰值大于靠近外壁的峰值，所有峰值都高于归一化点。

不计静水压力的液体动压为

$$p=\cos\theta\rho g_z\sum_{n=1}^{\infty}\eta_n\frac{\pi\xi_n}{2}C_1\left(\xi_n\frac{r}{r_0}\right)\frac{\cosh[\xi_n(z+h)/r_0]}{\cosh(\xi_n h/r_0)}$$

贮箱沿 x 轴的横向晃动力为内、外侧壁压力的合力，可写为

$$F_x=\int_{-h}^{0}\int_{0}^{2\pi}[P(r_0,\ \theta,\ z)r_0-P(r_1,\ \theta,\ z)r_1]\cos\theta\,\mathrm{d}\theta\,\mathrm{d}z$$

$$=\sum_{n=1}^{\infty}\frac{\rho\eta_n g_z}{\cosh(\xi_n h/r_0)}r_0\left[1-\frac{\pi\xi_n}{2}kC_1(k\xi_n)\right]\int_{-h}^{0}\cosh\left(\xi_n\frac{z+h}{r_0}\right)\mathrm{d}z\int_{0}^{2\pi}\cos^2\theta\,\mathrm{d}\theta$$

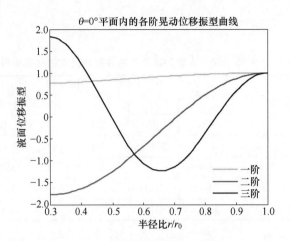

图 9-9 液面振型曲线（见彩插）

$$= \frac{mg_z}{1-k^2} \sum_{n=1}^{\infty} \frac{\eta_n}{\xi_n h} \tanh\left(\xi_n \frac{h}{r_0}\right) \left[1 - \frac{\pi \xi_n}{2} k C_1(k\xi_n)\right]$$

式中液体总质量改为：$m = \rho \pi (r_0^2 - r_1^2) h = \rho \pi r_0^2 h (1-k^2)$。过液体质心、绕 y 轴的晃动力矩为

$$M_y = \int_{-h}^{0} \int_0^{2\pi} \left[P(r_0, \theta, z) r_0 - P(r_0, \theta, z) r_1\right] \left(\frac{h}{2}+z\right) \cos\theta r_0 \,\mathrm{d}\theta \,\mathrm{d}z + \int_{r_1}^{r_0} \int_0^{2\pi} P(r, \theta, -h) r^2 \cos\theta \,\mathrm{d}\theta \,\mathrm{d}r$$

$$= \sum_{n=1}^{\infty} \frac{\rho \pi g_z \eta_n}{\cosh(\xi_n h/r_0)} \left\{ r_0 \left[1 - \frac{\pi \xi_n}{2} k C_1(k\xi_n)\right] \int_{-h}^{0} \cosh\left(\xi_n \frac{z+h}{r_0}\right) \left(\frac{h}{2}+z\right) \mathrm{d}z + \frac{\pi \xi_n}{2} \int_{r_1}^{r_0} C_1\left(\xi_n \frac{r}{r_0}\right) r^2 \mathrm{d}r \right\}$$

$$= \sum_{n=1}^{\infty} \frac{\rho \pi g_z \eta_n}{\cosh(\xi_n h/r_0)} r_0 \left[1 - \frac{\pi \xi_n}{2} k C_1(k\xi_n)\right] \left\{ \frac{h}{2} \frac{r_0}{\xi_n} \sinh\left(\xi_n \frac{h}{r_0}\right) + \frac{r_0^2}{\xi_n^2} \left[2 - \cosh\left(\xi_n \frac{h}{r_0}\right)\right] \right\}$$

$$= \frac{mg_z}{1-k^2} \sum_{n=1}^{\infty} \frac{\eta_n}{\xi_n} \tanh\left(\xi_n \frac{h}{r_0}\right) \left[\frac{1}{2} - \frac{\cosh(\xi_n h/r_0) - 2}{\sinh(\xi_n h/r_0)\xi_n h/r_0}\right] \left[1 - \frac{\pi}{2} k \xi_n C_1(k\xi_n)\right]$$

与平底圆筒相比，各阶晃动力和晃动力矩都差一个相同的比值 $1 - k C_1(k\xi_n)\pi\xi_n/2$，这正是 $r = r_0$、r_1 处的振型值之差，因此晃动力及横向晃动力的合力作用点与平底圆筒相同。上式中利用了贝塞尔函数的递推公式和函数微商行列式在 ξ_n 处等于零的条件 $\Delta_1 = 0$，得到积分结果

$$\int_{r_1}^{r_0} C_1\left(\xi_n \frac{r}{r_0}\right) r^2 \,\mathrm{d}r = \frac{2}{\pi} \frac{r_0^3}{\xi_n^3} \left[1 - \frac{\pi}{2} k \xi_n C_1(k\xi_n)\right]$$

9.3 长方体贮箱的晃动参数与特性

晃动问题中长方体贮箱（图 9-10）是最简单的，但受力形式最差，在实际工程中应用较少。由于其边界条件可以在直角坐标系中表示，运动方程在各个坐标方向均为二阶常系数微分方程，通解为三角函数和双曲函数的组合，各阶晃动频率为

$$\omega_{mn} = \sqrt{\lambda_{mn} \frac{g_z}{h} \tanh(\lambda_{mn})}$$

式中，特征值 $\lambda_{mn} = \pi h \sqrt{m^2/a^2 + n^2/b^2}$，$m$、$n$ 为 x、y 方向的整波数，若 $a > b$，则最

低的晃动频率为

$$\omega_{10} = \sqrt{\lambda_{10}\frac{g_z}{h}\tanh(\lambda_{10})} = \sqrt{\pi\frac{g_z}{a}\tanh\left(\pi\frac{h}{a}\right)}$$

由于偶数振型为对称振型，没有横向晃动力和力矩，不存在晃动问题，因此只考虑反对称振型的奇数阶晃动。另外，长方体贮箱 x、y 方向的晃动是解耦的二维问题，可以只分析 x、z 方向的参数变化规律。

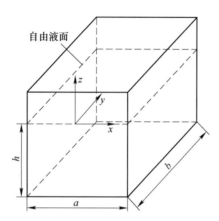

图 9 - 10　长方体贮箱（坐标原点在质心处）

沿 x 方向的各阶晃动频率可写为

$$\omega_n = \sqrt{(2n-1)\pi\frac{g_z}{a}\tanh\left[(2n-1)\pi\frac{h}{a}\right]}, \quad (n=1,\ 2,\ 3,\ \cdots\cdots)$$

特征值 $\lambda_n = (2n-1)\pi h/a$。总速度势函数为

$$\phi = \sum_{n=1}^{\infty} v_{n0}\cos(\omega_n t + \varepsilon_n)\sin\left(\lambda_n\frac{x}{h}\right)\cosh\left[\lambda_n\left(\frac{z}{h}+\frac{1}{2}\right)\right]\bigg/\cosh(\lambda_n)$$
$$(x=[-a/2,\ a/2],\ z=[-h/2,\ h/2])$$

自由液面法向晃动位移为

$$\eta(x,\ y,\ t) = -\frac{\partial\phi}{g_z\partial t}\bigg|_{z=\frac{h}{2}} = \sum_{n=1}^{\infty}v_{n0}\frac{\omega_n}{g_z}\sin(\omega_n t+\varepsilon_n)\sin\left(\lambda_n\frac{x}{h}\right)$$
$$= \sum_{n=1}^{\infty}\eta_n\sin\left(\lambda_n\frac{x}{h}\right)$$

与圆筒贮箱相同，归一化点 $x=a/2$ 处的各阶液面位移值为

$$\eta_n = v_{n0}\frac{\omega_n}{g_z}\sin(\omega_n t+\varepsilon_n)$$

不计静水压力的液体动压为

$$P = \rho g_z\sum_{n=1}^{\infty}\eta_n\sin\left(\lambda_n\frac{x}{h}\right)\cosh\left[\lambda_n\left(\frac{z}{h}+\frac{1}{2}\right)\right]\bigg/\cosh(\lambda_n)$$

贮箱沿 x 轴的横向晃动力为

$$F_x = \int_{-\frac{h}{2}}^{\frac{h}{2}}\left[P\left(\frac{a}{2},\ z\right) - P\left(-\frac{a}{2},\ z\right)\right]b\,\mathrm{d}z$$

$$= 2\rho g_z \sum_{n=1}^{\infty} \eta_n \frac{(-1)^{n-1}}{\cosh(\lambda_n)} \int_{-\frac{h}{2}}^{\frac{h}{2}} \cosh\left[\lambda_n\left(\frac{z}{h} + \frac{1}{2}\right)\right] dz$$

$$= 2\frac{mg_z}{a} \sum_{n=1}^{\infty} (-1)^{n-1} \frac{\eta_n}{\lambda_n} \tanh(\lambda_n)$$

式中液体总质量为：$m = \rho abh$。过液体质心、绕 y 轴的晃动力矩为

$$M_y = \int_{-\frac{h}{2}}^{\frac{h}{2}} \left[P\left(\frac{a}{2}, z\right) - P\left(-\frac{a}{2}, z\right)\right] bz\, dz + \int_{-\frac{a}{2}}^{\frac{a}{2}} P\left(x, -\frac{h}{2}\right) bx\, dx$$

$$= \sum_{n=1}^{\infty} \frac{\rho b g_z \eta_n}{\cosh(\lambda_n)}\left\{2(-1)^{n-1} \int_{-\frac{h}{2}}^{\frac{h}{2}} \cosh\left[\lambda_n\left(\frac{z}{h} + \frac{1}{2}\right)\right] z\, dz + \int_{-\frac{a}{2}}^{\frac{a}{2}} \sin\left(\lambda_n \frac{x}{h}\right) x\, dx\right\}$$

$$= 2\frac{mhg_z}{a} \sum_{n=1}^{\infty} (-1)^{n-1} \frac{\eta_n}{\lambda_n} \tanh(\lambda_n)\left[\frac{1}{2} - \frac{\cosh(\lambda_n) - 2}{\lambda_n \sinh(\lambda_n)}\right]$$

横向晃动力的力矩为

$$M'_y = \int_{-\frac{h}{2}}^{\frac{h}{2}} \left[P\left(\frac{a}{2}, z\right) - P\left(-\frac{a}{2}, z\right)\right] bz\, dz$$

$$= \sum_{n=1}^{\infty} \frac{2\rho b g_z \eta_n}{\cosh(\lambda_n)} (-1)^{n-1} \int_{-\frac{h}{2}}^{\frac{h}{2}} \cosh\left[\lambda_n\left(\frac{z}{h} + \frac{1}{2}\right)\right] z\, dz$$

$$= 2\frac{mhg_z}{a} \sum_{n=1}^{\infty} (-1)^{n-1} \frac{\eta_n}{\lambda_n} \tanh(\lambda_n)\left[\frac{1}{2} - \frac{\cosh(\lambda_n) - 1}{\lambda_n \sinh(\lambda_n)}\right]$$

$$= 2\frac{mhg_z}{a} \sum_{n=1}^{\infty} (-1)^{n-1} \frac{\eta_n}{\lambda_n} \tanh(\lambda_n)\left[\frac{1}{2} - \frac{\tanh(\lambda_n/2)}{\lambda_n}\right]$$

各阶晃动力和横向晃动力与液体质心的距离分别为

$$\Delta_n = \frac{M_y}{F_x} = h\left[\frac{1}{2} - \frac{\cosh(\lambda_n) - 2}{\lambda_n \sinh(\lambda_n)}\right], \quad \Delta'_n = \frac{M'_y}{F_x} = h\left[\frac{1}{2} - \frac{\tanh(\lambda_n/2)}{\lambda_n}\right]$$

形式上与圆筒贮箱一致，区别仅在于特征值的定义。

9.4　平底扇形圆环筒贮箱的晃动参数与特性

比圆环筒贮箱更复杂的是平底扇形圆环筒贮箱（图 9-11），沿环向等角度均匀分割贮箱，在 $\theta = 0$ 和 $\theta = 2\pi\alpha$ 的两个侧壁处晃动速度为零，增加了环向边界条件

$$\left.\frac{\partial \phi}{\partial \theta}\right|_{\theta=0} = 0, \qquad \left.\frac{\partial \phi}{\partial \theta}\right|_{\theta=2\pi\alpha} = 0$$

采用分离变量法仍然可以获得全部参数的解析解，部分文献给出了表达式，但复杂程度大大增加。晃动频率的形式不变，但对应环向周期数 m 的变化，各阶晃动频率从

$$\omega_{mn} = \sqrt{\xi_{mn} \frac{g_z}{r_0} \tanh\left(\xi_{mn} \frac{h}{r_0}\right)}$$

变为随着晃动阶数和环向周期数变化的二维变量，特征值条件变为

$$\Delta_{m/2\alpha} = \begin{vmatrix} J'_{m/2\alpha}(\xi_{mn}) & Y'_{m/2\alpha}(\xi_{mn}) \\ J'_{m/2\alpha}(k\xi_{mn}) & Y'_{m/2\alpha}(k\xi_{mn}) \end{vmatrix} = 0$$

特征值的具体数据可查阅相关文献。速度势沿深度方向的变化规律仍为双曲函数形式，只是特征值由 ξ_n 变为 ξ_{mn}；由于环向边界的约束，并且失去了反对称要求，虽然环向变化

规律还是三角函数，但周期数 m 为零和正整数，不再只局限于 1，进一步导致径向变化规律由 $C_1(\xi_n r/r_0)$ 变化为 $C_{m/2a}(\xi_{mn} r/r_0)$，成为非整数阶贝塞尔函数的组合。贮箱不同的分隔形状及参数见表 9-2。

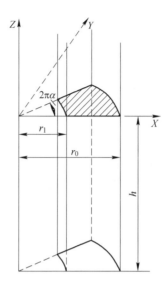

图 9-11　平底扇形圆环筒贮箱

表 9-2　贮箱不同的分隔形状及参数

分隔形状	α	$m/(2\alpha)$	$\Delta_{m/2a}$
不分割	1	$m/2$（$m=2$）	Δ_1
"–" 形分隔	1/2	m（$m=1,2,4,6,\cdots$）	Δ_m
"+" 形分隔	1/4	$2m$	Δ_{2m}
"*" 形分隔	1/6	$3m$	Δ_{3m}
"米" 形分隔	1/8	$4m$	Δ_{4m}

9.5　其他形式贮箱的晃动参数与特性

9.5.1　水平放置圆筒贮箱

前面讨论的圆贮箱均为纵轴向上，未扰动液面与纵轴垂直，对应火箭上升段和卫星变轨段的晃动特性分析。对于卫星位置保持状态的晃动特性分析，需要给出水平放置圆筒贮箱（图 9-12）的晃动特性。由于轴对称性不存在，垂直于纵轴的横向晃动与平行于纵轴的纵向晃动特性有重大差异。横向晃动特性具有完备的解析解，运动特征与长方体贮箱相同是二维运动，频率特性和合力作用点与球形贮箱相似。由于箱壁压力沿径向作用，合力作用点过轴心，无量纲晃动频率如图 9-13 所示，与试验数据有很好的一致性，与竖置圆筒贮箱不同之处在于浅液位时频率趋于确定值，液位趋于直径高度时，频率趋于无穷大。纵向晃动没有理论分析结果，无量纲晃动频率如图 9-14 所示，与半径没有关系，各阶频率随液体深度缓慢增大，贮箱长度是主要影响因素。

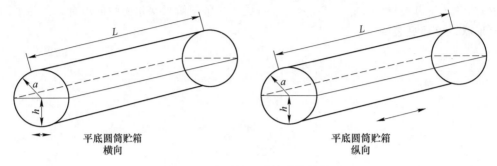

图 9 - 12　水平放置圆筒贮箱的晃动

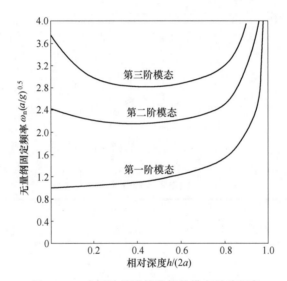

图 9 - 13　水平放置圆筒贮箱的横向晃动频率

9.5.2　非平底竖置圆筒贮箱

　　平底圆筒贮箱仅仅在理论分析和试验研究中会使用，实际贮箱由于承受增压压力，均采用受力性能较好的球形底、椭球底或锥形底。理论和试验结果表明，球底贮箱的晃动频率（图 9 - 15）在液体深度小于贮箱半径时与平底贮箱（图 9 - 6）有所差别，超过半径后可用体积折算等效深度分析晃动特性。锥形底贮箱的试验结果表明，等效深度超过半径的一半以后与平底贮箱晃动频率一致。

　　非平底圆筒贮箱在液深较大时可用等效平底圆筒（图 9 - 16）描述晃动特性，贮箱沿高度方向的位置和晃动力作用点按两种方法确定：一种是液面相同、位置不变全部液体上移等效；另一种是液面相同，全部液体下移至底部，进行下移等效。取两种位置等效的平均值作为等效液体的位置，由此确定晃动力作用点及等效晃动质量的位置。在液深较小时，晃动已不满足小位移条件，非线性效应较强，线性理论误差较大。试验结果信噪比低，误差也较大，所幸晃动力较小，不再对控制稳定性造成影响，等效处理方法和线性理论仍可以使用。

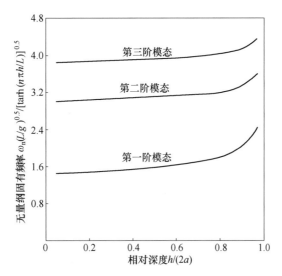

图 9 - 14　水平放置圆筒贮箱的纵向晃动频率

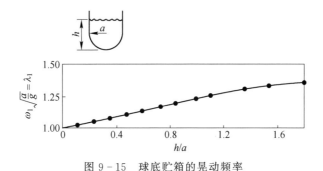

图 9 - 15　球底贮箱的晃动频率

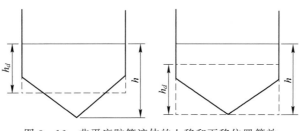

图 9 - 16　非平底贮箱液体的上移和下移位置等效

9.5.3　球形贮箱

　　球形贮箱由于优越的结构受力特性和高填充效率（体积/面积比），在空间飞行器上广泛应用，遗憾的是由于数学上的复杂性，边界条件既不能在柱坐标系中简洁表示，也不能在球坐标系中简洁表示，因此不能得到晃动特性的解析解，只能采用变分法、差分法和其他方法给出近似结果经验公式，并且在高、低液位时误差较大。无量纲晃动频率的各种近似理论和试验结果如图 9-17 所示。晃动力的近似结果也能获得，重要的特点是作用点在球心。

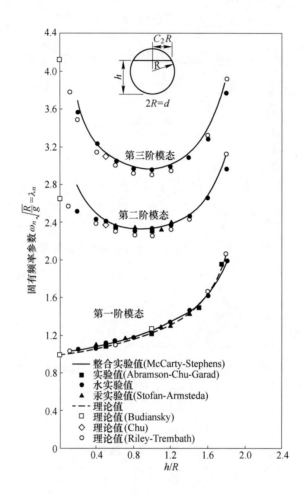

图 9-17　球形贮箱的各阶晃动频率

9.5.4　椭球形贮箱

椭球形贮箱（图 9-18）一般出现在火箭第三级共底贮箱的凸底侧，液体为轴对称分布，未扰动液面垂直于旋转轴，旋转轴与场加速度方向一致，晃动特性没有解析解，有近似方法、经验公式和试验结果，无量纲晃动频率的变化规律与球形贮箱类似，增加的影响因素为短轴与长轴之比，轴比小的扁贮箱频率降低，轴比大的长贮箱频率升高。在等效深度小于 0.8 倍的半径时，等效平底圆筒理论有较好的精度。

椭球形贮箱还有另外一种放置方位，即旋转轴垂直于场加速度方向，液体分布非轴对称，晃动方向包括垂直于旋转轴和平行于旋转轴两个方向（图 9-19），晃动频率的变化规律与竖置椭球箱类似，数值上有一定的变化。

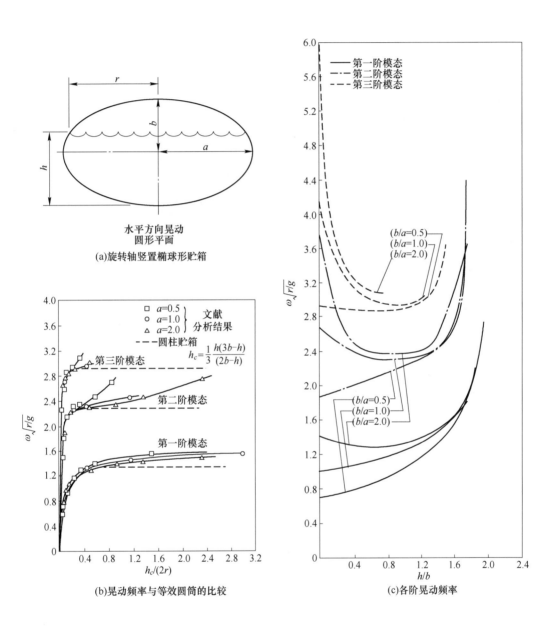

图 9 - 18　不同轴比的旋转轴竖置椭球形贮箱和各阶晃动频率

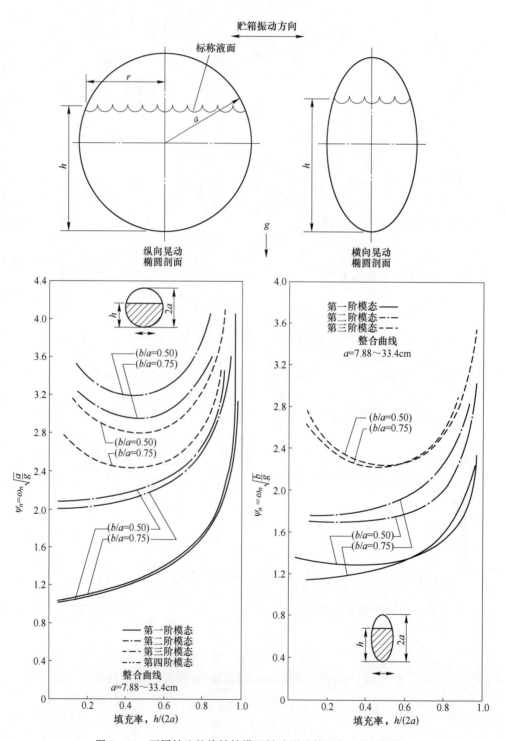

图 9-19　不同轴比的旋转轴横置椭球形贮箱和各阶晃动频率

9.5.5　锥形贮箱

采用数值方法和变分法可以得到锥形贮箱的 1 节径和 3 节径晃动频率（图 9 - 20），对于半锥角小于 20°的正置和倒置锥形贮箱（图 9 - 21），一阶晃动频率的经验公式为

$$\omega_1^2 = \xi_1 \frac{g_z}{r_0} C_3^2$$

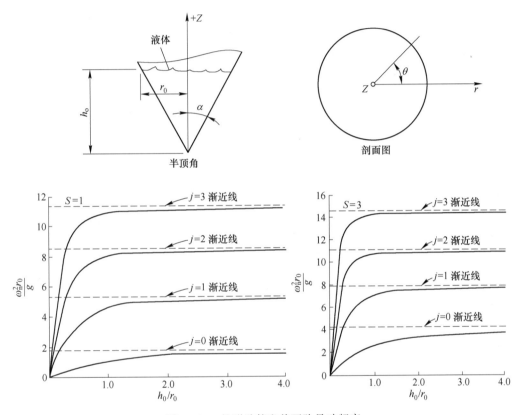

图 9 - 20　锥形贮箱和前两阶晃动频率

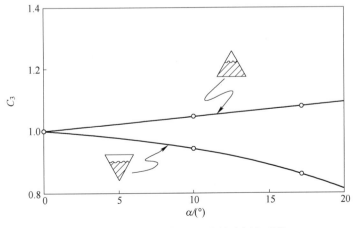

图 9 - 21　小锥角贮箱的一阶晃动频率系数

　　系数 C_3 可以由图 9-21 的曲线获得。前文已提到锥底圆筒贮箱的等效深度超过液面半径的一半时，可以采用等效平底圆筒理论。对于锥形贮箱仍然成立，只是半锥角不能过大。由 $h_{eq}/r_0 = 0.5$，可得到等效平底圆筒理论使用的限制条件为 $\alpha < 34°$。

9.5.6　回旋圆管形贮箱

　　回旋圆管形贮箱由于其中空特性，正好与航天器主发动机喷管在安装位置空间上相容，并且受力承载性能也较好，在工程中有一定的应用。不足之处是晃动特性比较复杂，没有理论解析结果，只有试验数据和经验公式。贮箱竖置时有两种晃动激励方向，一种沿回旋面横向晃动，另一种垂直于回旋面横向晃动，水平放置时液体分布和晃动特性均为轴对称，沿水平面晃动（图 9-22）。

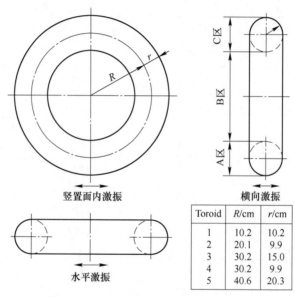

Toroid	R/cm	r/cm
1	10.2	10.2
2	20.1	9.9
3	30.2	15.0
4	30.2	9.9
5	40.6	20.3

图 9-22　回旋圆管形贮箱的三种晃动方位

　　三种晃动方位中水平放置贮箱（图 9-22 下图）的晃动特性相对简单，其液体空间分布与平底圆环筒形贮箱相近，采用等效平底圆环筒理论与试验数据有很好的一致性（图 9-23）。值得注意的是，在某种贮箱尺寸和液位组合下，二阶晃动力大于一阶（图 9-24），除了一些回旋半径与圆管半径之比较小的情况，回旋半径越大，二阶晃动力越大于一阶，这与晃动的一般规律不一致。另外，从液位的影响看，液位高度与圆管半径相等时，二阶晃动力大于一阶，而液位高度为圆管半径的 1.5 倍时，一阶晃动力大于二阶。

　　竖置回旋圆管的横向晃动（图 9-22 上右图）频率曲线如图 9-25 所示，在 A、C 区域按球形贮箱、在 B 区按圆筒贮箱等效的计算结果与试验数据一致性较好，但对于晃动力没有有效的试验结果。

　　竖置回旋面内晃动（图 9-22 上左图）的特性最为复杂，不仅需要分区域进行分析、拟合和等效，而且一阶频率和高阶频率的经验公式和等效贮箱形式还不相同，无量纲晃动频率的试验结果和拟合曲线如图 9-26 所示，在 A、C 区域一阶晃动按大摆角单摆模拟，高阶晃动按球形贮箱模拟；在 B 区一阶晃动按圆弧管模拟，高阶晃动按圆筒贮箱模拟，等效理论的计算结果与试验数据一致性较好，也没有晃动力的有效试验结果。

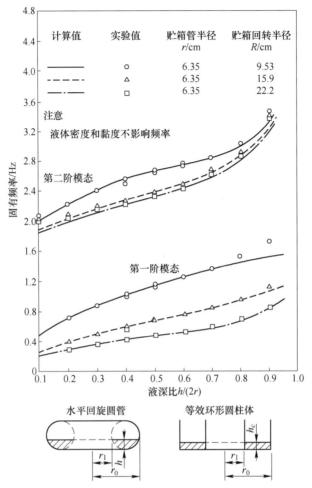

图 9-23　水平放置回旋圆管的晃动频率和等效理论示意图

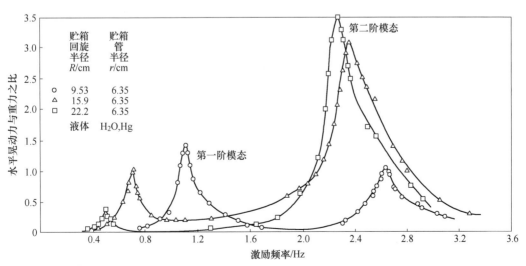

图 9-24　0.5 充液比水平放置回旋圆管贮箱的前两阶晃动力

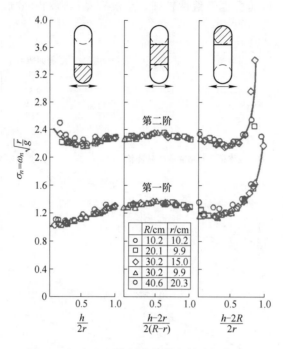

图 9 - 25　竖置回旋圆管的横向晃动频率曲线

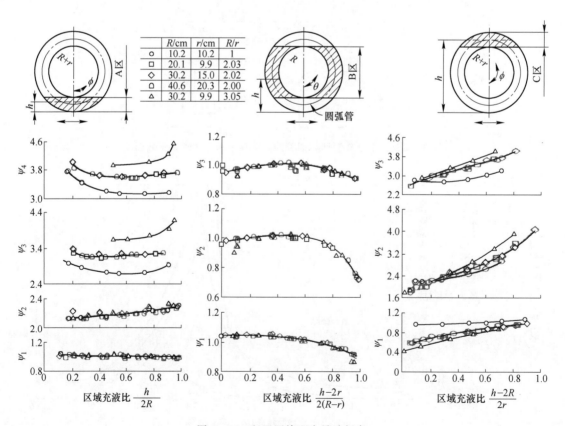

图 9 - 26　竖置回旋面内晃动频率

三种方位的晃动频率研究结果汇总表见表 9 - 3，特征值 ε_n 分别对应圆环筒贮箱的特征方程 $\Delta_1(\varepsilon_n) = 0$ 和圆筒贮箱特征方程 $J_1'(\varepsilon_n) = 0$。

表 9 - 3　回旋圆管贮箱的三种方位晃动频率

方　向	区域	模态	参　数	类　比
水平	All	All	$\lambda_n = \omega_n \sqrt{\dfrac{r_0}{g} \dfrac{1}{\varepsilon_n} \dfrac{1}{\tanh\left(\dfrac{h_e}{r_0}\varepsilon_n\right)}}$	圆环形筒
竖置横向	A，C	All	$\sigma_n = \omega_n \sqrt{\dfrac{r}{g}}$	半径为 r 的球体
	B	All	$\sigma_n = \omega_n \sqrt{\dfrac{r}{g}}$	半径为 r 的圆柱
竖置面内	A，C	第一	$\psi_1 = \omega_i \sqrt{\dfrac{R+r}{g}} \sqrt{\dfrac{\sin\phi}{\phi}}$	单摆
		All $n > 1$	$\psi_n = \omega_n \sqrt{\dfrac{R+r}{g}}$	半径为 $R+r$ 的球体
	B	第一	$\psi_1 = \omega_1 \sqrt{\dfrac{R}{g}} \sqrt{\dfrac{\theta}{\sin\theta}}$	圆弧管
		All $n > 1$	$\psi_n = \omega_n \sqrt{\dfrac{r}{g} \dfrac{1}{\varepsilon_n - 1}}$	半径为 r 的圆柱

9.6　小结

晃动理论有解析解的只有四种贮箱，即平底圆筒、平底圆环筒、长方体和平底扇形圆环筒贮箱，长方体贮箱的解最简单，扇形圆环筒贮箱的解最复杂。其中，平底圆筒水平放置的横向晃动也有解析解，本文未做介绍，总共有五种状态的解析解。球形、椭球形和锥形贮箱有近似的变分解，回旋圆管形贮箱只有试验数据和经验公式。

第10章 晃动问题的等效动力学模型

液体不能用刚性连接在贮箱上的具有一定质量和转动惯量的固体完全替代，但是弹簧-质量或者单摆系统却能模拟液体对贮箱或者飞行器的作用效果，以晃动力和力矩相等的条件，确定等效动力学模型的参数，小阻尼效应可以用线性粘壶来表征，柔性箱壁和非线性液体运动没有等效动力学模型。

液体晃动的等效动力学模型分为包含一个弹簧-质量或者单摆系统的简单模型（图10-1）和包含多个弹簧-质量或者单摆系统的复杂模型，前者为单自由度振动系统，后者为多自由度振动系统。研究结果表明高阶晃动效应随阶数迅速减小，二阶晃动质量比一阶小1.5个数量级，因此简单等效动力学模型可以满足工程设计的需要。

10.1 简单等效动力学模型

等效模型的参数可以通过两种方法获取：一种方法是对试验测量结果进行拟合处理，给出参数识别结果，可以获得任意形状贮箱的晃动特性参数，包括阻尼比或者非线性阻尼曲线；另一种方法是对有晃动理论解析解的贮箱的晃动响应结果进行推导变换，可以获得简单形状贮箱的晃动特性参数，不包括阻尼特性。两种方法均是在已知的贮箱平动或者转动位移激励下，对晃动力和力矩进行分析处理，获得晃动特性参数。试验识别方法后节专门介绍，这里只给出理论参数推导结果。

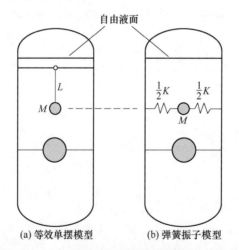

图10-1 一个晃动质量的简单等效动力学模型

10.1.1 平底圆筒贮箱

平底圆筒贮箱的两种简单等效动力学模型（图10-2）中，摆长为

$$L_1 = \frac{r_0}{\xi_1} \coth\left(\xi_1 \frac{h}{r_0}\right)$$

等效晃动质量是所有晃动参数中获取难度最大的参数，也是唯一需要通过强迫晃动扫频试验识别的参数，其他参数均可以通过晃动衰减试验和几何计算得到。等效晃动质量的理论计算方法有两种：一种是通过无阻尼自由晃动模态参数与响应的理论解，利用各阶晃动等效模型的晃动力和晃动动能与理论解相等的条件，得到等效晃动质量；另一种是通过无阻尼单频位移激励晃动力的理论解，只利用各阶晃动等效模型的晃动力与理论解相等的条件，得到未知的等效晃动质量。本文采用自由晃动方法推导等效晃动质量，推导过程比较烦琐，在附录 C 中有详细推导过程，并且有圆环筒贮箱的晃动质量，这里只给出推导结果

$$m_1 = 2m \frac{\tanh(\xi_1 h/r_0)}{(\xi_1^2-1)\xi_1 h/r_0}$$

式中，m 为液体总重，静止质量 $m_0 = m - m_1$。等效弹簧刚度为

$$K_1 = 2m \frac{g_z}{h} \frac{\tanh^2(\xi_1 h/r_0)}{\xi_1^2-1}$$

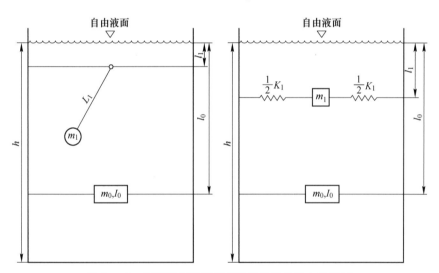

图 10 - 2　平底圆筒贮箱的两种简单等效动力学模型

等效晃动质量的质心到液面的距离（图 10 - 2 右图）为

$$l_1 = \frac{r_0}{\xi_1}\tanh\left(\xi_1 \frac{h}{2r_0}\right)$$

$$\left\{l_1 = \frac{r_0}{\xi_1}\tanh\left(\xi_1 \frac{h}{r_0}\right) \text{——NASA - SP - 106}, \ l_1 = \frac{2r_0}{\xi_1}\tanh\left(\xi_1 \frac{h}{2r_0}\right) \text{——QJ 2117—1991}\right\}$$

等效单摆的悬挂点位置（图 10 - 2 左图）为

$$l_1 = \frac{r_0}{\xi_1}\tanh\left(\xi_1 \frac{h}{2r_0}\right) - \frac{r_0}{\xi_1}\coth\left(\xi_1 \frac{h}{r_0}\right) = \frac{-r_0}{\xi_1 \sinh(\xi_1 h/r_0)}$$

$$\left\{l_1 = \frac{-r_0}{2\xi_1 \sinh(2\xi_1 h/r_0)} \text{——NASA - SP - 106}\right\}$$

静止质量质心位置为

$$l_0 = \frac{h}{2}\frac{m}{m_0} - (L_1 + l_1)\frac{m_1}{m_0} \text{(图 10 - 2 左图)}, l_0 = \frac{h}{2}\frac{m}{m_0} - l_1\frac{m_1}{m_0} \text{(图 10 - 2 右图)}$$

$$\left\{ \frac{h}{2} \Rightarrow \frac{h}{2} - \frac{r_0^2}{2h} \text{——NASA - SP - 106} \right\}$$

位置参数各个文献不一致。有效转动惯量 NASA - SP - 106 给出的结果为满箱状态，自由液面的结果在后文中给出。

　　由晃动力幅值相等的条件，可以建立等效动力学模型的晃动质量摆角和晃动液面波高的关系为

$$F_1 = \frac{\pi}{\xi_1} |\eta_1| \rho r_0^2 g_z \tanh\left(\xi_1 \frac{h}{r_0}\right) = m_1 g_z \tan\Psi = \frac{2\pi}{\xi_1(\xi_1^2 - 1)} \tan\Psi \rho r_0^3 g_z \tanh\left(\xi_1 \frac{h}{r_0}\right)$$

按照 $|\eta_1| = r_0 \tan\Phi$，等效晃动质量摆角 Ψ 与液面倾角 Φ 的关系为

$$\tan\Psi = \frac{(\xi_1^2 - 1)}{2}\tan\Phi = 1.195\tan\Phi$$

摆角 Ψ 的正切比液面倾角 Φ 的正切大 20%，10°液面倾角对应的等效摆角为 11.9°。

10.1.2　长方体贮箱

　　长方体贮箱的弹簧-质量等效动力学模型如图 10 - 3 所示。

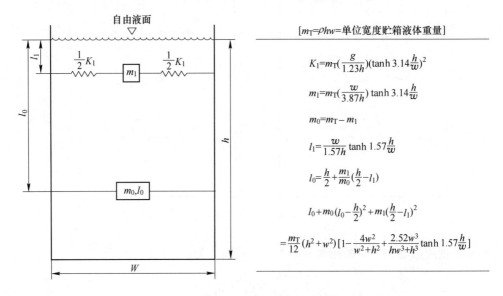

图 10 - 3　长方体贮箱的弹簧-质量等效动力学模型

10.1.3　球形贮箱

　　球形贮箱的单摆等效动力学模型参数如图 10 - 4 所示，其频率特性与圆筒贮箱有所差异。低液位时趋于确定值而非零，满液位时趋于无穷大而非确定值，与试验结果也有较大的差异，原因在于接近空箱和满箱时非线性效应强烈，线性理论不再适用。

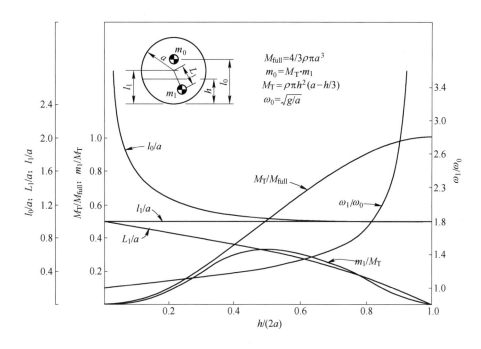

图 10 - 4　球形贮箱的单摆等效动力学模型参数

10. 1. 4　锥形贮箱

任意锥角的贮箱没有等效动力学模型，仅对半锥角为 45° 的贮箱存在模型和参数（图 10 - 5），并且也没有有效转动惯量。

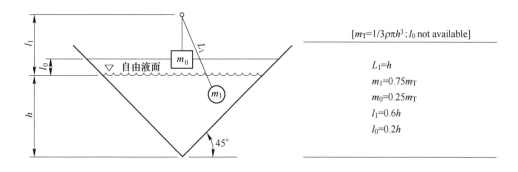

图 10 - 5　45° 锥形贮箱的单摆等效动力学模型

10.2　复杂等效动力学模型

考虑高阶晃动参数的等效动力学模型称为复杂动力学模型（图 10 - 6），其参数的确定和推导只能通过比对动响应的解析解或近似解，一般不采用试验方法，原因在于高阶响应的测试信噪比较低，试验拟合的精度较差。

10.2.1　圆筒贮箱

各阶等效晃动质量为

$$m_n = 2m \frac{r_0}{h} \frac{\tanh(\xi_n h / r_0)}{\xi_n(\xi_n^2 - 1)}$$

式中，m 为液体总重，静止质量 $m_0 = m - \sum_{n=1}^{\infty} m_n$。根据各阶晃动频率，等效弹簧刚度为

$$K_n = 2m \frac{g_z}{h} \frac{\tanh^2(\xi_n h / r_0)}{\xi_n^2 - 1}$$

各阶等效晃动质量与液体质心的距离为

$$h_n = \frac{h}{2} - \frac{r_0}{\xi_n} \tanh\left(\xi_n \frac{h}{2r_0}\right),$$

$$\left\{ h_n = \frac{h}{2} - 2\frac{r_0}{\xi_n} \tanh\left(\xi_n \frac{h}{2r_0}\right)\right.$$

$$\left. ——\text{NASA} - \text{SP} - 106 \right\}$$

静止质量质心位置为

$$h_0 = \frac{1}{m_0} \sum_{n=1}^{\infty} m_n h_n$$

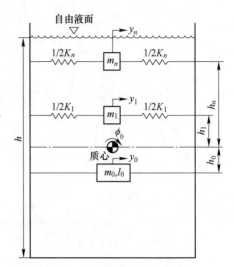

图 10 - 6　贮箱的复杂等效动力学模型

10.2.2　长方体贮箱

各阶等效动力学模型的参数为

$$m_T = \rho w h = \text{单位宽度的液体质量}$$

$$K_n = m_T \left(\frac{4g}{\pi^2 w}\right) \left[\tanh(2n-1)\pi \frac{h}{w}\right]^2$$

$$m_n = m_T \left[\frac{8w}{\pi^3(2n-1)h}\right] \tanh(2n-1)\pi \frac{h}{w}$$

$$m_0 = m_T - \sum_{n=1}^{\infty} m_n$$

$$h_n = \frac{h}{2} - \frac{2w}{(2n-1)\pi} \tanh(2n-1)\pi \frac{h}{2w}$$

$$h_0 = \frac{1}{m_0} \sum_{n=1}^{\infty} m_n h_n$$

10.2.3　轴对称椭球形贮箱

轴对称椭球形贮箱（图 10 - 7）的各阶等效动力学模型参数的确定，是通过近似的瑞利-里兹法推导得出的，表达式比较复杂，主要参数以曲线形式表示，如图 10 - 8～图 10 - 10 所示，图中的 $a = L/R$，为长、短轴长度之比，长轴 L 为旋转轴。$a = 1$ 为球形箱的曲线。

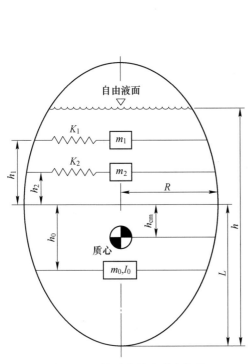

图 10 - 7　轴对称椭球形贮箱的
复杂等效动力学模型

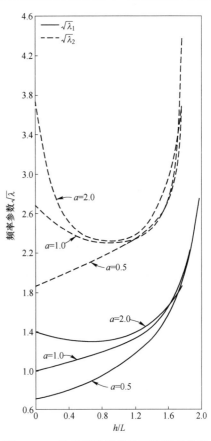

图 10 - 8　椭球形贮箱的前两阶频率曲线

（ $\lambda_n = \omega_n^2 R / g_z$ ）

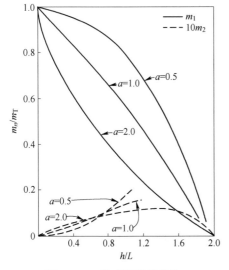

图 10 - 9　椭球形贮箱的前
两阶晃动质量

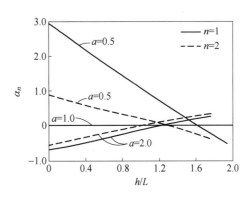

图 10 - 10　椭球形贮箱的前两阶晃动质量位置

（ $h_n = L\alpha_n - g_z / \omega_n^2$ ）

10.3 有阻尼效应的等效动力学模型

前面介绍的是无阻尼晃动的理论和模型，而火箭飞行中的晃动抑制主要采取的措施是增大晃动阻尼，因此在等效动力学模型中应体现出阻尼的影响，在各阶质量-弹簧系统中串入阻尼器（图10-11），阻尼器参数 $C_n = 2\gamma_n\omega_n m_n$，$\gamma_n$ 为各阶晃动模态的阻尼比。光壁贮箱的阻尼与液体的黏度相关，各种形状贮箱的晃动阻尼比为

$$\gamma = C\nu^{1/2} r_0^{-3/4} g_z^{-1/4}$$

C 为与贮箱形状有关的常数，平底圆筒贮箱依据线性理论得出的各阶黏性晃动阻尼比为

$$\gamma_n = Ga^{-0.25} \left[\xi_n \tanh(\xi_n h/r)\right]^{-0.25}$$

$$\left[\frac{\xi_n^2+1}{\xi_n^2-1} + \frac{2\xi_n(1-h/r_0)}{\sinh(2\xi_n h/r_0)}\right]$$

式中，$Ga = \dfrac{g_x r_0^3}{\nu^2}$ 为伽利略数，ν 为液体的运动黏

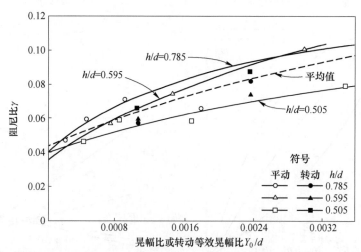

图 10-11　带阻尼器的复杂等效动力学模型

度。一般光壁贮箱的阻尼比为千分之一的量级，不足以保证火箭飞行的控制稳定性，需要在贮箱内壁安装防晃挡板，将晃动阻尼比提高到 $3\%\sim5\%$ 或更高，各种形式和参数的防晃挡板的阻尼比已有完整的试验结果或经验公式（图10-12），不同的运动形式阻尼比有一定的变化，并且随着激励幅值而增大，体现出明显的非线性。

图 10-12　带有锥环挡板的圆筒贮箱的平动和转动阻尼比

10.4 小结

平底圆筒、长方体和球形或椭球形贮箱有完备的等效动力学模型，平底圆环筒和平底

扇形圆环筒贮箱由于存在解析解,也有等效动力学模型,只是表达式比较复杂,本文未列出。其他形式贮箱缺乏完备的等效动力学理论模型,但通过试验和参数识别方法可以获得。只考虑一阶晃动的简单模型可以满足工程设计的需要,二阶以上的晃动质量低于一阶1.5 个数量级,影响不大,并且其参数的试验识别也比较困难,因此考虑二阶以上晃动的复杂模型可以忽略。对于回旋圆管形贮箱,由于某些尺寸组合下二阶晃动响应大于一阶,需要考虑复杂模型。另外,晃动阻尼是火箭飞行稳定性的主要影响因素,等效动力学模型必须包含阻尼器,光壁贮箱的黏性阻尼比在千分之一的量级,一般不满足稳定性要求,需要设置防晃装置,使得阻尼比达到百分之几的数值。

第 11 章 等效动力学模型参数的变化规律和讨论

11.1 模型参数的变化规律

等效动力学模型参数的变化规律以平底圆筒贮箱为例进行研究，各阶等效摆长为

$$\frac{L_n}{r_0} = \frac{1}{\xi_n} \coth\left(\xi_n \frac{h}{r_0}\right)$$

与场加速度无关，单摆模型更适合不同飞行轴向过载条件下的控制稳定性分析，不需要调整模型参数。摆长与液体尺寸的关系如图 11-1 所示，低液位时摆长趋于无穷大，与晃动频率趋于零相对应。摆长在深径比较大时趋近于 r_0/ξ_n，一阶摆长在深径比大于 1.5 后基本恒定，二阶以上摆长在深径比大于 0.5 后恒定，与晃动频率的变化规律一致。

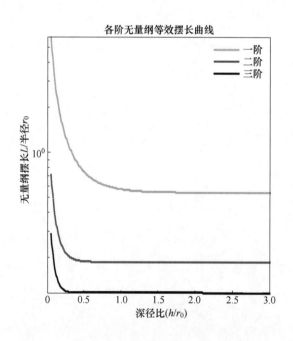

图 11-1 圆筒贮箱的无量纲等效摆长（见彩插）

各阶等效晃动质量（图 11-2）为

$$\frac{m_n}{m} \frac{h}{r_0} = 2 \frac{\tanh(\xi_n h/r_0)}{\xi_n (\xi_n^2 - 1)}$$

低液位时 $\dfrac{m_n}{m} \approx \dfrac{2}{\xi_n^2 - 1}$，$m_1 = 0.84m$，84%的液体为晃动部分，一阶晃动质量在深径比大于 1 后基本恒定，二阶以上晃动质量在深径比大于 0.4 后恒定，一、二阶晃动质量比约为 30，因此二阶以上晃动质量对火箭飞行控制稳定性影响不大，可以忽略，这正是工程中只考虑一阶晃动效应的原因，但对于回旋圆管贮箱，还需要计及二阶晃动效应。

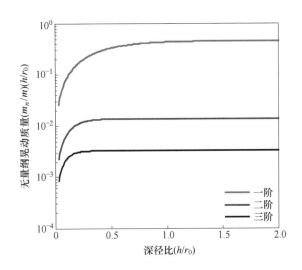

图 11-2　圆筒贮箱的无量纲晃动质量曲线（见彩插）

等效弹簧刚度（图 11-3）为

$$\frac{K_n h}{m g_z} = 2 \frac{\tanh^2(\xi_n h / r_0)}{\xi_n^2 - 1}$$

一阶刚度在深径比大于 1.5 后基本恒定，二阶以上刚度在深径比大于 0.5 后恒定，与频率的变化规律相似，一阶刚度比二阶大 10 倍，而二阶频率比一阶高 70%，正好与一阶晃动质量为二阶的 30 倍相吻合。

各阶晃动质量质心与自由液面的距离为

$$\frac{h_n}{r_0} = \frac{1}{\xi_n} \tanh\left(\xi_n \frac{h}{2 r_0}\right)$$

与横向晃动力与液面的距离相同（图 9-8），低液位时各阶晃动质量中心位于液体质心处，晃动质量在深径比较大时趋近于液面下 r_0/ξ_n 处，一阶晃动质量在深径比大于 2.5 后趋近于液面下 $0.543 r_0$（r_0/ξ_1）处，二、三阶晃动质量在深径比大于 0.5 后分别趋近于液面下 $0.19 r_0$（r_0/ξ_2）和 $0.12 r_0$（r_0/ξ_3）处。

等效摆悬挂点与自由液面的距离为

$$\frac{l_n}{r_0} = \frac{-1}{\xi_n \sinh(\xi_n h / r_0)}$$

摆悬挂点位置曲线如图 11-4 所示，低液位时摆悬挂点位置在液面之上，并且存在奇异性，在深径比较大时摆悬挂点逐渐由液面之上趋近于液面，一阶摆悬挂点在深径比大于 2.5 后趋近于液面，二、三阶摆悬挂点在深径比大于 0.5 后也分别趋近于液面。

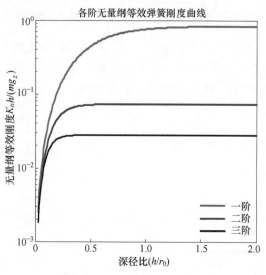

各阶无量纲等效弹簧刚度曲线

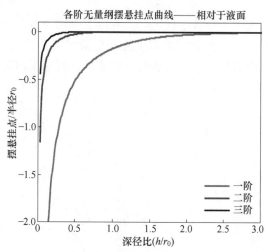

各阶无量纲摆悬挂点曲线——相对于液面

图 11-3　圆筒贮箱的无量纲等效刚度（见彩插）　　　图 11-4　圆筒贮箱的无量纲摆悬挂点位置（见彩插）

11.2　有关横向晃动的两个问题

11.2.1　横向晃动的稳定性

前文的讨论均为无旋的面内晃动，等效模型也是面内运动的弹簧-质量系统和平面摆。对于非轴对称贮箱，横向晃动在受到面外干扰时不受影响；但对于轴对称贮箱，在一定的运动条件下，横向晃动在受到面外干扰时，运动形式会发生变化，例如以晃动频率激励光壁贮箱时，经常会出现面内晃动向旋转晃动的转变，测试信号也有强烈的"拍"，使得数据无效或者参数识别误差很大。

为研究旋转晃动问题，将平面摆的面内约束消除，建立可在两个方向运动的旋转摆表示的有旋晃动的等效力学模型（图 11-5），运动方程为包括三次项的非线性方程，理论分析和试验研究结果（图 11-6）表明，在激励频率接近晃动频率、晃动响应增大到一定

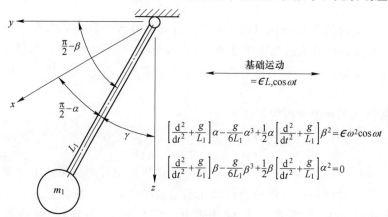

图 11-5　旋转摆的等效力学模型

程度后，面内晃动转变为旋转晃动。图 11-6 给出了三个运动形式区域，中间区域发生旋转运动，两侧区域不发生旋转运动，激励频率是主要影响因素，晃动响应放大是必要条件。

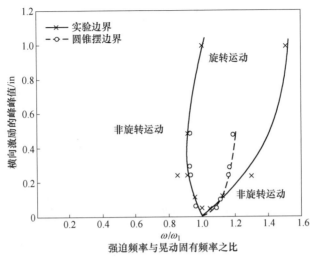

图 11-6　面内横向晃动的稳定域和非稳定域

11.2.2　液体晃动的三个中心

贮箱内液体的物理特性与固体相比存在一些重要的差别，主要体现在平衡状态和运动状态。对于固体，当支承轴穿过质心时，任意的偏转角度都可以保持平衡，当合力作用点穿过质心时，只有平动而没有转动；但对于液体这些特性有所变化，当贮箱由竖立状态偏转一定角度时（图 11-7），部分液体沿箱壁上升，沿纵轴 z 方向的质心位置上移，若支承轴穿过原质心位置时，贮箱将继续偏转丧失平衡状态，支承轴只有穿过上移后的质心位置而不是原质心位置时，偏转状态才能恢复或者维持，这个上移后的质心位置称为液体的稳定中心，表达式为

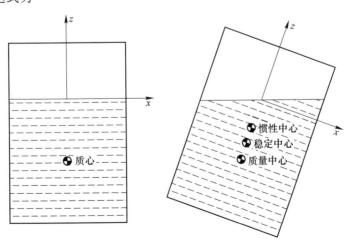

图 11-7　液体的稳定中心和惯性中心

$$x_m = x_c + \rho J_y/m = x_c + \frac{\rho\pi r_0^4}{4\rho\pi r_0^2 h} = x_c + \frac{r_0^2}{4h}$$

式中，x_c 为液体质心位置；$J_y = \pi r_0^4/4$ 为自由液面绕横轴的惯性矩，与质心的距离为

$$\frac{x_m - x_c}{r_0} = \frac{r_0}{4h}$$

当液深为两倍半径时，稳定中心在质心之上 $r_0/8$。稳定中心代表的是静态平衡的支承点，而外力作用在稳定中心时，液体运动并不只有横向平动，还会发生转动，只引起液体横向平动、不发生转动的外力作用点称为液体的惯性中心，惯性中心与液面的距离为

$$L_m = \frac{m_{\omega 0}}{2m_{p0}} h$$

式中，m_{p0} 为平动静止质量，表达式与 m_0 相同；$m_{\omega 0}$ 为转动静止质量，表达式为

$$\frac{m_{\omega 0}}{m} = 1 - \left[1 - \sum_{n=1}^{\infty} \frac{8}{\cosh(\xi_n h/r_0)\xi_n^2(\xi_n^2 - 1)}\right] \cdot \left(\frac{r_0}{h}\right)^2$$

惯性中心（图 11 - 7）不仅在外力通过时只发生平动，而且绕惯性中心的转动惯量是液体有效转动惯量的最小值。液体的惯性中心与质心的距离如图 11 - 8 所示，在深径比为 2 时惯性中心位于质心处，在深径比小于 2 时惯性中心位于质心之下，随着深径比增大逐渐趋近于质心之上 $0.23r_0$。

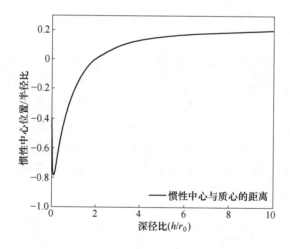

图 11 - 8　液体的惯性中心与质心的距离

11.3　低重力下的晃动等效动力学模型

　　低重力下的液体晃动等效动力学模型形式与常重力相同，只是需要考虑自由液面的表面张力效应。由于箱壁与液面存在小于 90° 的接触角，未扰动液面不再为平面，改为轴对称的弯月形表面，晃动频率略有增大，平底圆筒贮箱低重力下的晃动频率为

$$\omega_n^2 = \frac{g_z}{r_0}\left(\xi_n + \frac{\xi_n^3}{B_0}\right)\tanh\left(\xi_n \frac{h}{r_0}\right)$$

晃动质量为

$$m_n = 2m \frac{r_0}{h} \frac{\tanh(\xi_n h / r_0)}{\xi_n (\xi_n^2 - 1)} \left(1 - \frac{\xi_n^2}{BoFr} \right)$$

式中，Bo 为表征液体表面张力效应的无量纲参数——邦德数；Fr 为表征液体重力效应的无量纲参数——弗劳德数，其意义在下一节中介绍。晃动质量的质心位置与常重力相同，等效弹簧刚度的关系式仍为 $K_n = m_n \omega_n^2$。

第 12 章　晃动试验的相似理论

结构试验由于相似理论不成立，或者成本和效果不适宜，大多采用实物试验，而流体试验大多依据相似理论，采用缩比模型试验，可以满足工程分析的需要。晃动试验由于不存在与贮箱的流固耦合效应，并且是不可压的低速液体运动，更适宜于开展相似的缩比模型试验，其试验结果、数据和规律完全可应用于工程实践中。

12.1　流体的力学相似

流体的力学相似要求是指缩比流场与实际流场存在比例关系，包括：

1）几何相似（包括流场的边界条件相似）：两流场中对应长度成同一比例。

2）运动相似：两流场中对应点上速度成同一比例，方向相同。

3）动力相似：两流场中对应点各同名力成同一比例，方向相同。

12.2　流体的相似准则

缩比流场与实际流场流动现象相似的充分必要条件是：两力学现象应满足同一微分方程，且具有相似的边界条件及初始条件。

应用量纲分析法，得到以下相似准数：

（1）雷诺数 $Re = \dfrac{VL}{\nu} = \dfrac{\text{特征速度} \times \text{特征长度}}{\text{运动黏度}}$

雷诺数表示惯性力与黏性力之比，可以表征流场状态，低雷诺数为层流，高雷诺数为湍流，中间为过渡区。雷诺数相似是各种流体试验的基本相似要求，缩比流场流动现象黏性力相似，应使两流动现象的雷诺数在同一区域，以达到自模相似，能放松对雷诺数相似的限制。

（2）弗劳德数 $Fr = \dfrac{V^2}{g_z L}$

弗劳德数表示惯性力与重力之比，运动特征受重力控制时，要求缩比流场重力相似，使缩比试验的 Fr 相等，常用于高重力环境液体出流和晃动试验中，但两种试验弗劳德数的表达形式不同，出流试验通过调节模拟流量来满足相似条件，$Fr = \dfrac{Q^2}{g_z L^5}$；晃动试验按弗劳德数相等，将地面晃动频率换算为飞行状态的晃动频率，$Fr = \dfrac{\omega^2 L}{g_z}$。另外，失重晃动波幅放大也基于弗劳德数相等，表达式变为 $Fr = \dfrac{\eta}{L}$，η 为晃动幅度。

（3）伽利略数 $Ga = \dfrac{g_z L^3}{\nu^2}$

伽利略数表示重力与黏性力之比，是光壁贮箱黏性阻尼的相似参数，一般的晃动计算由于流动的雷诺数不高，不影响流动特性，因此只需要保证弗劳德数和伽利略数相似就可以了。

（4）邦德数 $Bo = \dfrac{\rho g_z L^2}{\sigma}$

邦德数表示重力与表面张力之比，在低重力下表面张力控制液体运动时，邦德数是缩比模型试验的相似参数，主要用于低重力下的液体重定位和液面静平衡，邦德数大于 100 时可以不计表面张力效应。

（5）韦伯数 $We = \dfrac{\rho V^2 L}{\sigma}$

韦伯数表示惯性力与表面张力之比，表征低重力下的液体运动特性，是液体重定位和泉涌现象的控制参数，也是低重出流试验的相似参数。

12.3　相似理论在液体晃动试验中的应用

缩比流场满足全部动力和运动相似准则时，可以确定与实际流场相似。但在工程实际中全相似难以做到，对各种具体问题，只需考虑对流动起主导作用的相似准则，忽略次要因素的相似准则，则既容易满足试验条件，又可得到正确的、适用的试验结果，满足工程设计的需要。

地面晃动试验条件与火箭飞行环境差异很大，导致等效动力学模型的参数有变化，要使地面试验结果能应用于在轨飞行状态，试验必须满足一定的相似条件。

（1）几何相似条件

由于火箭贮箱尺寸很大，不宜采用 1：1 模型进行试验，可以采用几何相似模型进行晃动试验，综合考虑试验成本与精度，选用适当比例的缩比模型，可以适应现有的试验能力，并且能分析缩比的误差。

（2）刚度相似条件

火箭贮箱对于液体晃动问题可以认为是刚性的，模型贮箱由于地面加速度小于飞行加速度，并且是缩比件，因此其刚度比实际贮箱大得多，能够保证试件在晃动试验时不产生变形。

（3）弗劳德数 Fr 相似

Fr 反映了场加速度对晃动特性的影响，由于试件为缩比模型，地面加速度与飞行加速度有较大的差别，导致试验的晃动频率与飞行时不一致。通过 Fr 相等，利用无量纲频率 $f_1/\sqrt{g_z/r_0}$ 可以将地面的试验结果换算到飞行环境。

（4）邦德数 Bo 相似

Bo 较大时，场加速度对晃动特性的影响大于表面张力的影响，当 $Bo > 100$ 时可以不考虑表面张力的影响，Bo 相等的条件可以放松。当 Bo 较小时，不能忽略表面张力的影响，表面张力对晃动频率和阻尼均有一定的影响。对于运载火箭，Bo 远远大于 100，不

需要考虑 Bo 相似，而地面缩比模型试验的 Bo 也远大于 100，能够适应不考虑 Bo 的要求。

（5）伽利略数 Ga 相似

Ga 反映液体黏性对晃动的影响，主要体现在对光壁贮箱晃动阻尼的影响，对其他参数基本没有影响。由于光壁贮箱液体晃动阻尼与 Ga 有确切的关系，因此试验时可以不满足 Ga 相等，只需对阻尼系数进行适当的修正。防晃装置产生的阻尼与 Ga 无关，并且比液体黏性阻尼大一个数量级以上，因此对于带防晃装置的贮箱晃动试验可以不考虑 Ga 相似。

（6）雷诺数 Re 相似

Re 用来表征物体周围流场的性质，是衡量流场中黏附物体表面边界层厚度和层流向湍流转变的参数。小尺度物体处于低流速、高黏性流体中时，将形成层流流场，反之则形成湍流流场，一般 Re 超过 $3×10^5$ 时，达到超临界范围，形成湍流流场，流场形态此时只与 Re 的范围有关，与具体的数值无关。Re 相同时，不同尺度的流场相似，即速度场是相似的。对于贮箱液体运动问题，Re 是带防晃装置贮箱内液体强迫晃动和转动的相似参数。对于强迫晃动，挡板附近为强湍流场，已处于超临界范围，模型试验只要达到超临界范围，可不对 Re 做要求。

（7）相似条件分析

根据上述相似条件和试验要求，试验模型可以保证几何和刚度相似要求。根据 Fr 相似的条件，可以将不同状态下的晃动频率相互换算。

从 Bo 的范围看，各种状态下 Bo 远远大于 100，可以不考虑表面张力的影响，因此可放松对 Bo 的限制。

Ga 只影响光壁贮箱的黏性晃动阻尼，对其他参数基本没有影响。由于贮箱液体安装防晃装置的阻尼与 Ga 无关，比黏性阻尼大一个数量级以上，因此不考虑 Ga 相似。

Re 对于防晃挡板附近的液体流场类型有影响，若 Re 达到超临界范围，可放宽 Re 相似的要求。

综上所述，常重力缩比模型晃动试验可以满足试验要求，只要做到几何相似，其他相似要求自动满足。

12.4　地面试验结果与轨道飞行条件下模型参数的关系

在地面试验模型贮箱的安装方式和晃动方向与火箭飞行状态相对应的条件下，模型和实物等效动力学模型参数存在一系列的无量纲不变参数，晃动频率为

$$f_1\sqrt{\frac{r_0}{g_z}} = \varphi_1(h/r_0, A_0/r_0)$$

式中，h 为充液高度，晃幅 A_0 较小时对频率无影响，晃幅 A_0 较大时频率略微降低。液体的晃动阻尼为

$$\xi_1 = \varphi_2(h/r_0, A_0/r_0, Ga)$$

式中，Ga 为不同重力环境下的 Ga，只对黏性阻尼有影响。液体晃动质量和有效转动惯量只与充液高度有关，算式为

$$\frac{m_1}{\rho r_0^3} = \varphi_3(h/r_0) \quad , \quad \frac{J}{\rho r_0^5} = \varphi_4(h/r_0)$$

式中，ρ、r_0 为液体的密度和贮箱半径。等效晃动质量的位置和稳定中心的位置只与充液高度有关，分别为

$$h_s/r_0 = \varphi_5(h/r_0), \quad x_m/r_0 = \varphi_6(h/r_0)$$

摆模型的摆长与晃动频率等价，可写为

$$L_1/r_0 = \varphi_7(h/r_0)$$

对于共振衰减试验，晃动力和晃动力矩为

$$\frac{F}{\rho g_z r_0^3} = \varphi_8\left(h/r_0, \ \frac{A_0}{r_0}, \ Fr, \ Ga\right)$$

$$\frac{M}{\rho g_z r_0^4} = \varphi_9\left(h/r_0, \ \frac{A_0}{r_0}, \ Fr, \ Ga\right)$$

对于强迫振动，晃动力和晃动力矩为

$$\frac{F}{\rho g_z r_0^3} = \varphi_{10}\left(h/r_0, \ \frac{u_0}{r_0}, \ \omega t, \ Fr, \ Re\right)$$

$$\frac{M}{\rho g_z r_0^4} = \varphi_{11}\left(h/r_0, \ \frac{u_0}{r_0}, \ \omega t, \ Fr, \ Re\right)$$

式中，ω 为激励圆频率；u_0 为激励振幅。

通过以上这些关系式，可将一些与试验和飞行环境有关的参数换算到轨道飞行状态，另外一些参数与环境无关，可以直接引用。

第13章 晃动试验方法

13.1 晃动试验装置

试验装置有各种形式，只要能够实现变频正弦激励和高精度测量即可，一般以平动激励为主，可以采用带导轨小车或滑台方式，也可采用比较容易实施的悬挂方式，如图 13-1 所示。搭建一个较高试验支架，悬挂长度应远大于晃动激励位移，以保证贮箱平动，悬挂摆角不超过 2°。用四根拉杆将方框悬挂起来，拉杆中间串接称重传感器，方框纵梁为支承梁，此梁沿晃动方向布置，并且可调整间距，梁的中部安装 "Ⅱ" 形传感器，将试件固定在传感器上，试件纵轴 X 轴向上。不建议在驱动杆中串接力传感器，因为大刚度的方框会带来较大的呆重惯性力，降低晃动力测量的信噪比，并且还需要通过拉杆的称重传感器测量晃动力矩，信噪比也较低。方框前横梁与推拉台驱动杆连接，传递横向运动，驱动杆中间串接离合制动装置。方框后横梁与位移传感器相连，可以测量试件的水平运动。

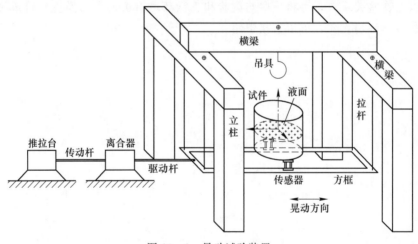

图 13-1 晃动试验装置

13.2 试验件

试验件为缩比的有机玻璃模型，一般直径在 500mm 以下的小模型可用有机玻璃整体压制或者粘接而成，直径在 1m 以上时采用有机玻璃与铝合金外骨架的混合结构。有机玻璃模型由上下封头和柱段组成，封头和柱段用法兰连接，对接面需要设计承力铝框，便于安装到试验方框和测力传感器上。

试验模型包括上下封头和柱段，封头的形式大多为椭球形或者球形。对于大模型，其生产工艺比较复杂，但目前工艺与设计已经成熟，并且有稳定的材料供应与配套生产厂家。大模型封头由一块椭球冠和八块椭球瓣粘接而成，在所有的接缝和椭球封头端面的外侧粘贴有机玻璃条，在端面外侧的有机玻璃条上加装角铝端框，在球冠周边接缝的有机玻璃条上加装铝锥环板，并在环板内圈焊接支承短柱段，在所有的球瓣接缝的有机玻璃条上加装 T 形铝材，将整个铝框架对焊形成承力结构，采用埋头螺钉将有机玻璃条与铝框架连接在一起。柱段部分由四块 90°圆心角的有机玻璃曲板粘接而成，在所有接缝和上、下端面外侧面粘贴有机玻璃条，在上、下端外侧的有机玻璃条上加装角铝框，在四条曲板接缝处的有机玻璃条上加装 T 形铝材，将铝框架对焊成一个整体，采用埋头螺钉将铝框架与有机玻璃条连成一体。在柱段端面设有密封槽，安装“O”形橡胶密封圈，用螺栓将各个部件连成一体（图 13 - 2）。

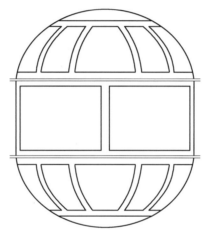

图 13 - 2　贮箱结构形式

13.3　试验系统

晃动试验系统由激励、支承、吊装、试件、液体加泄、测量和摄像等分系统组成（图 13 - 1），晃动激励可以采用液压缸，也可以采用机械式偏心轮推拉台，激励频率为 0～5Hz，位移不小于 50mm，推力不小于 10kN，传动装置将试件和推拉台相连，内含离合和制动装置；支承装置可以进行试件的安装、起吊、称重和翻转操作；加注、排泄液体采用小型水泵通过软管将液体注入和抽出贮箱；摄像系统主要由摄像机、视频卡、图像编辑程序、光刻机和计算机组成。

13.4　测量方法

试验中要测量的参数主要有三个：一个是贮箱的晃动位移，另外两个是液体晃动产生的力和力矩，这里的力和力矩包含晃动质量和静止质量共同产生的合力。测量位移需选用差动变压式或者激光位移传感器，量程不小于±20mm，安装在方框后横梁上。力和力矩使用"Π"形传感器（图 13-3），此类传感器没有现成的、可满足试验需要的成品，只能根据力和力矩以及试验件总重量进行设计。传感器既要有一定的安全系数，又要有足够大的灵敏度，还要有一定的刚度，以保证试验装置的频响性能。传感器的材料选用 7 系列超硬铝，超硬铝具有模量低、应变大、信噪比高、强度高、线性范围大的特点。对传感器的设计要求如下：

1）最大晃动力引起的应力为 σ_s 的 1/8。

2）最大晃动力矩引起的应力也为 σ_s 的 1/8。

3）试验系统的固有频率在 10Hz 以上。

4）最大应力不超过 σ_s 的 1/3。

5）轴向压应力不超过临界应力的 1/3，即

$$\frac{3P_F H}{4Wt^2} = \frac{1}{8}\sigma_s$$

$$\frac{M_B}{2WtD} = \frac{1}{8}\sigma_s$$

$$\frac{4Et^3 W}{MH^3} = \omega_0^2 \geqslant 400\pi^2$$

$$\frac{mg}{4Wt} + \frac{3P_F H}{4Wt^2} + \frac{M_B}{2WtD} \leqslant \frac{1}{3}\sigma_s$$

$$\sigma_{\mathrm{com}} = \frac{mg}{4Wt} + \frac{M_B}{2WtD} \leqslant \frac{1}{3}\sigma_{cr} = \frac{\pi^2 Et^2}{36H^2}$$

由前 4 式可求出"Π"形传感器立柱间距、高度和立柱宽度、厚度，由第 5 式判断是否存在失稳问题。

在"Π"形传感器的两个立柱粘贴八片应变片（图 13-3），在中间高度每个立柱的内、外面各粘贴一片竖向应变片，在根部每个立柱的内外面再各粘贴一片竖向应变片，测量晃动力的桥路如图 13-4 所示，测量晃动力矩的桥路如图 13-5 所示。两种桥路的应变均为所测应变的 4 倍，可以提高传感器的灵敏度。

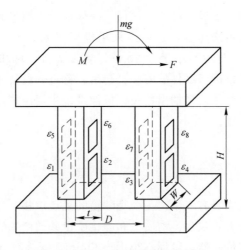

图 13-3 "Π"形传感器示意图

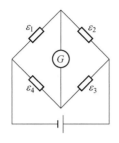 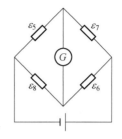

图 13-4　测力桥路图　　　　图 13-5　测力矩桥路图

对于晃动面为贮箱对称面的试验，测量时将贮箱两侧的两个传感器对应测点并联，可获得两个传感器的平均值。对于非对称贮箱，可单独测量两个传感器的载荷，给出载荷的偏心率。由于传感器加工的尺寸误差和应变片位置和方向的偏差，传感器的力测点和力矩测点不可能完全解耦，力矩会在测力桥路产生应变，力会在力矩测量桥路产生应变，因此有

$$\varepsilon_F = K_F F + C_{MF} K_M M$$
$$\varepsilon_M = C_{FM} K_F F + K_M M$$

式中，K_F、K_M 为传感器的力和力矩灵敏度；C_{MF}、C_{FM} 为耦合系数。设 $K'_F = \dfrac{\varepsilon_F}{F}$、$K'_M = \dfrac{\varepsilon_M}{M}$ 为测量灵敏度，可通过标定给出，与力和力矩的比值有关，由上式可得

$$K'_F = K_F + C_{MF} K_M L$$
$$K'_M = C_{FM} \frac{K_F}{L} + K_M$$

式中，L 为加力线与传感器中心面的距离，即力臂长度。通过两种力臂长度，可得出两组测量灵敏度，即

$$K'_{F_1} = K_F + C_{MF} K_M L_1$$
$$K'_{F_2} = K_F + C_{MF} K_M L_2$$
$$K'_{M_1} = C_{FM} \frac{K_F}{L_1} + K_M$$
$$K'_{M_2} = C_{FM} \frac{K_F}{L_2} + K_M$$

由此结果可确定传感器的灵敏度和耦合系数为

$$K_F = \frac{K'_{F_1} L_2 - K'_{F_2} L_1}{L_2 - L_1}, \quad K_M = \frac{K'_{M_2} L_2 - K'_{M_1} L_1}{L_2 - L_1}$$
$$C_{MF} = \frac{K'_{F_2} - K'_{F_1}}{K'_{M_2} L_2 - K'_{M_1} L_1}, \quad C_{FM} = \frac{K'_{M_2} - K'_{M_1}}{K'_{F_2} L_1 - K'_{F_1} L_2} L_1 L_2$$

根据上式和桥路应变可得到力和力矩为

$$F = \frac{\varepsilon_F - C_{MF} \varepsilon_M}{K_F (1 - C_{MF} C_{FM})}, \quad M = \frac{\varepsilon_M - C_{FM} \varepsilon_F}{K_M (1 - C_{MF} C_{FM})}$$

此为传感器的本构关系。

13.5　晃动试验方法

进行强迫晃动试验时采用定位移激励，启动晃动台，调节晃动频率，待运动平稳后开始记录试件的晃动位移、力和力矩的时间历程，同时对液体的晃动过程进行摄像，记录数十个振动周期后停止；根据记录的时间历程数据计算晃动位移、力和力矩的幅值、相位和频率，并估计频响函数值；改变晃动频率后重复进行记录，直至完成所有频率点的试验，试验频率要覆盖0.5～2倍的一阶晃动频率。

进行共振衰减晃动试验时，启动晃动台，调整晃动频率至液体一阶晃动频率，待晃幅达到一定幅度后将方框与推拉台脱离后锁定，记录晃动力的时间历程数据，计算晃动阻尼系数和晃动频率，重复5～7次。

两块和三块半圆形挡板的安装方位如图13-6所示，这是晃动阻尼最小的方向。

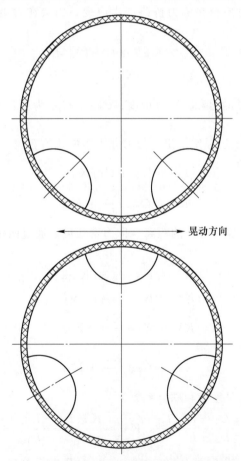

晃动方向

图13-6　两块和三块半圆形挡板的安装方位

第14章 晃动模型参数的识别方法

贮箱内液体的晃动问题在数学上与一组线性振子的振动问题等价，因此可用一组连接在贮箱的弹簧-质量-阻尼器振子等效，也可用有阻尼单摆来等效，效果相同。这种等效动力学模型有两方面的优点：一是便于控制系统建立稳定性分析模型，二是对于带防晃装置贮箱，晃动问题没有理论解，或理论解误差较大，此时等效力学模型仍然适用，但是模型参数无法得到理论解，只能通过晃动试验来获取。

安装在晃动台测力基础上的等效动力学模型如图 14 - 1 所示，设空贮箱的质量为 m_T，质心高度（相对于测力计的力矩零线位置）为 h_T，m_0、h_0 分别为液体静止部分的质量和质心高度，m_i、c_i、L_i 和 h_i 分别表示第 i 阶液体晃动的晃动质量、等效黏性阻尼系数、等效单摆长度和单摆悬挂点高度，贮箱的晃动位移为 U，第 i 阶晃动质量相对贮箱的位移为 U_{ri}，其运动方程为

$$m_i \ddot{U}_{ri} + c_i \dot{U}_{ri} + m_i \frac{g_z}{L_i} U_{ri} = -m_i \ddot{U}$$

令 ω_i 和 γ_i 为第 i 阶晃动的固有频率和阻尼比，则有

$$\ddot{U}_{ri} + 2\gamma_i \omega_i \dot{U}_{ri} + \omega_i^2 U_{ri} = -\ddot{U} \tag{14-1}$$

第 i 阶晃动产生的晃动力和晃动力矩为

$$F_{si} = -m_i \frac{g_z}{L_i} U_{ri} - c_i \dot{U}_{ri} = m_i \ddot{U} + m_i \ddot{U}_{ri} \tag{14-2}$$

$$M_{si} = F_{si} h_i = m_i h_i (\ddot{U}_{ri} + \ddot{U}) \tag{14-3}$$

在水平激励 U 的作用下，贮箱的力和力矩平衡方程为

$$F = (m_T + m_0)\ddot{U} + \sum_{i=1}^{n} m_i(\ddot{U}_{ri} + \ddot{U})$$

$$M = (m_T h_T + m_0 h_0)\ddot{U} + \sum_{i=1}^{n} m_i h_i(\ddot{U}_{ri} + \ddot{U})$$

令，$m = m_T + m_0 + \sum_{i=1}^{n} m_i$，$h_m = \left(m_T h_T + m_0 h_0 + \sum_{i=1}^{n} m_i h_i\right)/m$，分别为贮箱和液体的总质量和质量中心，将上式改写为

$$F = m\ddot{U} + \sum_{i=1}^{n} m_i \ddot{U}_{ri} \tag{14-4}$$

$$M = m h_m \ddot{U} + \sum_{i=1}^{n} m_i h_i \ddot{U}_{ri} \tag{14-5}$$

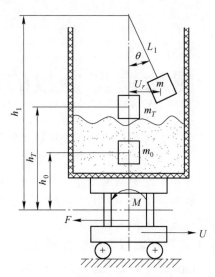

图 14 - 1　液体晃动等效动力学模型

14.1　晃动衰减试验

对于晃动衰减试验，$\ddot{U}=0$，晃动以一阶为主，晃动力的时间历程为衰减振荡曲线

$$F(t) = F_0 e^{-\omega \gamma t} \cos(\omega t + \varphi)$$

峰、谷值点处有 $\dfrac{dF}{dt}=0$，即 $\omega t_n + \varphi = n\pi - \arctan\gamma$，　$t_n = \dfrac{n\pi - \varphi - \arctan\gamma}{\omega}$，而峰、谷值为

$$F_n = F_0 e^{-\omega\gamma t_n} \cos(n\pi - \arctan\gamma) = (-1)^n \cos(\arctan\gamma) F_0 e^{-\omega\gamma t_n} = \frac{(-1)^n F_0}{\sqrt{1+\gamma^2}} e^{-\omega\gamma t_n}$$

由 t_n 可得：$\Delta t_n = t_{n+1} - t_n = \dfrac{\pi}{\omega}$，$\omega = \dfrac{\pi}{\Delta t_n}$。为消除零漂的影响，采用峰、谷值之差（振幅差分）来求曲线参数，并用振幅差分加权求值，振幅差分为

$$\Delta_n = F_n - F_{n+1} = (-1)^n \frac{F_0}{\sqrt{1+\gamma^2}} (1 + e^{-\gamma\pi}) e^{-\omega\gamma t_n}$$

阻尼为

$$\gamma_n = \frac{1}{\pi} l_n \left(-\frac{\Delta_n}{\Delta_{n+1}} \right)$$

平均阻尼按振幅差分的几何均值加权可得

$$\overline{\gamma} = \frac{\dfrac{1}{\pi} \sum \ln(-\Delta_n / \Delta_{n+1}) \sqrt{|\Delta_n \Delta_{n+1}|}}{\sum \sqrt{|\Delta_n \Delta_{n+1}|}}$$

圆频率可改用下式计算

$$\omega = \pi \frac{\sum \Delta_n}{\sum \Delta t_n \Delta_n}$$

当信号中含有线性趋势项时，可采用振幅的二阶差分进行参数估计。晃动质量的摆点高度为

$$h_1 = \frac{1}{N} \sum_{k=1}^{N} \frac{M_k}{F_k}$$

式中，M_k 为力矩曲线的第 k 个峰值。

希尔伯特变换方法也是处理单频振动衰减信号的有力工具，并且可以给出缓慢变化的频率曲线和非线性阻尼曲线。希尔伯特变换的定义为

$$f(\tau) = \frac{1}{\pi} \int_{-\infty}^{\infty} \frac{F(t)}{\tau - t} dt$$

逆变换的定义为

$$F(t) = \frac{1}{\pi} \int_{-\infty}^{\infty} \frac{f(\tau)}{t - \tau} d\tau$$

通过希尔伯特变换可将振荡衰减曲线 $A\exp\{-\gamma(t)[\theta(t)-\theta(0)]\}\cos\theta(t)$ 的相位滞后 90°，变换为 $A\exp\{-\gamma(t)[\theta(t)-\theta(0)]\}\sin\theta(t)$，由希尔伯特变换和原信号的相位可得到振动衰减信号的相频曲线 $\theta(t)$，由希尔伯特变换和原信号的模可得到振动衰减信号包络线 $A\exp\{-\gamma(t)[\theta(t)-\theta(0)]\}$，这里的阻尼比可以是时间的函数，不需要做常数假定，能够识别时变系统的参数。将相频曲线做多项式拟合

$$\theta(t_i) = \sum_0^n a_k t_i^k$$

得到系数 $a_k(k=0,\cdots,n)$，将上式求导，可得瞬时圆频率曲线的识别结果

$$\omega(t) = \sum_1^n a_k k t^{k-1}$$

一般情况下圆频率曲线的变化不大，随时间有小的增加趋势。将包络线求对数，再做多项式拟合

$$\ln A - \gamma(t_i)[\theta(t_i)-\theta(0)] = \sum_0^n b_k t_i^k$$

得到系数 b_k $(k=0,\cdots,n)$，去掉多项式的常数项，再除以相位之差 $\theta(t_i)-\theta(0)$，即可得到阻尼比曲线

$$\gamma(t) = -\frac{\sum_1^n b_k t_i^k}{\sum_1^n a_k t^k}$$

阻尼比曲线变化较大，主要的影响因素是振幅，比较合理的方法是将频率曲线 $\omega(t)$ 和阻尼比曲线 $\gamma(t)$ 做速度加权平均，而频域中的传递函数方法给出的是没有加权的平均结果。

从上面的推导可以看出，希尔伯特变换方法能给出连续的振幅、频率和阻尼曲线，峰值法只能给出一个周期或数个周期的平均结果，并且存在峰值点的插值定位误差，而希尔

伯特变换方法不存在此问题，并且计算和编程更方便，计算结果更全面和准确。图 14 - 2～图 14 - 4 给出了不锈钢圆筒壳在水中自由衰减振动的时变频率和阻尼识别曲线，可以看出，随着振幅的减小，频率在缓慢提高，而阻尼比则明显降低，体现了较强的阻尼非线性。

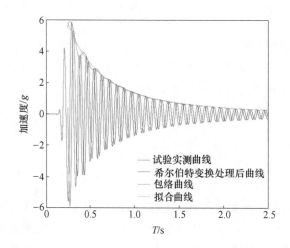

图 14 - 2　圆筒壳在水中振动衰减曲线、希尔伯特曲线、包络曲线及拟合曲线（见彩插）

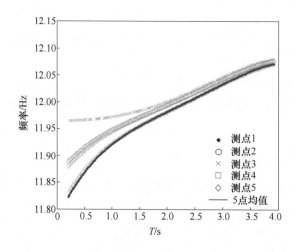

图 14 - 3　圆筒壳在水中振动各个测点的频率-时间曲线（见彩插）

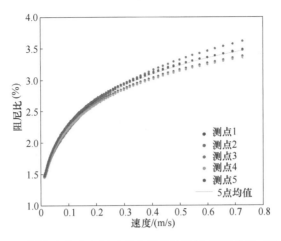

图 14 - 4　圆筒壳在水中振动各个测点的阻尼-速度曲线（见彩插）

14.2　强迫晃动试验

对于强迫晃动，设贮箱的水平位移为

$$U = U_0 e^{j\omega t}$$

代入式（14 - 4）和式（14 - 5）中并进行频域变换得传递函数

$$H_F(\omega) = \frac{F(\omega)}{-\omega^2 U(\omega)} = m + \sum_{i=1}^{n} m_i \frac{\omega^2}{\omega_i^2 - \omega^2 + j2\gamma_i \omega_i \omega}$$

$$H_M(\omega) = \frac{M(\omega)}{-\omega^2 U(\omega)} = mh + \sum_{i=1}^{n} m_i \frac{h_i \omega^2}{\omega_i^2 - \omega^2 + j2\gamma_i \omega_i \omega}$$

一阶晃动为主时，根据 $F(\omega)$、$M(\omega)$ 和 $U(\omega)$ 的实测结果，采用各种曲线拟合方法可求出贮箱总质量 m、总质量中心 h、晃动质量 m_1、晃动频率 ω_1、晃动质量的悬挂点高度 h_1 和阻尼比 γ_1，由此可获得等效动力学模型的全部参数。

对于摆模型，摆长并不是独立的参数，可由 ω_1 和 g_z 表示

$$L_1 = \frac{g_z}{\omega_1^2}$$

即可用摆长代替晃动频率，此时晃动质量的质心位置为

$$h_1 - L_1 = \frac{1}{N} \sum_{k=1}^{N} \frac{M_k}{F_k} - \frac{g_z}{\omega_1^2}$$

从晃动力的传递函数看，与多自由度表征的结构力激励振动传递函数

$$H_S(\omega) = \sum_{i=1}^{n} m_i \frac{\omega^2}{\omega_i^2 - \omega^2 + j2\gamma_i \omega_i \omega}$$

相比晃动方程多了一项总质量项 m，这正体现了晃动与振动的区别，也就是基础激励和力激励振动响应的区别，从频响特性上更容易看出两种系统的特点。晃动系统的反共振峰与共振峰成对出现，并且共振峰位于反共振峰之前，振动系统的反共振峰比共振峰少一个，并且反共振峰位于共振峰之前（图 14 - 5）；从图 14 - 6 的相频曲线看，晃动系统在各

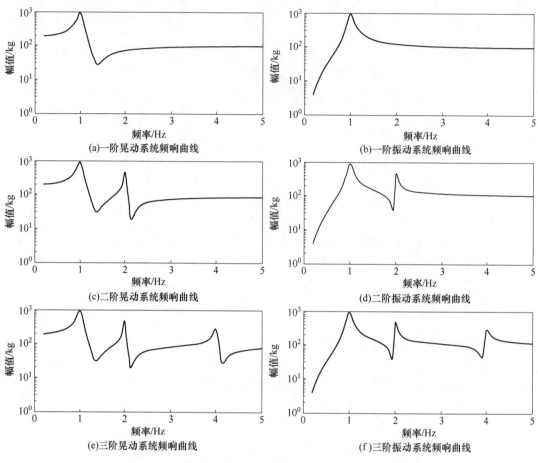

图 14-5　晃动和振动的幅频函数

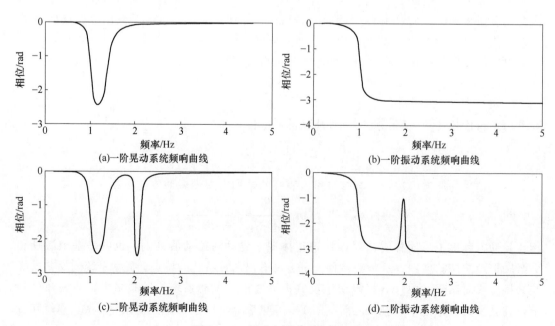

图 14-6　晃动和振动的相频函数

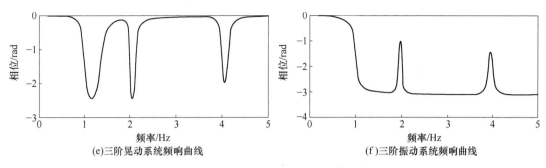

(e)三阶晃动系统频响曲线　　　　　　　　　(f)三阶振动系统频响曲线

图 14 - 6　晃动和振动的相频函数（续）

阶共振频率处相位由 0 变为 $-\pi$，在反共振频率处相位由 $-\pi$ 变回 0，在各阶频率之间相位均为 0；振动系统在一阶共振频率处相位由 0 变为 $-\pi$，在各阶反共振频率处相位由 $-\pi$ 变为 0，然后在共振频率处相位由 0 变回 $-\pi$，在各阶频率之间相位均为 $-\pi$。

第 15 章 防晃挡板的形式和阻尼特性

贮箱内液体晃动的特性取决于贮箱结构形式，因此防晃设计的实质是根据晃动稳定条件选择适当的贮箱几何形状和内部结构。对于不同的飞行器或飞行状态，晃动稳定条件不同，防晃要求也不同，而贮箱结构形式的选择还受到其他总体要求的影响，因此贮箱防晃设计随总体设计要求的不同而改变。针对不同的防晃要求，在贮箱结构设计中采取相应的、有效的防晃措施是贮箱防晃设计必须考虑的主要问题。

液体防晃设计是通过改变液体晃动特性参数（如晃动频率、质量、阻尼等）实现晃动稳定条件，对此可在贮箱结构设计上采用多种技术途径实现，但每种途径均有其适用范围。液体贮箱防晃设计的技术途径如下：

1) 改变液体晃动频率，使其与飞行器刚体运动和控制频率不耦合。

2) 减小液体晃动质量，使晃动力和晃动力矩减小。

3) 提高液体晃动阻尼比，使飞行器闭环控制的稳定裕度增大或发散速率降低。

4) 改变晃动质量的位置，以消除飞行器由于液体晃动产生的不稳定。

由于飞行器总体要求及贮箱结构强度和制造工艺等限制，对于实际贮箱的防晃设计，只能选择上述技术途径的一部分。在贮箱结构设计需满足防晃要求时，主要有以下两类方法：

1) 改变贮箱的结构形状或尺寸。

2) 在贮箱内安装防晃阻尼装置。

15.1 液体晃动的结构控制

液体晃动参数特别是晃动频率和晃动质量主要取决于贮箱的结构形式，因此通过改变贮箱结构形式是防晃设计可以考虑的技术途径。液体晃动的结构控制主要有两种方法：一是改变贮箱几何形状和尺寸，二是在贮箱内部采用各种分隔装置。

利用各种计算和试验方法可以得到不同几何形状的贮箱内液体晃动频率和晃动质量等参数随充液比的变化关系，对于光滑贮箱，一阶晃动模态占主导地位（水平放置回旋圆管贮箱除外），其晃动参数可通过选择不同的贮箱几何形状予以改变，因此可以通过贮箱形状设计使晃动频率、晃动质量及位置满足晃动稳定条件。但在实践中这种方法受到很大限制，主要原因一是改变贮箱形状时会影响多个晃动参数，而晃动稳定条件中各晃动参数的不同要求可能无法同时满足；二是贮箱形状受总体要求、结构强度等限制，可供改变的余地不大。相比而言，这种方法对于高度较小的贮箱防晃设计较为有效。

改变贮箱形状进行晃动参数控制的另一种方法是改变贮箱特征尺寸。在大型飞行器贮箱设计时就常用多个相互连通的小尺寸贮箱代替大尺寸贮箱。考虑 n 个连通的平底圆柱形贮箱，当各贮箱内液体同步消耗时，在总充液量和充液高度相同的条件下，随着贮箱数

量 n 增加，晃动频率增大而晃动质量减小，对防晃设计有利，但代价是贮箱结构质量增大，因此在使用时应权衡利弊。

避免频率耦合的主要措施是提高晃动频率。当贮箱形状受总体限制无法改变时，液体晃动的结构控制主要采用贮箱内部的分隔装置予以实现，典型分隔装置有"十"字形、"＊"字形、"米"字形纵向分隔板和同心圆筒环向分隔等。其作用是将自由液面划分为多连域，使得晃动频率提高，晃动质量减小。与单连域贮箱不同，分隔装置导致出现两个或多个频率和质量相差不大的主导晃动模态，其影响均需在晃动稳定性分析中考虑，但主要是加大了晃动试验的难度和工作量。

对于平底圆柱形贮箱，当内部无分隔装置和分别装有"十"字形、"＊"字形和"米"字形分隔板时，晃动频率和晃动质量比与充液比的关系如图 15-1 所示，"十"字形、"＊"字形和"米"字形分隔板将最低晃动频率分别提高约 29％、44％ 和 44％，相应的晃动质量分别减小约 50％、35％ 和 23％。浅液位时变化量更大。

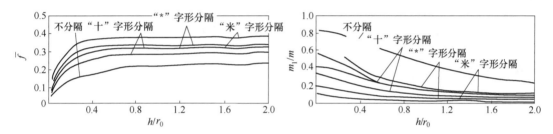

图 15-1　分隔圆柱形贮箱的晃动频率和晃动质量比（m_1/m）与充液比（h/r_0）的关系

当贮箱内液体自由液面为圆形时，利用纵向分隔板的防晃形式有一定的局限性，"米"字形及更多的分隔板不能得到较好的防晃效果，反而使结构质量增大。为了在更大范围内改变晃动参数，可在贮箱中心装一圆形管道，使自由液面变为圆环形。通过改变中心管道尺寸，与纵向分隔板相组合，可使晃动频率和晃动质量有更大的变化范围，为防晃设计的参数优化提供更大的选择范围。

实际贮箱防晃设计在不同液位（对应不同飞行秒状态）下对晃动稳定条件的要求不同，大多数情况仅将分隔装置用于部分区域，特别是浅液位状态。在贮箱出流口附近设置的纵向分隔板具有一定的防旋能力，可实现贮箱防晃和防旋结构一体化设计。

另一类分隔装置是横向分隔板（中间底），隔板上开孔或装有表面张力液体管理装置（如表面张力网筛），使液体单向流动，中间底上面的液体耗尽前，下面的贮箱部分始终充满，其主要作用是液体推进剂管理（蓄留），多用于微重力环境的贮箱设计。中间底对晃动参数有明显影响，特别是当自由液面位于隔板附近区域时。当液面位于中间底以上时，部分液体固化，减小了晃动质量，并改变了晃动频率和晃动质量位置。作为防晃设计的手段，主要是根据晃动稳定条件选择适当的中间底形状和安装位置，与此作用类似的还有孔格型和叶片型液体蓄留装置。

15.2　液体晃动的阻尼控制

增大液体晃动阻尼可以有效抑制液体晃动响应，改善飞行器的晃动稳定性，因此是贮箱防晃设计优先考虑的技术手段，特别是在贮箱形状及尺寸的改变受到很大限制的情况下。

　　光滑贮箱的晃动阻尼主要来自液体的黏性，在微重力环境下，还与表面张力和液固界面接触角有关。光滑贮箱的黏性阻尼比约为 10^{-3} 量级，无法满足晃动稳定条件的要求。提高晃动阻尼的主要方法是在贮箱内安装防晃阻尼装置，这是解决飞行器晃动稳定性的有效途径。防晃阻尼装置产生晃动阻尼的主要机理是使液体产生绕流运动，导致晃动液体出现漩涡，以消耗晃动能量，本质上是压差阻力。从理论上说，装有防晃阻尼装置后，液体晃动的无旋假设已不成立，因此晃动位势理论及由此导出的等效力学模型原则上已不成立，但这时用非线性阻尼形式的等效力学模型近似描述晃动问题仍可满足工程应用的要求。防晃阻尼装置产生的晃动阻尼与其结构形式及尺寸、相对自由液面位置、安装位置附近的贮箱形状及晃动幅度等有关。试验得到的阻尼比数据有一定的分散性，从工程应用出发，阻尼设计值应取试验值的下包络，并可取为与深度无关的常数。

　　安装防晃装置后的晃动阻尼比可按阻尼形成机理划分为液体黏性产生的阻尼和液体绕流产生的阻尼，超过一定数值的绕流阻尼与 Ga 无关。在贮箱大部分区域内的黏性阻尼值比绕流阻尼值小 $1\sim 2$ 个数量级，这时若贮箱和防晃阻尼装置满足几何相似条件，则阻尼与贮箱尺寸和 Ga 无关，即可用地面缩比相似模型的晃动试验确定不同飞行环境下的阻尼比。后文中的阻尼均指防晃装置两侧压差产生的绕流阻尼。

　　防晃装置对晃动频率、质量及其位置有一定影响，但主要作用是提高晃动阻尼，因此用晃动阻尼比描述其防晃效果。考虑到晃动阻尼的非线性，防晃阻尼装置的晃动阻尼特性描述中应包括下列内容：

　　1）不同液位下，晃动阻尼比与晃动速度或晃幅的关系。

　　2）给定晃动速度或晃幅条件下，晃动阻尼比与液位的关系。

　　3）防晃阻尼装置的有效作用范围（给定晃动速度或晃幅条件下，晃动阻尼比超过给定的门限值的液位变化范围）。

　　4）平均晃动阻尼比（给定晃动速度或晃幅条件下，防晃阻尼装置有效作用范围内阻尼比的算术平均值）。

　　5）阻尼效率（防晃阻尼装置的平均阻尼比与其面积或结构质量之比）。

　　给定的晃动速度或晃幅作为晃动稳定条件所允许的最大值，为进行防晃阻尼装置的结构设计，还应给出晃动阻尼比与装置结构设计参数的关系和作用于装置的最大晃动载荷。

15.3　常用的防晃装置

　　从理论上说，可提高晃动阻尼的任何形式的结构均可作为防晃装置，但考虑阻尼效率、制造工艺和对贮箱强度的影响等因素，使用在火箭贮箱上的防晃阻尼结构局限于有限的几种形式，主要是不同形状的挡板型结构。常用的防晃阻尼挡板可分为三类（图 15 - 2）。圆环形挡板是在国内外液体火箭设计中常用的一种防晃板，20 世纪 50 年代末期就对板宽较窄的圆环形挡板在液体小晃幅下的防晃特性进行了分析，提出了半经验的晃动阻尼计算公式，并得到了试验的证实。要在液体火箭飞行的主动段对液体晃动进行抑制，需在贮箱中安置多层的防晃板，当防晃板超过一定层间距时，多层防晃板的总晃动阻尼可由每层防晃板所提供的晃动阻尼线性叠加而成。20 世纪 60 年代公布了非对称布置的半圆形挡板的防晃特性试验结果，晃动阻尼与激励方向有关，两块挡板均位于晃动方向的同侧时阻尼略小，但在不同方向上防晃挡板影响的区域内，液体的平均晃动阻尼变化不大，所以选择一个典型方向激励所获得的晃动阻尼曲线，可以用来评价推进剂贮箱的防晃板设计是否满足稳定性的要求。层间距较大的多层半圆形挡板的总的晃动阻尼，也可以近似地用相同位置的各个单层挡板的阻尼线性叠加而成。虽然研究结果表明，半圆形挡板的晃动阻尼明显高于同面积的圆环形挡板，但在美国的火箭贮箱设计中并没有广泛采用，其原因在于半圆形挡板刚度小、支承结构质量大，阻尼的质量效率远低于面积效率。我国一直在对半圆形挡板的防晃特性进行了多方面的实验研究和分析工作，获得了许多成果。纵向防晃板在苏联有一些应用，它的优点在于针对液体高度的变化能提供较稳定的晃动阻尼，但阻尼效率较低，一般用于箱底的防旋、防晃一体化设计中。另外，在挡板上开孔或者设置安装间隙虽然可以减小防晃结构质量，但有限的试验研究结果表明，阻尼降低率大于开孔率和间隙率，因此不建议采用这种减重方法。

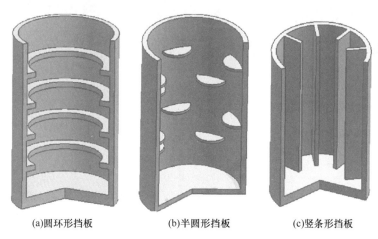

(a)圆环形挡板　　　　　　　(b)半圆形挡板　　　　　　　(c)竖条形挡板

图 15-2　贮箱中的三种防晃挡板结构形式和安装位置

挡板结构的设计载荷来源于液体晃动时作用在挡板上的压差，其表达式为

$$\Delta P = \frac{1}{2}\rho(\omega_1\eta_1)^2 C_D$$

式中，C_D 为阻力系数，求出压差的合力与合力矩即可进行挡板和支承结构的强度设计。

15.3.1　圆环形挡板

轴对称的圆环形挡板［图 15-2（a）］的最大特点是不同晃动方向的阻尼相同。典型结构是平行于液面的圆环形挡板。当挡板变形量远小于液体晃幅时即可作为刚性挡板，其主要设计参数为安装位置的贮箱半径 r_0 和挡板宽度 w。圆环形挡板的晃动阻尼比随 w/r_0 的增大而增大，且与液面至挡板的距离 d（$d > 0$ 表示液面淹没挡板）有关，当 $\dfrac{d}{r_0}\approx0.07$ 时，阻尼值最大。圆环形挡板的有效作用范围约为 $-0.1\leqslant d/r_0\leqslant0.45$，在中深液位状态下，阻尼比可用半经验公式（图 15-3）表示

$$\gamma = 2.83 \sqrt{\frac{\eta}{r_0}} \exp\left(-4.6 \frac{d}{r_0}\right) \left[2 \frac{w}{r_0} - \left(\frac{w}{r_0}\right)^2\right]^{1.5}$$

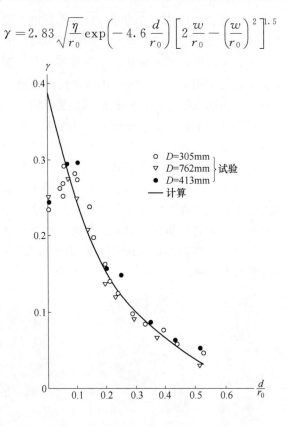

图 15-3　圆环形挡板的阻尼曲线

式中，η 为晃动波高，该式在 $-0.1 \leqslant d/r_0 \leqslant 0.07$ 范围内不准确，改写为两段函数形式可解决此问题

$$\gamma = \begin{cases} 2.83 \sqrt{\dfrac{\eta}{r_0}} \exp\left(-4.6 \dfrac{d}{r_0}\right) \left[2 \dfrac{w}{r_0} - \left(\dfrac{w}{r_0}\right)^2\right]^{1.5} , & \dfrac{d}{r_0} \geqslant 0.07 \\[4mm] 12.1 \sqrt{\dfrac{\eta}{r_0}} \left(\dfrac{d}{r_0} + 0.1\right) \left[2 \dfrac{w}{r_0} - \left(\dfrac{w}{r_0}\right)^2\right]^{1.5} , & -0.1 \leqslant \dfrac{d}{r_0} < 0.07 \end{cases}$$

此式的适用范围比上式广，只是形式复杂一些。实际上阻尼曲线具有脉冲函数的形状特征（图 15-4），上升沿陡，下降沿缓，因此可用脉冲函数来拟合阻尼曲线（见下式），拟合结果较好，形式简单，适用范围广。

$$\gamma = 17 \sqrt{\frac{\eta}{r_0}} \left[2 \frac{w}{r_0} - \left(\frac{w}{r_0}\right)^2\right]^{1.5} \exp\left[-1.75 \times 4.6\left(\frac{d}{r_0} + 0.1\right)\right] \left\{1 - \exp\left[-2 \times 4.6\left(\frac{d}{r_0} + 0.1\right)\right]\right\}^{2.5}$$

在浅液位状态下，贮箱底部形状对圆环形挡板的阻尼有一定影响。若挡板安装位置接近箱底，则其阻尼效果不明显。当液面在挡板附近时，与无挡板相比，圆环形挡板使晃动质量减小，晃动频率提高。当挡板远离液面时，晃动频率降低（图 15-5）。

为了提高挡板刚度，可采用波纹板代替平板，使晃动阻尼略有提高。作为壁面加强结构用的环形隔框也可作为环形挡板，且使贮箱强度与防晃设计一体化，但贮箱内环形筋条一般高度较低，防晃作用有限。若要求阻尼特性沿液高变化较均匀，则挡板间隔应取为

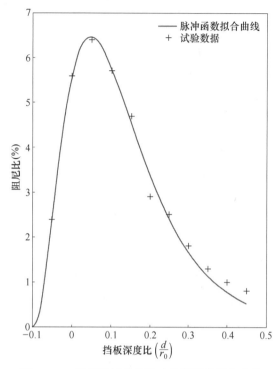

图 15 - 4　圆环形挡板的脉冲函数阻尼拟合曲线

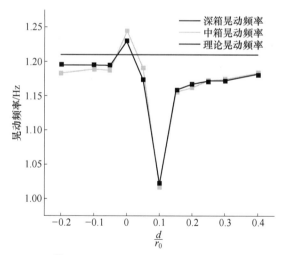

图 15 - 5　$\frac{w}{r_0}=0.1$ 单层环形挡板液体晃动频率（见彩插）

$(0.20\sim0.30)$ r_0。初步设计时，多层挡板的阻尼特性按单层挡板的特性线性叠加近似估计，更准确的阻尼特性则应通过试验确定。

15.3.2　半圆形挡板

目前，已使用的非对称挡板仅有半圆形 ［图 15 - 2 （b）］，其特点是阻尼面积效率高，但阻尼特性与晃动方向有关。单块半圆形挡板位于晃动方向时阻尼最大，与晃动方向夹角超过 60°时阻尼很小，多采用两块互为 90°的非对称布局组合结构（图 13 - 6），其设计参数为安装位置的贮箱半径 r_0 和半圆形挡板半径 r。

半圆形挡板的有效作用区域约为 $-0.1 \leqslant d/r_0 \leqslant 0.5$，晃动阻尼与晃动方向有关。对于 90°的布局结构，阻尼的方向变化范围为 0°～90°，45°对应的晃动方向与一块挡板的中心线重合。不同晃动方向的阻尼曲线峰值及位置不同，且峰值位置与 r/r_0 有关，约在 $d/r_0 = 0.08 \sim 0.2$ 范围内变化。各方向上平均晃动阻尼相差不大，随着 r/r_0 的增大而增大。阻尼比的经验公式尚无一般的解析表达式，需针对不同情况采用试验数据拟合。

与环形挡板相比，非对称布局的半圆形挡板具有较高的阻尼面积效率，$r/r_0 = 0.30$ 时，半圆形挡板比相同面积的环形挡板的阻尼高约 1 倍。但随着 r/r_0 增大，阻尼效率降低，且半圆形挡板的刚度远小于环形挡板，承载能力较差，因此防晃设计时 r/r_0 宜取为 0.2～0.4。

防晃设计时半圆形挡板也采用多层结构，相应设计参数中包括挡板间距和层间挡板布局方向角的变化量。适当错开层间布局方向有利于提高阻尼效果。实际应用时还可采用同一层中多于两块半圆形挡板的对称或非对称布局形式，以提高防晃阻尼。同一层中三块半圆形挡板目前已有一定的试验研究结果，90°间隔的布局形式，其阻尼与两块半圆形挡板基本相同，但同一层中三块半圆形挡板若为 120°间隔的均布形式，其阻尼为两块半圆形挡板的 1.5～3 倍，按面积效率比较，三块半圆形为两块的 1～2 倍，建议今后型号设计时考虑 120°均布的三块半圆形挡板形式。

15.3.3　竖条形挡板

对称布局的竖条形挡板的最大特点是在一定液位变化范围内阻尼特性与液面位置无关。典型结构为沿贮箱横截面周向均布的 N 块等宽度竖条形挡板 ［图 15 - 2 (c)］，设计参数为安装位置的贮箱半径 r_0、挡板宽度 w 和数量 N。在防晃设计中，N 常取为 4～12。

竖条形挡板的阻尼效率是三种挡板形式中最低的，其有效作用范围与其高度相当，晃动阻尼比随着 w/r_0 和 N 的增大而增大，且在中深液位时阻尼值几乎与液位变化无关，但与晃动方向有关，方向角的变化范围为 $180°/N$，即 N 越大，阻尼的方向性越不显著。圆柱形贮箱在中深液位下，竖条形挡板的阻尼比可近似用下列半经验公式表示

$$\gamma = \frac{0.13}{1+\Lambda} \left(\frac{w}{r_0}\right)^{1.5} \left(1 - \frac{w}{2r_0}\right)^{-2.5} \sqrt{\frac{\eta}{r_0}} \left(\sum_{1}^{N} |\cos\theta_i|^{2.5}\right)$$

式中，$\Lambda = 0.209 \left(\frac{w}{r_0}\right)^2 \left(1 - \frac{w}{2r_0}\right)^{-2} \left(\sum_{1}^{N} \cos^2\theta_i\right)$，$\theta_i$ 为第 i 块挡板与晃动方向的夹角。

在浅液位状态下，箱底形状对挡板阻尼有明显的影响。与无挡板相比，竖条形挡板使得晃动频率和晃动质量均有所减小，且随着挡板宽度和数量增大，减小的幅度增加。贮箱出流口附近的径向阻尼挡板有一定的防旋能力，可实现防晃与防旋设计一体化。

15.4　小结

1) 液体推进剂贮箱的防晃设计是通过贮箱形状和内部结构设计实现的，主要技术途

径有两类：通过结构形状和分隔改变晃动参数和利用防晃阻尼装置提高晃动阻尼。通过防晃设计可以满足航天飞行器的晃动稳定条件。

2）防晃结构种类繁多，其适用范围和防晃效果不同，防晃设计时应根据晃动稳定条件的不同要求选择相应的结构。经多年的晃动分析和试验研究，积累了大量防晃结构的特性数据（表 15 - 1），特别是阻尼试验数据，已进行了系统的整理和分析，可以满足防晃设计的需要。

表 15 - 1　已有试验结果的典型防晃挡板参数

挡板形式	半圆形挡板（每层两块）*	环形挡板
宽度比 r/r_0	0.15、0.17、0.20、0.25、0.30、0.35	0.05、0.08、0.10、0.13
深度比 h/r_0	0.25、0.5、0.7、0.75、1.0、1.1、1.35、1.4、1.6、1.7、2.5	0.7、1.0、1.7、2.0、2.5
挡板层数	1、3	1、2、3
间距比 s/r_0	0.15、0.20、0.25、0.30	0.15、0.20、0.25、0.3、0.6、1

注：* 部分状态有每层三块的试验结果，三块均布的阻尼高于 90°布置。

第 16 章　贮箱液体的有效转动惯量

　　贮箱内液体绕横轴和纵轴的有效转动惯量参数是飞行控制系统仿真分析的重要基础，以往在我国的火箭和卫星研制中对推进剂平动晃动特性进行了充分的研究，通过晃动试验给出了晃动参数，但对推进剂转动晃动特性的研究非常有限，贮箱内液体的有效转动惯量基本没有进行试验。贮箱内一般无竖向挡板，绕纵轴的滚动转动惯量数值较小，不予考虑，绕横轴的俯仰或偏航转动惯量近似将液体固化，以相同质量和分布的固体转动惯量来代替不同时刻剩余推进剂的转动惯量。

　　液体晃动问题在 20 世纪 60～70 年代已经解决，各种简单形状的光壁贮箱液体晃动特性或者有精确的理论解析解，或者有近似的变分解，或者有试验结果。对于液体的转动晃动特性，理论分析的文献很少，试验研究更加缺乏，现有的成果仅限于圆环筒形平底贮箱，其他形状贮箱基本没有计算方法。圆环筒形平底贮箱满箱状态液体绕横轴的转动惯量是根据贮箱简谐转动的液体运动速度势函数，通过求解拉普拉斯方程获得绕液面位置横轴的有效转动惯量，采用移轴定理可将转动惯量换算到任何所需的位置；对于自由液面状态绕横轴的转动惯量，P. H. 米基谢夫给出了圆筒形贮箱计算公式，而圆环筒形贮箱目前没有液体绕横轴的转动惯量计算公式。

　　方良玉对不同底形圆筒贮箱的光壁满箱液体转动惯量进行了试验研究，与理论结果一致，并验证了相似理论和移轴定理。F. T. 道奇对高度与直径相等的环形挡板贮箱的液体转动惯量进行了试验，发现挡板能提高转动惯量一倍以上，而转动阻尼比平动阻尼比低一个量级以上，可以不考虑转动阻尼和无质量转动惯量盘的作用，即没有转动惯量盘的简单晃动力学模型是适用的，另外给出了挡板层数较多时（板距/板宽＝2.67）液体有效转动惯量的双区域近似计算方法，但缺乏适用范围的研究。

　　对于绕纵轴的滚动转动惯量，H. F. 鲍尔根据设定的简谐滚动，通过求解绕纵轴滚转振荡的纳维-斯托克斯方程，获得有效滚转转动惯量和阻尼，并且考虑了箱底和环形挡板的作用，但箱壁的计算公式存在错误。H. 赖斯曼给出了光壁圆筒液体的滚动转动惯量，并在滚动频率稍高时推导了近似计算公式。刘孟诏等对多种容器的液体转动惯量试验进行了总结，指出了液体黏性对液体有效转动惯量有较大的影响。

　　本书作者对有限的液体转动惯量研究文献进行了整理和分析，发现并修正了一些文献中的错误（包括公式），且对箱壁产生的纵轴转动惯量和近似公式进行了推导，给出了可供航天器转动特性分析使用的计算公式和曲线。根据常用贮箱的尺寸，计算并得到了液体绕横轴的有效转动惯量明显低于固化转动惯量的结果，指出了推进剂有效转动惯量分析的必要性，验证了不考虑纵轴转动惯量的合理性，并对纵向挡板引起的液体绕纵轴转动惯量提出了工程计算方法。

16.1　液体绕横轴的有效转动惯量

液体绕横轴的转动惯量分为两类：一类是具有自由液面晃动的转动惯量，另一类是没有自由液面晃动的满箱液体转动惯量。后者由于上底带液体转动，其有效转动惯量高于自由液面状态。上下平底圆筒内的满箱液体绕其质心的有效转动惯量为

$$I_{eq} = mr_0^2 \left\{ \frac{1}{12}\left(\frac{h}{r_0}\right)^2 - \frac{1}{4} + 4\sum_{n=1}^{\infty} \frac{1}{\xi_n^2 (\xi_n^2-1)} \left[\frac{4}{\xi_n} \frac{r_0}{h} \tanh\left(\frac{\xi_n}{2} \frac{h}{r_0}\right) - 1 \right] \right\}$$

利用 $\sum_{n=1}^{\infty} \dfrac{1}{\xi_n^2 (\xi_n^2-1)} = \dfrac{1}{8}$ ，考虑到液体固化时的转动惯量 $I_r = mr_0^2 [(h/r_0)^2/12 + 1/4]$，上式可改写为

$$I_{eq} = I_r - mr_0^2 \left[1 - \sum_{n=1}^{\infty} \frac{16}{\xi_n^3 (\xi_n^2-1)} \frac{r_0}{h} \tanh\left(\frac{\xi_n}{2} \frac{h}{r_0}\right) \right]$$

由于液体运动导致的转动惯量减小量为

$$I_d = mr_0^2 \left[1 - \sum_{n=1}^{\infty} \frac{16}{\xi_n^3 (\xi_n^2-1)} \frac{r_0}{h} \tanh\left(\frac{\xi_n}{2} \frac{h}{r_0}\right) \right]$$

方良玉给出了有效转动惯量的试验结果，试验数据和计算曲线一致，并且给出了非平底圆筒满箱液体转动惯量的试验结果，证明了缩比模型试验的有效性。

P. H. 米基谢夫给出的平底圆筒内自由液面液体绕其液面中心的有效转动惯量为

$$I_0 = mr_0^2 \left[\frac{1}{3}\left(\frac{h}{r_0}\right)^2 - \frac{3}{4} + 2\frac{r_0}{h} \sum_{n=1}^{\infty} \frac{5\cosh(\xi_n h/r_0) - 4}{\xi_n^3(\xi_n^2-1)\sinh(\xi_n h/r_0)} \right]$$

液体的稳定中心是贮箱偏转时可以保持随遇平衡的支撑点，与液面中心的距离为 $x_m = \dfrac{h}{2} - \dfrac{r_0^2}{4h}$ ，根据移轴定理，液体绕稳定中心的有效转动惯量为

$$I_{eq} = I_0 - mx_m^2 = mr_0^2 \left[\frac{1}{12}\left(\frac{h}{r_0}\right)^2 - \frac{1}{16}\left(\frac{r_0}{h}\right)^2 - \frac{1}{2} + 2\frac{r_0}{h}\sum_{n=1}^{\infty} \frac{5\cosh(\xi_n h/r_0)-4}{\xi_n^3(\xi_n^2-1)\sinh(\xi_n h/r_0)} \right]$$

考虑前五阶晃动，相对于固化液体转动惯量，图 16-1 给出了无量纲液体有效转动惯量-深度比曲线。当深度比大于 1.5 时，自由液面转动惯量高于满箱液体转动惯量，即深箱且液面无约束时转动惯量反而比有约束液面大，这与物理概念不符，因此米基谢夫的公式有问题。

Д. E. 奥霍齐姆斯基给出的平底圆筒内自由液面液体绕其液面中心的有效转动惯量为

$$I_0 = mr_0^2 \left[\frac{1}{3}\left(\frac{h}{r_0}\right)^2 - \frac{3}{4} + 8\frac{r_0}{h}\sum_{n=1}^{\infty} \frac{\tanh(\xi_n h/r_0)}{\xi_n^3(\xi_n^2-1)} \right]$$

转动时相对贮箱的静止质量为

$$m_{\omega 0} = m\left\{ 1 - \left[1 - \sum_{n=1}^{\infty} \frac{8}{\cosh(\xi_n h/r_0)\xi_n^2(\xi_n^2-1)} \right] \cdot \left(\frac{r_0}{h}\right)^2 \right\}$$

平动时相对贮箱的静止质量为

$$m_{p0} = m\left[1 - 2\frac{r_0}{h}\sum_{n=1}^{\infty} \frac{\tanh(\xi_n h/r_0)}{\xi_n(\xi_n^2-1)} \right]$$

惯性中心与液面的距离为 $L_m = \dfrac{m_{\omega 0}}{2m_{p0}}h$ ，有关平动和转动静止质量以及惯性中心的物理意义和变化规律有专门的分析和讨论，本文不再赘述。对于惯性中心的转动惯量为最小值，其表达式为

$$I_{eq} = I_0 - m_{w0}hL_m + m_{p0}L_m^2 = mr^2 \left[\frac{1}{3}\left(\frac{h}{r_0}\right)^2 - \frac{3}{4} + 8\frac{r_0}{h}\sum_{n=1}^{\infty}\frac{\tanh(\xi_n h/r_0)}{\xi_n^3(\xi_n^2 - 1)} \right] - \frac{m_{\overline{w}0}^2}{4m_{p0}}h^2$$

对质量中心的转动惯量为

$$I_c = I_{eq} + m_{p0}(L_m - h/2)^2 = mr_0^2 \left[\frac{1}{3}\left(\frac{h}{r_0}\right)^2 - \frac{3}{4} + 8\frac{r_0}{h}\sum_{n=1}^{\infty}\frac{\tanh\ (\xi_n h/r_0)}{\xi_n^3\ (\xi_n^2 - 1)} \right] - \left(\frac{1}{2}m_{\omega 0} - \frac{1}{4}m_{p0}\right)h^2$$

$I_{eq}/I_r - h/r_0$、$I_c/I_r - h/r_0$ 曲线如图 16-1 所示，可以看出，除深度比在 2 附近外，自由液面的有效转动惯量明显小于满箱状态，两者转动惯量之比在深度比为 1 时最小，约为 0.45，深度比在 0.5～1.5 时，转动惯量之比在 0.7 以下，此范围内上底的约束对转动惯量的影响最大；深度比接近 0 时，转动惯量之比接近 1，深度比为 2 时转动惯量之比最大，约为 0.95，深度比大于 3 后，转动惯量之比在 0.9 左右，此范围内上底的约束对转动惯量的影响较小。

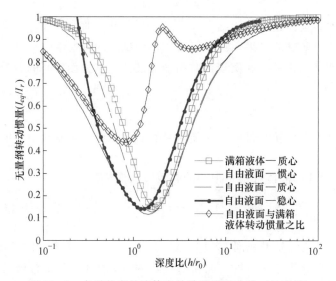

图 16-1　各种状态的液体有效转动惯量曲线（见彩插）

惯性中心转动惯量小于质心转动惯量，在深度比大于 1.5 时两者很接近，深度比小于 1.5 时后者明显高于前者。深度比趋近于 0 或无穷大时液体转动惯量趋近于固体，深度比约等于 1.5 时各种状态的液体转动惯量最小，降低至液体固化惯量的 1/6；深度比小于 1.5 时，转动惯量随深度的变化比较大；深度比大于 1.5 时，转动惯量随深度的变化比较平缓。

对于火箭贮箱，其长度与半径之比一般在 1～6 范围内，液体的有效转动惯量与液体固化时的转动惯量之比在 15%～65% 范围内，因此将液体固化处理对于计算转动惯量是明显偏大的，火箭俯仰和偏航运动分析应当考虑推进剂的有效转动惯量。由于移轴定理对液体也存在，整个火箭多个贮箱液体的有效转动惯量之和随着移轴转动惯量比例的增大，

与固化液体转动惯量的偏差将明显降低。

　　从运动现象的特征看，浅箱转动时上下底对液体运动的约束作用较强，带动了较多的液体随贮箱转动，增大了液体转动惯量，而侧壁对液体运动的影响较小，对转动惯量的贡献不大；深箱转动时侧壁对液体运动的约束作用较强，带动了较多的液体随贮箱转动，增大了液体转动惯量，而上下底对液体运动的影响较小，对转动惯量的贡献不大；介于两者之间的中等深度箱体的侧壁和上下底均对液体运动的约束不强，导致转动惯量较低，贮箱转动时大部分液体可以相对箱体进行运动，图 16 - 1 的曲线与此现象是一致的。

　　对于充满液体的圆环筒形贮箱（图 9 - 2），目前只有满箱状态的液体有效转动惯量计算公式，自由液面状态的液体有效转动惯量没有理论解。圆环筒形贮箱满箱液体绕其质心的有效转动惯量为

$$I_{eq} = mr_0^2 \left\{ \frac{1}{12}\left(\frac{h}{r_0}\right)^2 - \frac{1+k^2}{4} + 2\sum_{n=0}^{\infty} \frac{A_n}{\xi_n^2(1-k^2)} \right.$$
$$\left. \left[\frac{2}{\pi\xi_n} - kC_1(k\xi_n)\right]\left[\frac{4r_0}{\xi_n h}\tanh\left(\frac{\xi_n}{2}\frac{h}{r_0}\right) - 1\right]\right\}$$

其中

$$A_n = \frac{2[2/(\pi\xi_n) - kC_1(k\xi_n)]}{4(\xi_n^2-1)/(\pi\xi_n)^2 + C_1^2(k\xi_n)(1-k^2\xi_n^2)}$$

k、$C_1(x)$ 和 ξ_n 与 9.2 节意义相同。图 16 - 2 给出了相对于固化液体转动惯量的无量纲液体有效转动惯量–深度比曲线，$I_r = mr^2[(h/r_0)^2/12 + (1+k^2)/4]$ 为液体固化时的转动惯量。可以看到对于同一 k 值贮箱，有效转动惯量随深度比的增加是一个先急剧下降到达最低点时再缓慢上升的过程。当深度比趋近于 0 或无穷大时，有效转动惯量趋近于 1。有效转动惯量最小值所对应的深度比也是随着 k 值的增大而增大的，不同 k 值的转动惯量最小值对应的深度比有一个范围，k 值在 0~1 范围内时，最小值对应的深度比在 1.7~2.3。当深度比略大于 3 时，不同 k 值的圆环筒形贮箱有效转动惯量比基本都是 $e^{-1} \approx 0.368$。对于浅箱（$h/r_0 < 3$），随着 k 值的增大，上下底和内外箱壁对液体的约束增强，

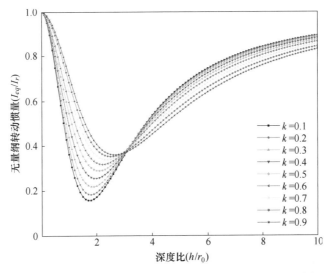

图 16 - 2　圆环筒形贮箱中充满液体时的有效转动惯量（见彩插）

更大比例的液体随着箱体运动，液体转动惯量随着 k 值而增大；对于深箱（$h/r_0 > 3$），由于上下底对液体的运动约束较弱，随着 k 值的增大，更大比例的液体相对于贮箱沿着内外箱壁的切线方向运动，跟随箱体运动的液体减少，液体转动惯量随着 k 值的增大而减小。

16.2　实际贮箱绕横轴转动惯量的工程处理方法

前面讨论的均为理想状态的平底圆筒贮箱，贮箱中的液体绕横轴的有效转动惯量参数有两种选用结果：一是满箱状态，包括平底圆筒和圆环筒形贮箱；二是自由液面状态，只能选用无隧道管平底圆筒贮箱的算式和曲线。目前还缺乏自由液面圆环筒形贮箱的横轴有效转动惯量。对于实际的航天器贮箱，还需要给出挡板效应和非平底效应对贮箱液体有效转动惯量的影响分析处理方法，以满足航天器飞行稳定性控制分析的需求。

16.2.1　带隧道管贮箱的自由液面转动惯量

带隧道管贮箱在自由液面状态下的液体有效转动惯量没有理论解，由于隧道管直径远小于贮箱直径，隧道管对液体运动的影响较小，可以利用图 16-1 中平底圆筒贮箱自由液面与满箱液体转动惯量之比，将图 16-2 中圆环筒形贮箱满箱状态的液体有效转动惯量，近似折算为自由液面的转动惯量，这样的结果既有自由液面效应，又包含隧道管外壁对液体运动的约束效应。或者也可以通过相似模型的试验结果来获得带隧道管贮箱在自由液面状态下的液体有效转动惯量。

16.2.2　挡板效应

当贮箱内壁的防晃挡板间隔小于 2~3 倍的挡板宽度时，建议采用 F. T. 道奇提出的双区域方法，近似计算带防晃挡板贮箱液体的绕横轴有效转动惯量，即将挡板内缘至箱壁的液体作为厚度为挡板宽度的厚壁圆环柱固体，挡板内缘以内的液体按光壁贮箱处理，将贮箱半径减去挡板宽度作为光壁贮箱的半径，分别计算挡板区域的固化液体横轴转动惯量和半径缩减后的光壁贮箱液体的横轴有效转动惯量，再将两者相加。一般为保证贮箱晃动阻尼达到较大的数值，防晃挡板的间距应小于 2~3 倍的挡板宽度，这种处理方法适用于带防晃挡板的贮箱。

16.2.3　非平底贮箱

方良玉给出了两组一端平底、另一端为扁椭球底的圆柱贮箱满箱液体的转动惯量试验结果，椭球底的长、短轴比例为 1.4，按体积相等折算为圆柱的深度为 0.476 倍半径。一组结果为外凸椭球底贮箱，等效深度为柱段深度加上 0.476 倍半径，另一组结果为内凹椭球底，等效深度为柱段高度减去 0.476 倍半径，两组结果的无量纲转动惯量-等效深度比曲线如图 16-3 所示。

外凸贮箱液体在深度比 1~1.5 范围内的转动惯量小于平底圆筒，说明了椭球底对液体运动的约束小于平底，这与球底贮箱液体的静止质量小于平底贮箱是一致的；在其他范围内液体的转动惯量与平底贮箱接近。内凹贮箱液体在深度比约 1~3 的范围内转动惯量均大于平底贮箱，1.5 时相差最大，体现了内凹箱底对液体运动的约束效应。为比较箱底

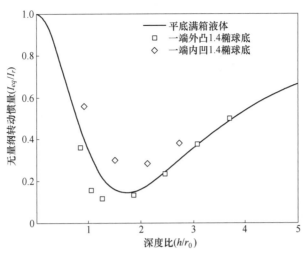

图 16-3　非平底贮箱满箱液体的有效转动惯量

对液体转动惯量的影响程度，对两组试验数据进行不同的处理，将外凸箱底深度比在 1～
1.5 范围内的数据乘以 1.5，内凹箱底的数据除以 1.5，与平底贮箱的液体转动惯量曲线
画在图 16-4 中，折算后的两组非平底贮箱液体的转动惯量与平底贮箱比较接近，据此结
果可以近似估算实际贮箱液体的有效转动惯量。

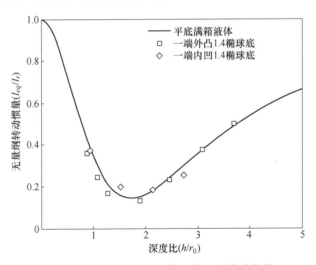

图 16-4　非平底贮箱液体折算后的转动惯量

　　对于自由液面贮箱，大部分为外凸箱底，在深度比 1～1.5 范围内，将平底贮箱的液
体转动惯量除以 1.5，即近似为外凸椭球底贮箱液体的转动惯量，深度比小于 0.5 或大于
2 直接引用平底贮箱的结果，在深度比 0.5～1 和 1.5～2 范围内，将平底贮箱的液体转动
惯量除以 1～1.5 的线性变化因子；对于内凹的共底自由液面贮箱，在深度比 1～3 范围
内，将平底贮箱的液体转动惯量乘以 1.5，即近似为内凹椭球底贮箱液体的转动惯量，深
度比小于 0.5 或大于 3.5 直接引用平底贮箱的结果，在深度比 0.5～1 和 3～3.5 范围内，
将平底贮箱的液体转动惯量乘以 1～1.5 的线性变化因子。

对于满箱状态贮箱，大部分为两端外凸箱底，需要考虑两个箱底对液体运动的约束效应。在深度比 1~1.5 范围内，将平底贮箱的液体转动惯量除以 $2\times1.5=3$，即近似为外凸椭球底贮箱液体的转动惯量，深度比小于 0.5 或大于 2 直接引用平底贮箱的结果，深度比在 0.5~1 和 1.5~2 范围内，将平底贮箱的液体转动惯量除以 1~3 的线性变化因子；对于满箱状态的共底贮箱，箱底一端内凹、另一端外凸，两个箱底对液体的约束一端增强、另一端减弱，箱内液体的转动惯量不变，只是质心位置向外凸箱底方向移动了 0.476 倍贮箱半径。

16.3　液体绕纵轴的有效转动惯量

贮箱绕纵轴做滚转运动时，贮箱内有一部分液体由于剪切力参加了运动，绕纵轴的有效转动惯量和阻尼就体现了这部分液体的贡献。剪切力与速度梯度和液体黏性有关，因此绕纵轴的转动惯量和阻尼与滚转频率有关，随着频率的增大，有效转动惯量减小，转动阻尼增加。从剪切力的作用看，转动惯量由贮箱内壁附面层液体产生，因此需要考虑贮箱侧壁、箱底和环向挡板的作用。设绕纵轴滚转运动方程和简谐滚转角为

$$I\ddot{\theta}+C\dot{\theta}=M(t)\ ,\ \theta=\theta_0\mathrm{e}^{\mathrm{i}\omega t}$$

圆环筒形贮箱下底的有效转动惯量和阻尼分别为

$$\frac{I_1}{I_r}=\frac{1-k^4}{\sqrt{2}\lambda}\frac{r_0}{h}\left\{1-\mathrm{e}^{-\frac{\lambda}{\sqrt{2}}\frac{h}{r_0}}\left[\cos\left(\frac{\lambda}{\sqrt{2}}\frac{h}{r_0}\right)-\sin\left(\frac{\lambda}{\sqrt{2}}\frac{h}{r_0}\right)\right]\right\}$$

$$\frac{C_1}{\pi\mu r_0^3/2}=\frac{1-k^4}{\sqrt{2}}\lambda\left\{1-\mathrm{e}^{-\frac{\lambda}{\sqrt{2}}\frac{h}{r_0}}\left[\cos\left(\frac{\lambda}{\sqrt{2}}\frac{h}{r_0}\right)+\sin\left(\frac{\lambda}{\sqrt{2}}\frac{h}{r_0}\right)\right]\right\}$$

式中，μ 为动力黏度，$\nu=\mu/\rho$ 为运动黏度，$\lambda=\sqrt{\omega/\nu}\,r_0$ 为无量纲滚转频率，$I_r=\rho\pi r_0^4 h/2$ 为液体固化的纵轴转动惯量。从上面的公式可知，箱底的宽度效应体现在前面的因子 $(1-k^4)$ 上。对于火箭贮箱，由于隧道管的直径比贮箱直径低一个量级，k^4 可以不考虑，当液体较深或滚转频率较大时，上式的指数项趋于零，无量纲参数趋于 $\frac{1}{\sqrt{2}\lambda}\frac{r_0}{h}$、$\frac{\lambda}{\sqrt{2}}$。圆环筒形贮箱外壁内侧的 N 个环形挡板（挡板宽度为 w）的有效转动惯量和阻尼分别为

$$\frac{I_2}{I_r}=\left[1-\left(1-\frac{w}{r_0}\right)^4\right]\frac{1}{\sqrt{2}\lambda}\frac{r_0}{h}\sum_{n=1}^{N}\left\langle\left\{1-\mathrm{e}^{-\frac{\lambda}{\sqrt{2}}\frac{h-h_n}{r_0}}\left[\cos\left(\frac{\lambda}{\sqrt{2}}\frac{h-h_n}{r_0}\right)-\sin\left(\frac{\lambda}{\sqrt{2}}\frac{h-h_n}{r_0}\right)\right]\right\}\right.$$
$$\left.+\left\{1-\mathrm{e}^{-\frac{\lambda}{\sqrt{2}}\frac{h_n}{r_0}}\left[\cos\left(\frac{\lambda}{\sqrt{2}}\frac{h_n}{r_0}\right)-\sin\left(\frac{\lambda}{\sqrt{2}}\frac{h_n}{r_0}\right)\right]\right\}\right\rangle$$

$$\frac{C_2}{\pi\mu r_0^3/2}=\left[1-\left(1-\frac{w}{r_0}\right)^4\right]\frac{\lambda}{\sqrt{2}}\sum_{n=1}^{N}\left\langle\left\{1-\mathrm{e}^{-\frac{\lambda}{\sqrt{2}}\frac{h-h_n}{r_0}}\left[\cos\left(\frac{\lambda}{\sqrt{2}}\frac{h-h_n}{r_0}\right)+\sin\left(\frac{\lambda}{\sqrt{2}}\frac{h-h_n}{r_0}\right)\right]\right\}\right.$$
$$\left.+\left\{1-\mathrm{e}^{-\frac{\lambda}{\sqrt{2}}\frac{h_n}{r_0}}\left[\cos\left(\frac{\lambda}{\sqrt{2}}\frac{h_n}{r_0}\right)+\sin\left(\frac{\lambda}{\sqrt{2}}\frac{h_n}{r_0}\right)\right]\right\}\right\rangle$$

H. F. 鲍尔给出的内壁外侧挡板转动惯量的计算公式有误，按照外壁挡板的规律对此予以修正，修正后的内壁外侧的 M 个环形挡板的有效转动惯量和阻尼应分别为

$$\frac{I_3}{I_r}=k^4\left[\left(1+\frac{w}{b}\right)^4-1\right]\frac{1}{\sqrt{2}\,\lambda}\frac{r_0}{h}\sum_{m=1}^{M}\Big\langle\left\{1-\mathrm{e}^{-\frac{\lambda}{\sqrt{2}}\frac{h-hm}{r_0}}\left[\cos\left(\frac{\lambda}{\sqrt{2}}\frac{h-h_m}{r_0}\right)-\sin\left(\frac{\lambda}{\sqrt{2}}\frac{h-h_m}{r_0}\right)\right]\right\}$$

$$+\left\{1-\mathrm{e}^{-\frac{\lambda}{\sqrt{2}}\frac{hm}{r_0}}\left[\cos\left(\frac{\lambda}{\sqrt{2}}\frac{h_m}{r_0}\right)-\sin\left(\frac{\lambda}{\sqrt{2}}\frac{h_m}{r_0}\right)\right]\right\}\Big\rangle$$

$$\frac{C_3}{\pi\mu r_0^3/2}=k^4\left[\left(1+\frac{w}{b}\right)^4-1\right]\frac{\lambda}{\sqrt{2}}\sum_{m=1}^{M}\Big\langle\left\{1-\mathrm{e}^{-\frac{\lambda}{\sqrt{2}}\frac{h-hm}{r_0}}\left[\cos\left(\frac{\lambda}{\sqrt{2}}\frac{h-h_m}{r_0}\right)+\sin\left(\frac{\lambda}{\sqrt{2}}\frac{h-h_m}{r_0}\right)\right]\right\}$$

$$+\left\{1-\mathrm{e}^{-\frac{\lambda}{\sqrt{2}}\frac{hm}{r_0}}\left[\cos\left(\frac{\lambda}{\sqrt{2}}\frac{h_m}{r_0}\right)+\sin\left(\frac{\lambda}{\sqrt{2}}\frac{h_m}{r_0}\right)\right]\right\}\Big\rangle$$

从上面的公式可知，挡板的宽度效应体现在前面的公共因子 $\left[1-(1-w/r_0)^4\right]$ 或 $\left[(1+w/b)^4-1\right]$ 上，板宽的影响较大，当超过 1/4 半径时，产生的转动惯量和阻尼已达到最大值的 70% 以上；式中含 $(h-h_n)/r_0$ 的项表示挡板上表面产生的效应，含 h_n/r_0 的项表示挡板下表面产生的效应。比较环形挡板和箱底的计算公式，可以看出箱底的结果是挡板结果的特殊形式，挡板宽度等于圆环筒形贮箱的液体厚度，并且只考虑挡板上表面的作用时，此时 $2N$ 个表面变为一个表面，求和号中第二个指数项不存在，$h_n=0$，与箱底的结果是一致的，挡板的计算公式退化为箱底的公式。

H. F. 鲍尔给出的贮箱外壁内侧和内壁外侧所产生的有效转动惯量和阻尼公式不正确，为此本文进行了理论推导，给出了正确的结果。根据贮箱滚动时液体的环向速度和黏性力的定义

$$U_\theta(x,\,t)=\frac{\mathrm{i}\omega r\theta_0\,\mathrm{e}^{\mathrm{i}\omega t}}{\alpha+\mathrm{i}\beta}\left\{X\left(\lambda\,\frac{x}{r_0}\right)\right\}\{\boldsymbol{A}+\mathrm{i}\boldsymbol{B}\}\,,\ \tau_{r\theta}=\mu\gamma_{r\theta}=\mu\left(\frac{\partial U_\theta}{\partial x}-\frac{U_\theta}{x}\right)$$

代入液体滚转运动方程为

$$I_4\ddot{\theta}+C_4\dot{\theta}=M(t)=2\pi h\left[(\tau_{r\theta})_{x=r_0}r_0^2+(\tau_{r\theta})_{x=b}b^2\right]$$

将上式除以 $\dot{\theta}$，并代入环向速度的径向梯度

$$\frac{\partial U_\theta(x,\,t)}{\partial x}=\frac{\mathrm{i}\omega r\theta_0\,\mathrm{e}^{\mathrm{i}\omega t}}{\alpha+\mathrm{i}\beta}\left\{\frac{\mathrm{d}X(\lambda x/r_0)}{\mathrm{d}x}\right\}\{A+\mathrm{i}B\}=\frac{\mathrm{i}\omega\lambda\theta_0\,\mathrm{e}^{\mathrm{i}\omega t}}{\alpha+\mathrm{i}\beta}\left\{X'\left(\lambda\,\frac{x}{r_0}\right)\right\}\{\boldsymbol{A}+\mathrm{i}\boldsymbol{B}\}$$

上式变换为

$$C_4+\mathrm{i}\omega I_4=\frac{2\pi\mu r_0^2 h}{\alpha+\mathrm{i}\beta}\{[\lambda X'(\lambda)-X(\lambda)]+k^2[\lambda X'(\lambda k)-X(\lambda k)/k]\}\{\boldsymbol{A}+\mathrm{i}\boldsymbol{B}\}$$

由实、虚部可得出箱壁产生的转动惯量和阻尼为

$$\frac{I_4}{I_r}=4\frac{\{[X'(\lambda)-X(\lambda)/\lambda]+k^2[X'(\lambda k)-X(\lambda k)/(\lambda k)]\}\{\alpha\boldsymbol{B}-\beta\boldsymbol{A}\}}{\lambda(\alpha^2+\beta^2)}$$

$$\frac{C_4}{\pi\mu r_0^2 h/2}=4\lambda\frac{\{[X'(\lambda)-X(\lambda)/\lambda]+k^2[X'(\lambda k)-X(\lambda k)/(\lambda k)]\}\{\alpha\boldsymbol{A}+\beta\boldsymbol{B}\}}{(\alpha^2+\beta^2)}$$

式中

$$\{X(x)\}=\{\,\mathrm{ber}_1(x),\ \mathrm{bei}_1(x),\ \ \mathrm{ker}_1(x),\ \mathrm{kei}_1(x)\,\}$$

为函数行向量，x 为半径方向的坐标变量，$\mathrm{ber}_1(x)$、$\mathrm{bei}_1(x)$、$\mathrm{ker}_1(x)$、$\mathrm{kei}_1(x)$ 为第一类和第二类开尔文函数，与开尔文函数的关系为

$$\mathrm{ber}_m(x)\pm\mathrm{i}\,\mathrm{bei}_m(x)=\mathrm{i}^{\pm m}I_m(\mathrm{i}^{\pm0.5}x),\ \mathrm{ker}_m(x)\pm\mathrm{i}\,\mathrm{kei}_m(x)=\mathrm{i}^{\mp m}K_m(\mathrm{i}^{\pm0.5}x)$$

$I_m(x)$ 为第一类修正的贝塞尔函数，$K_m(x)$ 为第二类修正的贝塞尔函数，也称为贝塞尔函数和修正的汉克尔函数。由此定义可根据 $m=1$ 时的贝塞尔函数计算开尔文函数。分子项与函数向量相乘的列向量的实、虚部为

$$A = \left\{ \begin{matrix} -[\mathrm{kei}_1(\lambda k) - k \cdot \mathrm{kei}_1(\lambda)] \\ -[\mathrm{ker}_1(\lambda k) - k \cdot \mathrm{ker}_1(\lambda)] \\ [\mathrm{bei}_1(\lambda k) - k \cdot \mathrm{bei}_1(\lambda)] \\ [\mathrm{ber}_1(\lambda k) - k \cdot \mathrm{ber}_1(\lambda)] \end{matrix} \right\}, \quad B = \left\{ \begin{matrix} [\mathrm{ker}_1(\lambda k) - k \cdot \mathrm{ker}_1(\lambda)] \\ -[\mathrm{kei}_1(\lambda k) - k \cdot \mathrm{kei}_1(\lambda)] \\ -[\mathrm{ber}_1(\lambda k) - k \cdot \mathrm{ber}_1(\lambda)] \\ [\mathrm{bei}_1(\lambda k) - k \cdot \mathrm{bei}_1(\lambda)] \end{matrix} \right\}$$

分母项的实、虚部为

$$\alpha = \{\mathrm{ber}_1(\lambda k), \ -\mathrm{ber}_1(\lambda), \ \mathrm{bei}_1(\lambda k), \ -\mathrm{bei}_1(\lambda)\}$$
$$\{\mathrm{kei}_1(\lambda), \ \mathrm{kei}_1(\lambda k), \ \mathrm{ker}_1(\lambda), \ \mathrm{ker}_1(\lambda k)\}^{\mathrm{T}}$$
$$\beta = \{-\mathrm{ber}_1(\lambda k), \ \mathrm{ber}_1(\lambda), \ \mathrm{bei}_1(\lambda k), \ -\mathrm{bei}_1(\lambda)\}$$
$$\{\mathrm{ker}_1(\lambda), \ \mathrm{ker}_1(\lambda k), \ \mathrm{kei}_1(\lambda), \ \mathrm{kei}_1(\lambda k)\}^{\mathrm{T}}$$

算式中有开尔文函数的导数，可以利用修正贝塞尔函数的递推关系

$$I'_m(Y) = [I_{m-1}(x) + I_{m+1}(x)]/2 , \quad K'_m(y) = -[K_{m-1}(y) + K_{m+1}(y)]/2$$

计算开尔文函数的导数

$$\mathrm{ber}'_m(x) \pm i\,\mathrm{bei}'_m(x) = i^{\pm(m+0.5)}[I_{m-1}(i^{\pm 0.5}x) + I_{m+1}(i^{\pm 0.5}x)]/2$$
$$\mathrm{ker}'_m(x) \pm i\,\mathrm{kei}'_m(x) = -i^{\mp(m-0.5)}[K_{m-1}(i^{\pm 0.5}x) + K_{m+1}(i^{\pm 0.5}x)]/2$$

对于圆筒形贮箱，$k=0$，利用 $\mathrm{ber}_1(0) = 0$ 和 $\mathrm{bei}_1(0) = 0$ 的条件，可由 I_4、C_4 推导出贮箱外壁内侧产生的有效转动惯量和阻尼为

$$\frac{I_4}{I_r} = 4 \frac{\mathrm{ber}_1(\lambda)\mathrm{b}'\mathrm{ei}_1(\lambda) - \mathrm{bei}_1(\lambda)\mathrm{b}'\mathrm{er}_1(\lambda)}{\lambda[\mathrm{ber}_1^2(\lambda) + \mathrm{bei}_1^2(\lambda)]}$$

$$\frac{C_4}{\pi\mu r_0^2 h/2} = 4\left[\lambda \frac{\mathrm{ber}_1(\lambda)\mathrm{b}'\mathrm{er}_1(\lambda) + \mathrm{bei}_1(\lambda)\mathrm{b}'\mathrm{ei}_1(\lambda)}{\mathrm{ber}_1^2(\lambda) + \mathrm{bei}_1^2(\lambda)} - 1\right]$$

H. 赖斯曼给出了相同的结果，说明圆环筒形贮箱的公式推导是正确的。一般航天器滚转频率为 $0.05\sim5\mathrm{Hz}$，贮箱半径为 $0.5\sim5\mathrm{m}$，推进剂的运动黏度为 $(0.16\sim1.82)\times10^{-6}$ m^2/s，则无量纲频率 λ 的变化范围为 $2\times10^2\sim7\times10^4$，数值较大，上式可近似为

$$\frac{I_4}{I_r} = \frac{2\sqrt{2}}{\lambda}, \quad \frac{C_4}{\pi\mu r_0^2 h/2} = 4\left(\frac{\lambda}{\sqrt{2}} - 1\right)$$

根据精确的贝塞尔方法和近似公式进行了计算比较，将阻尼近似公式的"1"改为"1.5"更准确，因此上面的第二式改为

$$\frac{C_4}{\pi\mu r_0^2 h/2} = 4\left(\frac{\lambda}{\sqrt{2}} - 1.5\right)$$

对于圆环筒形贮箱，本书通过拟合计算，也获得了与圆筒形贮箱一致的近似公式

$$\frac{I_4}{I_r} = 2\sqrt{2}\frac{1 - k^3}{\lambda}, \quad \frac{C_4}{\pi\mu r_0^2 h/2} = 4\left[\frac{\lambda(1 - k^3)}{\sqrt{2}} - 1.5(1 + k^2)\right]$$

此式在 $\lambda > 20$ 时与准确公式非常一致，并且适用于圆筒形贮箱。贮箱侧壁产生的液体有效转动惯量和阻尼与无量纲频率的关系曲线如图 16-5 和图 16-6 所示，贝塞尔方法与近似方法结果一致。当 $\lambda > 1000$ 时，贝塞尔方法计算发散，不能收敛，其原因是第一类开尔文函数 $\mathrm{ber}_1(\lambda)$、$\mathrm{bei}_1(\lambda)$ 为振荡发散曲线，计算转动惯量和阻尼使用了大数相减和相除算

法，在数值计算中会产生不可控制的误差，因此在 $\lambda > 20$ 以后应采用近似方法，这个条件正好包含了工程中所关注的数值范围，圆环筒形贮箱侧壁的有效转动惯量和阻尼近似计算公式完全满足使用要求。

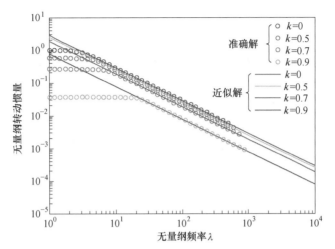

图 16 - 5　箱壁产生的液体有效滚转转动惯量（见彩插）

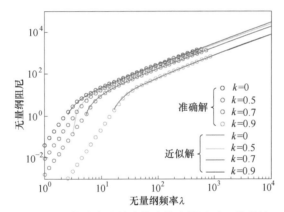

图 16 - 6　箱壁产生的液体有效滚转阻尼（见彩插）

从图中可以看出，转动惯量与无量纲频率成反比，阻尼随无量纲频率增大而增大，均不是常数，这个性质与固体不同，也与液体横轴转动惯量不同。由横轴、纵轴转动惯量的分析方法也可看出两者的不同，横轴转动惯量是求解拉普拉斯方程的特征值问题，最小转动惯量轴心位置需要计算才能获得，并且由等效晃动力学模型表述其运动效应；纵轴转动惯量是求解绕纵轴滚转振荡的纳维-斯托克斯方程的响应，不存在常数特征值，最小转动惯量轴为贮箱纵轴，不需要等效晃动力学模型。

上面给出的四种转动惯量和阻尼均与滚转角速度有关，滚转有效转动惯量和阻尼为以上四种结果之和

$$I_\Sigma = I_1 + I_2 + I_3 + I_4, \quad C_\Sigma = C_1 + C_2 + C_3 + C_4$$

为从数值上比较液体纵轴转动惯量与固体的差别，选高度和直径相同的贮箱，隧道管直径为贮箱的 10%，外壁 6 层环形挡板宽度为半径的 10%，液体滚动扭矩与固体滚动扭矩的

比值为

$$f_{L/r} = \frac{M(t)}{M_r(t)} = \frac{I\ddot{\theta} + C\dot{\theta}}{I_r\ddot{\theta}} = \frac{4.64}{\lambda}\left[1 - i\left(1 - \frac{1.29}{\lambda}\right)\right] \approx \frac{6.58}{\lambda}e^{-i\frac{\pi}{4}}$$

由上式可知，液体滚动扭矩与固体滚动扭矩的比值与无量纲频率成反比，即滚转角速度越大，液体滚转所需的扭矩越小于固体，但扭矩的数值还是增大的。按保守估算取 $\lambda = 500$，则液体的滚动扭矩只相当于固体的 1.3%，并且相位滞后 45°，即液体的有效转动惯量和阻尼产生的扭矩数值相同。

对于液体火箭，一般液体质量比例可达到 90%，箭体结构的滚动转动惯量至少超过液体固化的 15%，因此箭体滚转时驱动推进剂的滚动扭矩至少比箭体结构低一个量级，这就是航天器设计和运动分析可以不考虑推进剂滚转的转动惯量的依据，但前提是贮箱内没有纵向挡板，否则纵向挡板产生的液体附加转动惯量和阻尼将明显大于无纵向挡板的贮箱。

16.4　贮箱滚转时纵向挡板产生的液体有效转动惯量和阻尼

当贮箱滚转时，与液体运动方向平行的箱壁、箱底和横向挡板只产生附加阻尼力，不产生附加质量力，上一节讨论的正是此种问题，而垂直于液体运动方向的纵向挡板将引起与相对加速度有关的附加质量力和与相对速度有关的附加阻尼力，并且远大于平行液体运动方向的挡板，因此当贮箱内安装了纵向挡板时，必须首先考虑纵向挡板产生的液体有效转动惯量和阻尼。由于挡板对液体运动场的强烈扰动，小扰动的速度势线性理论无法使用，理论解不存在，只能采用工程分析和试验方法。

对于纵向挡板，附加转动惯量和阻尼主要与板形有关，与黏性关系不大。当纵向挡板矮而密时，可借用 F. T. 道奇计算环形挡板对横轴转动惯量的影响时提出的双区域方法，即将纵向挡板内缘至箱壁的液体作为厚度为挡板宽度的厚壁圆环柱固体，挡板内缘以内的液体按光壁贮箱处理，将贮箱半径减去挡板宽度作为光壁贮箱的半径，分别计算挡板区域的固化液体纵轴转动惯量和半径缩减后的光壁贮箱液体的纵轴有效转动惯量，再将两者相加。当纵向挡板高而稀时，要考虑纵向挡板的存在引起与相对加速度成正比的附加质量力和与相对动压头成正比的附加阻尼力，单位长度上的附加质量为 $m_i = \frac{\pi}{4}c_m\rho w^2$，$c_m = 1 \sim 2$，为附加质量系数，$w$ 为挡板宽度，纵向挡板的有效转动惯量和转动阻尼分别为

$$I_z = \sum_{i=1}^{k} m_i h_i r_i^2, \quad C_z \approx 3\rho w \sum_{i=1}^{k} \sqrt{r_i^5 w_i^3} h_i$$

式中，h_i 为挡板高度；r_i 为挡板中心线的半径；转动阻尼 C_z 不是常数，与角速度成正比，有明显的非线性；c_m 的取值需要通过试验确定；阻尼算式的系数 "3" 也需要根据试验结果进行调整。采用上述的方法，可以给出纵向挡板引起的液体滚转有效转动惯量和阻尼的量级和大致范围，为总体和控制系统分析提供参考依据。

16.5　小结

目前推进剂贮箱的液体有效转动惯量在工程中还没有得到重视，也缺乏相应的工程和试验研究，从本文的分析计算结果可以看出，液体的绕横轴转动惯量与固化处理有一定的差别，这对俯仰和偏航的飞行控制精度和控制驱动力均有一定的影响，因此在控制系统仿真分析模型中应当引入液体有效转动惯量参数。液体绕纵轴转动惯量在没有纵向挡板的条件下比结构低一个数量级以上，滚动控制可以不考虑其影响，但存在纵向挡板时则应采用本书给出的工程分析方法，并通过试验确定附加质量系数和阻尼系数。

从贮箱满箱时绕横轴转动惯量低于固体而平动时质量等于固体的规律看，转动时运动液体的分布明显大于贮箱平动的范围，横向挡板对转动惯量的影响大于对晃动阻尼的影响，能明显提高液体的有效转动惯量，但其影响目前还缺乏全面深入的研究，仅有一种高度比和挡板宽度比、间距比的贮箱试验结果，而且双区域近似计算方法也只在该贮箱得到验证，需要开展不同高度比和挡板宽度比、间距比对转动惯量的影响研究，有必要通过有横向挡板贮箱缩比模型的俯仰转动试验结果，对无挡板贮箱的转动惯量进行修正，以考虑横向挡板的影响；纵向挡板不是很宽时，产生的液体绕横轴有效转动惯量较小，可以不考虑。

从一端非平底满箱液体有效转动惯量的试验结果看，箱底外凸减少了对箱内液体的运动约束，降低了液体有效转动惯量，箱底内凹增加了对箱内液体的运动约束，提高了液体有效转动惯量，但目前只有中、短长度贮箱 1.4 椭球底的满箱状态结果，需要开展自由液面状态、不同比例椭球底及不同长度比贮箱对转动惯量的影响研究。

液体有效转动惯量还有一些未解决的问题，自由液面的圆环筒形贮箱绕横轴的液体转动惯量没有理论结果，一些现有文献中存在错误，本书提出的转动惯量近似折算方法需要修正与验证。垂直于液体运动方向的挡板产生的液体有效转动惯量和阻尼的试验结果非常有限，不能满足工程设计和分析的需要。为进一步提高控制系统的技术水平，建议总体设计工程中开展液体有效转动惯量的理论和试验研究，重点进行缩比模型和挡板的试验研究，探索非平底形和各种挡板的工程计算方法，获取试验数据，填补转动特性参数的缺项，改进目前航天器推进剂转动惯量计算的方法和规范。

第 17 章　大幅晃动的谐波响应

晃动试验绝大多数是各种形式贮箱的建模试验，目的是确定传递函数或频响函数，代入到控制回路做稳定性分析。还有一类比较少的试验是箱体结构的耐晃动试验，目的是考核箱体在规定条件下的耐晃动适应性，实际上是力学环境试验。在我们进行某型机载油箱耐晃动试验时，遇到一个以往在晃动建模试验中未见过的现象，即当试验激励频率约为液体晃动一阶固有频率的 1/3 时，液体产生一个附加的一阶固有频率晃动，晃动力也比较大。为分析此现象的机理和规律，本书从机理上进行探讨，以期给出合理的解释，并对问题的处理提出有益的建议和有效的分析方法。

17.1　试验条件与现象

图 17-1 所示为机载油箱晃动试验示意图，试验件为长方体内腔，沿晃动方向的箱内宽度为 B，加注试验液体深度为 H，油箱安装在专用的试验支架上，可以绕支承轴 D 进行转动，在油箱对称面的适当高度上安装与支承轴 D 平行的驱动轴 C，由晃动台通过驱动杆输入周期位移激励 $Ae^{i\omega t}$，推动油箱绕 D 轴做大幅角晃动（转动晃动），转动角在 $\pm 15°$ 范围内。

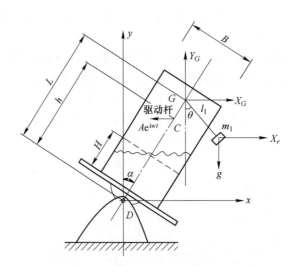

图 17-1　晃动试验和等效摆示意图

在按试验要求所规定的频率范围内进行晃动试验时，箱内液体除了按试验频率进行强迫晃动外，在每个强迫晃动周期内还有三次附加晃动响应，并且引起的附加晃动力比较大，整个试验装置都有明显的振动响应。当适当增大晃动试验频率后，附加晃动响应消失。对于长方体油箱，由第 9 章的推导可知其一阶晃动固有频率为

$$\omega_1 = \sqrt{g\,\frac{\pi}{B}\tanh\frac{\pi H}{B}}$$

在试验频率为 1/3 固有频率的 $0.90\sim1.13$ 倍时，产生了 3 倍试验频率的晃动耦合响应，也就是三次谐波响应。当试验频率提高到 1/3 固有频率的 1.18 倍以上时，耦合现象消失。

17.2　谐波响应的晃动动力学模型

液体晃动分析的基本假设是小位移，箱体输入线晃动（平动）位移，建立等效单摆或弹簧-质量系统的晃动动力学模型。用角晃动（转动）转角作为输入也可得出同样的结果。在这种模型中，当激励频率接近晃动固有频率时，响应与激励产生耦合，晃动响应明显增大。当两个频率有一定的差异时，响应较小，不同频率的激励只能产生与激励频率同频的稳态响应，也就是只有基波响应。

对于 1/3 固有频率的激励所引起的固有频率耦合响应，经典的线性晃动动力学模型无法再现，只能按照实际状态建立液体晃动的谐波响应动力学模型。假设液体的晃动质量为 m_1，等效摆长为 l_1，摆点（单摆悬挂点）距支承轴长度为 L，本文建立图 17-1 所示的角晃动动力学模型，摆点 G 绕 D 做圆弧运动，水平方向的位移为

$$X_G = \frac{L}{h}A\,\mathrm{e}^{\mathrm{i}\omega t} = L\sin\alpha\,\mathrm{e}^{\mathrm{i}\omega t}$$

式中，$\alpha = 15°$ 为箱体最大转角。垂直方向的位移为

$$Y_G = -\sqrt{L^2 - X_G^2} = -L\sqrt{1 - \sin^2\alpha\,\mathrm{e}^{\mathrm{i}2\omega t}} \approx -L\left(1 - \frac{1}{2}\sin^2\alpha\,\mathrm{e}^{\mathrm{i}2\omega t}\right)$$

上式的误差小于 0.06%。摆点的上下运动引起场加速度的变化，而经典的液体晃动分析只考虑摆点的水平运动，正是这个问题引起 1/3 固有频率激励的三次谐波耦合响应。

由图 17-1 在 $X_G Y_G$ 坐标系中建立单摆在非惯性系中的运动方程为

$$m_1\ddot{X}_r + C_1\dot{X}_r + m_1(g + \ddot{Y}_G)\frac{X_r}{l_1} = -m_1\ddot{X}_G$$

式中，X_r 为相对 G 点的液体等效晃动位移；C_1 为黏性阻尼系数，摆点的加速度为

$$\begin{cases} \ddot{X}_G = -\omega^2 L\sin\alpha\,\mathrm{e}^{\mathrm{i}\omega t} \\ \ddot{Y}_G = -2\omega^2 L\,\sin^2\alpha\,\mathrm{e}^{\mathrm{i}2\omega t} \end{cases}$$

将此式代入运动方程，得

$$\ddot{X}_r + 2r_1\omega_1\dot{X}_r + \left(\omega_1^2 - 2\omega^2\frac{L}{l_1}\sin^2\alpha\,\mathrm{e}^{\mathrm{i}2\omega t}\right)X_r = \omega^2 L\sin\alpha\,\mathrm{e}^{\mathrm{i}\omega t}$$

式中，$\omega_1 = \sqrt{g/l_1}$，$r_1 = \dfrac{c_1}{2\omega_1 m_1}$。上式为线性变系数非齐次微分方程，因此本文建立的模型是周期时变系统。与非线性振动的马蒂厄（Mathieu）方程相比，多了非齐次的强迫激励项，少了位移的三次项，是一种摆点上下运动的线性振动。由于位移项的系数包含周期函数，总的响应既有强迫激励引起的与激励频率同频的基波响应，又有参数激励引起的倍频高次谐波响应。从上式看方程的解应为以下形式

$$X_r = \sum_{n=1}^{\infty} f_n \mathrm{e}^{\mathrm{i}n\omega t}$$

将此式代入上式，得

$$\sum_{n=1}^{\infty} [f_n(\omega_1^2 - n^2\omega^2 + \mathrm{i}2r_1\omega_1 n\omega) - \omega^2\mu f_{n-2}]\mathrm{e}^{\mathrm{i}n\omega t} = \omega^2 L \sin\alpha\, \mathrm{e}^{\mathrm{i}\omega t}$$

不失一般性定义 $f_0 = f_{-1} = 0$，$\mu = 2\dfrac{L}{l_1}\sin^2\alpha$，由于上式为恒等式，$\mathrm{e}^{\mathrm{i}n\omega t}\,(n=1, \cdots, \infty)$ 的系数 f_n 应有

$$f_1 = \frac{L\sin\alpha}{k^2 - 1 + \mathrm{i}2r_1 k}, \ f_2 = 0, \quad \cdots$$

$$f_{n+2} = \frac{\mu}{k^2 - (n+2)^2 + \mathrm{i}2r_1 k(n+2)} f_n$$

式中，$k = \omega_1/\omega$，为无量纲激励频率的倒数，也是激励周期与固有周期的比，由递推关系可知，偶数项系数均为零，奇数项系数为

$$f_{2n-1} = \frac{\mu^{n-1}}{\prod\limits_{m=1}^{n} [k^2 - (2m-1)^2 + \mathrm{i}2r_1 k(2m-1)]} L_1 \sin\alpha$$

由此可得

$$X_r = \sum_{n=1}^{\infty} f_{2n-1} \mathrm{e}^{\mathrm{i}(2n-1)\omega t}$$

即箱体进行大幅角晃动的液体晃动等效位移。

17.3 谐波晃动响应特性分析

晃动响应特性是输出与输入之间的关系特性，可用各阶谐波响应的动力放大系数来表示，定义为各阶响应幅值 f_{2n-1} 与摆点水平运动幅值 $|X_G|$ 之比

$$\beta_{2n-1} = \frac{f_{2n-1}}{|X_G|} = \frac{\mu^{n-1}}{\prod\limits_{m=1}^{n}[k^2 - (2m-1)^2 + \mathrm{i}2r_1 k(2m-1)]}$$

β_{2n-1} 的意义为当输入的激励频率为 ω_1/k 时，将产生 $(2n-1)\omega_1/k$ 频率的谐波响应放大倍数。为叙述方便，后文中的谐波响应均指不同 k 对应的 β_{2n-1}。

从上式看，谐波响应较大的条件是 k 近似取 $(2m-1)$，这与多自由度振动系统是一致的，阻尼比 r_1 越小，极值点越靠近 $(2m-1)(m=1, \cdots, n)$。光滑内壁箱体的晃动阻尼比为 1/1000 的数量级，有防晃装置的阻尼比为 1/100 的数量级，均为小阻尼状态，因此极值点可取在 $(2m-1)$ 处，极值可取该处的 β_{2n-1}。

由上式可知谐波响应与 r_1 和 μ 有关，r_1 的估算式为

$$r_1 = d_1 \upsilon^{1/2} (B/2)^{-3/4} g^{-1/4} \approx 7.7 \times 10^{-4}$$

式中，d_1 为液体深度系数；υ 为液体运动黏度。阻尼比取整，$r_1 = 0.001$；μ 与液体深度有关，当液体较浅时，晃动力比较小，不是危险工况。本书以液深超过半液面为分析范围，另外考虑到箱体支承轴到箱底有一定的距离，近似取 $L/l_1 = 2\sim3$，由 $\alpha = 15°$ 可得

$$\mu = 2\frac{L}{l_1}\sin^2\alpha = 0.268 \sim 0.402$$

取其平均值作为 μ 的估计值，$\mu = 0.335$。由 r_1 和 μ 的估计值为例对谐波响应进行分析，取 $\omega = \omega_1$、$\omega_1/3$ 和 $\omega_1/5$，谐波响应从一阶计算到七阶，计算结果见表 17-1。表中的数值不考虑分母项的高阶小量，均为一阶近似计算。

表 17-1　液体 15° 角晃动的谐波响应 β_{2n-1}

激励频率 ω		ω_1	$\omega_1/3$	$\omega_1/5$
激励周期比 k		1	3	5
谐波阶数	基波	$1/2r_1 = 500$	$1/8$	$1/24$
	三次	$\dfrac{\mu}{16r_1} = 20.9$	$\dfrac{\mu}{144r_1} = 2.33$	$\dfrac{\mu}{384} = 8.72 \times 10^{-4}$
	五次	$\dfrac{\mu^2}{364r_1} = 0.792$	$\dfrac{\mu^2}{2304r_1} = 0.049$	$\dfrac{\mu^2}{19200r_1} = 5.85 \times 10^{-3}$
	七次	$\dfrac{\mu^3}{18432r_1} = 2.04 \times 10^{-3}$	$\dfrac{\mu^3}{92160r_1} = 4.08 \times 10^{-4}$	$\dfrac{\mu^3}{460800r_1} = 8.16 \times 10^{-5}$

$\omega = \omega_1$ 时，基波响应非常大，三次谐波响应也比较大，更高阶次谐波可以不考虑，主要的响应频率为 ω_1 和 $3\omega_1$，一般这种响应是结构和控制系统不能承受的，必须采取有效措施予以规避。

$\omega = \omega_1/3$ 时基波响应为 $1/8$，是非共振响应，比激励约小一个量级，主要的响应是三次谐波响应，其他阶次响应影响很小，不予考虑。三次谐波响应频率与液体晃动固有频率一致，引起液体共振，只是等效阻尼比相对 $\omega = \omega_1$ 时大很多，但仍有动力放大效应，这样的特性必须在控制系统稳定性分析和贮箱结构的耐晃动性能设计中予以考虑。

$\omega = \omega_1/5$ 时的响应都比较小，基波响应为最大，五次谐波响应次之，无动力放大效应，更低的激励频率其响应将很低，工程中对 $\omega_1/3$ 以下的激励可以不考虑。

综上所述，液体大幅角晃动响应主要有三种，一种是经典的晃动共振响应，响应为 $\dfrac{1}{2r_1}$；另一种是晃动共振引起的三次谐波响应，频率为 $3\omega_1$，幅度为 $\dfrac{\mu}{16r_1}$；再一种是 $1/3$ 共振频率引起的三次谐波响应，响应频率为 ω_1，幅值为 $\dfrac{\mu}{144r_1}$。一般的液体晃动分析能给出第一种响应的结果，而后两种响应只能通过谐波响应分析才能给出。这三种响应对激励均有放大作用，在载荷设计与试验和控制系统稳定性分析中要有所重视，不能只注意共振基波响应。

17.4　几点讨论与建议

17.4.1　液体晃动特性试验方法的适用性

液体晃动特性试验（晃动建模试验）的目的是确定晃动动力学模型的参数，主要是一阶固有频率或等效摆长、阻尼比、晃动质量、晃动质量质心或等效摆点位置，既可以用弹

簧-质量模型，也可以用等效单摆模型，两者是等价的。特性试验一般是获得线性系统输出与输入的传递特性，与输入或输出的绝对数值无关，而晃动理论是建立在小晃幅条件下的，试验也是在小晃幅下进行的。试验方法有两大类，箱体平动的线晃动试验做得较多，这种方法中等效摆点不存在垂直方向的运动，不会引起参数激励和谐波响应；箱体转动的角晃动试验也能得到晃动特性参数，一般这种方法的转角幅值 $\alpha<5°$，而三次谐波响应与 $\sin^2\alpha$ 成正比。当 α 较小时，$|\beta_3|$ 也相应减小，$|\beta_3|_{k=3}<0.264$，$|\beta_3|_{k=1}<2.37$，比 $\alpha=15°$ 时约低一个数量级，对晃动响应的影响已不明显，因此晃动特性试验方法不受谐波响应的影响。更进一步说，对于平动和小幅角转动液体晃动，不存在谐波响应。

17.4.2　等效单摆模型和弹簧-质量模型的比较

在晃动的基波响应分析中，这两种模型是等价的。等效摆模型的参数是摆点高度、摆长、晃动质量和阻尼比，其中阻尼比与 Ga 有关，其他三个参数均与场加速度无关，是不变量；弹簧-质量模型的参数是弹簧的位置、弹簧刚度、晃动质量和阻尼比，弹簧位置与场加速度无关，与摆长之和即为摆点高度，而弹簧刚度与场加速度有关。当箱体在水平面内平动时，刚度不变；当箱体在垂直方向运动时，刚度是变量。通过 Fr 相似可以建立弹簧刚度与场加速度的关系式

$$K = \frac{m_1}{l_1}(g + \ddot{Y}_G)$$

这与摆模型是等价的，因此做谐波响应分析两个模型也是等价的，只是等效摆模型在物理概念上更加直观、方便，而弹簧-质量模型容易将刚度作为不变量易引起错误，还需引用 Fr 相似条件，导致理解上更加困难，使用上不太方便。

17.4.3　箱体运动形式与谐波阶次的关系

箱体做对称角晃动时，水平方向的强迫激励频率为 ω，垂直方向的参数激励频率为 2ω。强迫激励产生同频率的基波响应，参数激励对响应的 2ω 频率产生调制作用，基波被调制出三次谐波，三次谐波作为响应又被调制出五次谐波，依次形成奇数阶的无穷阶谐波响应。

如箱体做单侧角晃动或在铅垂面内做椭圆运动，这种运动形式在火箭发动机有推力脉动时可能出现。在图 13-1 的晃动试验中，当零位有偏移时，以 1/2 晃动频率激励贮箱，液体以晃动频率产生明显的两次谐波响应，此时水平强迫激励频率和垂直方向参数激励频率均为 ω，将产生 ω 频率的基波响应和 $n\omega$（$n=2$，3，4，…，∞）频率的谐波响应，既包含奇数阶，也包含偶数阶。更进一步推广，若水平强迫激励频率为 ω_H，垂直方向参数激励频率为 ω_V，则基波响应频率为 ω_H，谐波响应频率为 $\omega_H+n\omega_V$（$n=1$，2，3，…，∞）。

17.4.4　液体大幅角晃动谐波响应问题的处理

激励频率与固有频率接近，且大幅角晃动产生的基波响应和三次谐波响应比较大时，工程中必须采取措施限制响应的幅值，有条件时可采用频率规避措施。当激励频率为固有频率的（$1+\varepsilon$）倍时，基波响应和三次谐波响应均下降至共振响应的 r_1/ε，当然，增大

阻尼也可降低响应,阻尼增大几倍,响应降低为原来的几分之一。对于 1/3 固有频率的激励,三次谐波耦合响应的控制与上面相同。三次谐波的耦合响应虽然没有基波共振响应危险性大,但仍对输入激励有放大作用,并且液体越深,晃动幅角越大,引起的谐波响应放大越严重。因此,根据本书的研究结果,在工程中当存在液体大幅角晃动时,除按照经典晃动理论进行考虑外,还要注意 1/3 固有频率激励所引起的三次谐波耦合响应,对响应的大小进行分析,防止发生问题,保证控制系统和箱体结构系统正常工作。

17.4.5　充液箱体耐晃动试验和结构晃动设计的附加要求

有关的环境试验标准规定了摇摆试验的幅角、频率和试验时间,并没有要求对液体晃动特性进行分析或预估。当试验频率与液体固有频率接近或重合时,可能产生很大的共振响应,导致结构破坏。因此,环境试验条件应提出避开共振的要求,并且对于三次谐波耦合响应做出规定,或者要求结构来承受,或者采取频率规避措施,将具体要求体现在设计和试验文件中。

17.5　小结

产生谐波响应的条件是在垂直于液体晃动方向上有周期变化的加速度场,在考虑液体晃动的影响时,除了按经典的晃动理论处理基波响应外,还应注意 1/3 固有频率激励所产生的三次谐波响应,或者其他复杂运动所产生的二次谐波响应,采取有效措施控制谐波响应的量级。更高阶次的谐波响应比较小,不会影响控制系统的稳定性和箱体结构的耐晃动能力。对于晃动建模试验,其理论和试验方法是建立在线性时不变系统的基础上,不能处理有谐波响应的参数识别问题,只能将谐波响应当作误差处理,因此试验中要避免谐波响应,以提高试验精度。

参 考 文 献

[1] H F BAUER. Theory of the Fluid Oscillations in a Circular Cylindrical Ring Tank Partially Filled with Liquid. NASA TN D－557, Dec. 1960. ［R］.

[2] H N ABRAMSON. The Dynamic Behavior of Liquids in Moving Containers ［R］. NASA SP－106，1966.

[3] Д Е ОХОЦИМСКИЙ. К Теории Движения Тела с Полостями，Частично Заполненными Жидкостиью. П. М. М.，1956，т. XX，вып. 1，с. 3－20. 277－283

[4] J W MILES. On the Sloshing of Liquid in a Flexible Tank ［J］. Journal of Applied Mechanics，Jun. 1958，277－283.

[5] P H 米基谢夫. 宇宙飞行器动力学实验法 ［M］. 北京：强度与环境编辑部，1980.

[6] 方良玉. 圆柱形贮箱中的液体有效转动惯量及其实验研究 ［J］. 强度与环境，1989（4）：27－32.

[7] F T DODGE, D D KANA. Moment of Inertia and Damping of Liquid in Baffled Cylindried Tanks ［R］. NASA CR－383，Feb. 1966.

[8] H REISMANN. Liquid Propellant Inertia and Damping Due to Airframe Roll ［J］. Jet Propulsion，Nov. 1958：747－751.

[9] 刘孟诏，刘芳. 液体转动惯量综述 ［J］. 飞机设计，2003（1）：18－22.

[10] 马斌捷，刘桢，林宏. 航天器贮箱液体的有效转动惯量 ［J］. 导弹与航天运载技术，2011（1）：21－25.

[11] 马斌捷，林宏. 液体晃动的谐波响应分析 ［J］. 导弹与航天运载技术，2005（1）：35－39.

[12] Sloshing suppression ［R］. NASA SP－8031，1971.

[13] 赵人濂. 液体火箭推进剂晃动特性的结构控制 ［J］. 宇航学报，1984（1）：58－68.

[14] 夏益霖. 液体推进剂贮箱的防晃设计 ［J］. 导弹与航天运载技术，1995（6）：29－38.

[15] 董锴. 航天器推进剂晃动的动力学建模与抑制方法研究 ［D］. 哈尔滨：哈尔滨工业大学，2007.

[16] 张景芳. 推进剂的某些相似准则与应用 ［J］. 强度与环境，1987（6）：7－14.

总　　结

　　本篇系统总结归纳了晃动工程的基本概念、理论分析和试验研究方法，晃动问题的研究成果和试验数据完全可以满足目前液体火箭防晃设计的需求，保证飞行控制的稳定性。本篇内容仅限于重力控制的晃动等效动力学模型，在数学方程或物理概念上为模态或特征值问题，晃动位移响应和晃动力的分析是基于模态参数的动响应问题，工程分析中应注意两者的区别与联系。晃动模型为动特性问题，晃动响应为动响应问题，基于晃动的输入与输出可以获得动特性参数，基于给定的输入设计条件的晃动模型可以给出晃动响应。晃动问题分析的数值仿真方法近年来有了长足的发展和工程推广应用，成为解决复杂构型贮箱晃动问题的有力工具，只是本篇未对其进行介绍和讨论。另外，对于液体推进剂，除了晃动问题，还需要处理液体出流、蓄流和微重力下的液体运动问题，这些问题对于飞行成败至关重要。目前已有专门的专业和分析、试验方法研究此问题，总体专业对此应有全面的认识。

第3篇 弹箭体结构截面的飞行载荷测量技术

　　飞行器的载荷实测在工程中有一定的应用，但与响应测量相比，由于其难度和复杂性较高，应用的普遍性不高，有少量的文献资料与新闻报道，主要包含飞机的飞行载荷实测方法研究，测量飞机主要翼面载荷和其他部件，如增升装置、操纵舵面、起落架舱门等的载荷。飞机载荷测量以气动力面为主，火箭载荷测量以非气动力面的圆柱形结构为主，并且飞行载荷实测较少，目前仅限于火箭尾段的地面风载荷和部分型号的发射和飞行载荷测量。

　　有学者对飞机的翼面载荷的测量方法进行了系统全面的介绍与讨论，主要为直接的压力测量方法和间接的变形测量方法。其中，应变测量方法既可用于飞行载荷的测量，也可用于地面载荷的测量，被认为是标准的、唯一通用的载荷测量方法，得到了广泛应用。文中也对新型的测量技术、载荷方程的各种标定方法做了分析与评价，目前新发展了电容型和光纤型传感器，标定方法针对非线性问题探索了奇异值分解法、神经网络法的适用性，为减小标定工作量，研究了基于统计和有限元计算的载荷测量方法，获得了一定的工程处理经验，但距离广泛应用还存在一些差距。

　　国外在德尔它Ⅱ火箭发射 GLAST 时获取了飞行过程的星箭界面载荷，采用应变组桥进行载荷测量，在适配器的所有斜支撑上粘贴应变片，组成桥路，在地面上对适配器进行静、动态载荷标定，在飞行过程中对适配器的桥路应变进行测量，根据标定值反算出飞行过程中适配器的内力，从而获取飞船的输入载荷。另外，德尔它Ⅳ火箭利用根部弯矩测量技术，修订了由缩比模型的风洞试验获得的风力限制条件，提高了火箭操作和发射的许可地面风速，当火箭暴露在发射台上遭受了意想不到的疾风时，根部弯矩测量技术排除了火箭结构疑点，促成了火箭的顺利发射。

　　国内较少涉及火箭飞行过程载荷的测量，更多的是采用理论计算，或根据过载测量数据，通过动力学模型间接获取载荷。目前，国内进行载荷实测大多为各型火箭模型和实物的地面风载荷试验，开始探索对飞行过程中弹（箭）体结构和星箭界面的载荷直接测量，另外也开展了火箭射前载荷监测和发射过程载荷测量，验证了测量部段的频响特性——动态和静态标定的一致性，掌握了火箭载荷测量的技术与经验，创立了分布外压对截面载荷引起的耦合误差修正方法，建立测点不正交和标定载荷不正交的载荷计算模型，能够适应不同的载荷测量要求，并在新研火箭型号中搭载了弹（箭）体载荷测量系统，新增了复合载荷工况下的精度验证试验，建立了考虑耦合效应的非线性载荷矢量拟合模型，大大减小了载荷测量通道间的耦合误差，满足火箭飞行载荷的测量精度要求。

第 18 章　飞行载荷测量的基本理论

18.1　飞行载荷测量的含义

飞行器的载荷在不同专业有不同的理解，总体（包括气动）专业的载荷概念主要指气动力、惯性力、工作条件等外载荷；结构专业的载荷概念主要指截面的轴力、剪力和弯矩、扭矩等内载荷，另外还有内外压差；载荷专业的载荷概念则与前两个专业既有关系又有差别。载荷专业工作的输入条件由总体专业提供，另外还需增加力热环境的理论与测试结果，通过建立动力学模型，将总体专业提供的外载荷，转换为结构设计需要的内载荷，输出条件包括结构专业的设计输入——截面和压差载荷，以及集中力载荷，另外包括弹（箭）上其他系统中考核环境适应性的力热环境条件，这种适应性只能进行环境试验验证，不像结构专业可以进行设计分析。

从弹性力学的规定和定义看，总体专业提供的外载荷为外力，载荷专业通过动力学模型提供给结构专业的截面内载荷为内力，结构专业通过强度分析模型和内、外载荷按应力水平进行结构设计。本书涉及的载荷测量仅限定为弹（箭）结构的截面内载荷，并且只测量轴力和两个方向的弯矩，不测量扭矩和两个方向的剪力。由于弹（箭）体结构基本满足工程梁的变形特征，即剪切变形远小于轴向和弯曲变形，弹（箭）体载荷只能测出轴向推力和两个方向的横向弯矩，横向剪力产生的变形很小，低于弯曲变形的测量误差，工程中难以测量，而扭矩一般远小于弯矩，不会引起结构强度和动响应问题，仅对飞行控制有影响，也不容易测量。

严格意义上讲，结构载荷测量实际上是测量结构内力的一部分，真正的外力载荷测量是采用压力传感器（包括静态和动态）、加速度传感器（包括过载和振动）和力传感器等进行的，只是工程中已认可载荷测量为结构内力测量的说法，因此本书也遵从这一习惯。

18.2　飞行载荷测量的特点

弹（箭）体结构在飞行过程中的动态内力载荷比静态或准静态载荷的分析难度大得多，一般轴力以静态为主，可以通过发动机推力和轴向过载，比较准确地进行估算，有一定的确定性。横向弯矩以动态为主，与随机性较大的横向过载和气动扰动有关，分析评估的误差较大。为了获取弹（箭）体结构发射和飞行状态所受到的内力载荷，除采用理论和工程分析方法外，在有些型号上采用了试验测量方法，可将测量结果进行统计分析，最终给出一定概率和置信度的载荷上限。

载荷测量有两种方法，一种是直接测量不同截面的内力载荷，其测量敏感结构选择串置在弹（箭）体结构中的典型部段，不需要也无法另外设计测力与敏感结构，也不影响弹（箭）体结构的频响特性，每个截面只需要三个测量通道，遥测系统资源占用很少，其测量精度（线性度）显著低于力传感器的精度（0.1%～1%），只能达到 10% 的精度量级，实际精度与测量部段的结构形式、均匀性和对称性相关。弹（箭）体结构飞行状态下的载荷一般在中部较大，因此测量部段大多选用各级尾段或级间段，只能对弹（箭）体的测量部段进行静态灵敏度标定。假设测量部段的频响范围远高于动态载荷的频带范围，实际上由于测量部段为全弹（箭）体结构的一部分，局部结构的频响特性高于整个结构，因此该假设总是成立的。与一般传感器独立的设计与生产方式不同点在于，弹（箭）体结构成为传感器的一部分，结构装配流程中插入应变片粘贴、电缆铺设和测量设备安装，并借用静力试验工装或设计专用试验工装，进行载荷测量部段的灵敏度标定试验，形成贯穿于弹（箭）体结构总装生产过程的多向载荷传感器生产工艺。

另一种载荷测量方法是测量全弹（箭）体结构的动响应和表面压力参数，这两种测量具有独立的测量敏感结构，可以依据检定规程对其进行灵敏度和频响特性标定，通过这些数据，利用弹（箭）体结构的有限元模型和模态参数，在对压力分布做一定的假设基础上，对弹体各截面载荷进行估算。由于采用压力和加速度数据通过动力学模型计算截面载荷的方法除测量误差外，还存在压力插值误差、动力学模型误差和数值求解的误差，其测量分析误差比直接方法大得多。另外，由于动响应和表面压力测量需要几十到上百通道，并且要覆盖动响应和压力的频响范围，因此对遥测系统资源的占用比较大。

弹（箭）体结构的载荷测量与风洞试验的气动载荷测量在原理和方法上是相同的，都是基于梁柱理论和应变测量技术，但风洞试验的测力天平只作为试验模型的支承结构，不是模型的一部分，因此对其有频响特性的要求；而弹（箭）体载荷测量的敏感部段本身是结构的一部分，不影响弹（箭）体的频响特性。但从测量精度看，风洞天平是根据测量要求专门设计的测力结构，线性度和耦合误差能得到有效的控制，保证较高的精度，但频响特性范围有限；而弹（箭）体动载荷的测量部段是按照弹（箭）体结构功能和飞行要求设计的，不考虑载荷测量的要求，只能在已有结构上尽量选择测力效果较好的截面和方位，因此测量精度比风洞天平低一些，载荷测量的误差高于风洞试验，但测量部段的频响特性不影响全弹（箭）体结构。

相对于弹（箭）体结构的飞行载荷测量，地面运输载荷和地面风载荷的测量更容易开展。由于测量系统不跟随弹（箭）体结构飞行，运输试验可将其放置在发射车副驾驶座位上，风载试验可放置在发射平台前置设备间内，不需要进入遥测系统，地面载荷的测量难度与成本较低，准备周期较短，技术与计划协调比较简单，涉及面也较小，但也需要在运输试验件和飞行试验件的结构生产和总装流程中安排贴片、走线和标定的工作节点，测量系统与设备应适应运输和发射条件与约束。另外，与其他响应与环境参数的地面测量相比，载荷测量的设备与之共用，但通道少、频响要求低，只是需要增加载荷灵敏度标定试验。运输试验中除测量道路运输的截面动态载荷外，还可以测量弹体起竖和回收过程的静态与动态载荷；地面风载荷试验除测量发射前的截面载荷外，还可以测量垂直转运过程的运输与风激励产生的载荷。

第 19 章　飞行载荷测量的原理和意义

19.1　飞行载荷测量的原理

测量导弹和火箭某个截面的飞行载荷大多采用应变测量方法，弹（箭）体结构满足或近似满足工程梁的基本假设，大部分结构部段为圆柱（锥）加筋壳，在均匀性和对称性较好的测量部段内壁或外壁相隔 $180°$ 的同一截面高度处粘贴应变片，将两处的应变测量结果相加再除以 2，即可获得轴向推力产生的轴向应变，将两处的应变测量结果相减再除以 2，即可获得应变片所在平面内横向弯矩产生的弯曲应变，这样的测量方法能将轴向推力和横向弯矩解耦。轴向应变与测量部段的弹性模量和截面面积三者的乘积为轴向推力，弯曲应变与测量部段的弹性模量和抗弯截面矩三者的乘积为测量平面内的截面横向弯矩。在与此平面垂直的方位粘贴应变片即可获得垂直方向的截面横向弯矩，即

$$F_X = \varepsilon_X E W_X$$
$$F_Y = \varepsilon_Y E W_Y$$
$$F_Z = \varepsilon_Z E S$$

式中，F_X 为 X 方向的横向弯矩；F_Y 为 Y 方向的横向弯矩；F_Z 为轴向推力；ε_X 为 X 方向的弯曲应变；ε_Y 为 Y 方向的弯曲应变；ε_Z 为轴向应变；E 为测量部段的弹性模量；S 为测量部段横截面的截面面积；W_X 为 X 方向的抗弯截面矩；W_Y 为 Y 方向的抗弯截面矩。

采用静力标定方法给出截面轴力和弯矩与轴向应变和弯曲应变的灵敏度参数，将测量应变换算为截面轴力和弯矩。

要获得弹体的截面载荷响应，需要进行两项试验和三项计算。飞行试验中直接测量的是结构的桥路应变，而应变与弹体载荷的换算关系式必须在飞行试验前由灵敏度标定试验获得，相当于将弹体载荷测量部段作为多向力传感器，标定试验给出截面载荷测量的灵敏度标定结果，由此结果推导结构载荷与应变的换算矩阵，然后将飞行试验的应变测量结果换算为载荷时间历程。数据处理一是不同方向的弯矩变换计算方法以及最大弯矩的算法，二是外载荷与桥路应变的灵敏度矩阵的计算公式，三是将飞行试验的桥路应变换算为弯矩和轴力，并且针对不同载荷测量结构的特点，采用不同的误差修正和精度提高方法。

19.2　飞行载荷直接测量的意义

在弹（箭）体结构的载荷动力学模型中，梁模型截面弯矩的表达式为

$$M_b(x, t) = \sum \frac{M_n(x) F_n(t)/(m_n \omega_n^2)}{1 + 2\mathrm{i}\xi_n \omega/\omega_n - (\omega/\omega_n)^2}$$

式中，x 为弹（箭）体结构某截面的位置坐标（$0 \leqslant x \leqslant L$）；$t$ 为时刻；$M_b(x, t)$ 为弹（箭）体结构梁模型的截面弯矩；$M_n(x)$ 为梁模型的模态弯矩；$F_n(t)$ 为弹（箭）体结构的广义力；m_n 为梁模型的广义质量；ξ_n 为梁模型的模态阻尼；ω 为广义力的频率；ω_n 为梁模型的固有频率。

上式中模态弯矩 $M_n(x)$、广义力 $F_n(t)$ 和广义质量 m_n 的计算式分别为

$$M_n(x) = EI \frac{\mathrm{d}^2 \phi_n(x)}{\mathrm{d}x^2}$$

式中，EI 为弹（箭）体结构截面的抗弯刚度；$\phi_n(x)$ 为梁模型的振型。

$$F_n(t) = \int_0^L F_x(x, t) \phi_n(x) \mathrm{d}x$$

式中，$F_x(x, t)$ 为弹（箭）体结构的外力分布；L 为弹（箭）体结构的总长度。

$$m_n = \int_0^L m \phi_n^2(x) \mathrm{d}x$$

式中，m 为弹（箭）体结构的质量分布。

一般各阶频率的精度较高，而振型的精度低于频率，弯矩的误差除由模态参数 ω_n、$\phi_n(x)$ 的精度决定外，还与模态弯矩与振型曲率相关。模态弯矩（振型曲率）会显著放大振型的误差，因此载荷动力学模型的精度更需要模态弯矩的精度来保证，这也是弹（箭）体模态试验和模型修正中引入模态弯矩的原因。为直观说明截面动态载荷直接测量对于精度保证的意义，可以借用有解析解的结构静态位移与截面弯矩分布，说明载荷误差大于位移误差的现象。本书选择三种不同连续条件的悬臂梁，长度均为 $2L$：第一种是截面刚度 $EI = 1$ 的等直梁（连续梁），第二种是在梁中间截面有角刚度系数 $k = 2$ 的铰弹簧（斜率不连续梁），第三种是端部有一半长度，截面刚度为 $EI = 1/2$ 的变截面梁（曲率不连续梁），在端部作用横向集中力（图 19 - 1）。

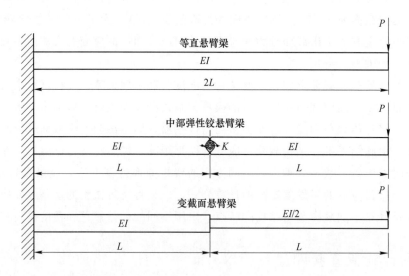

图 19 - 1　端部作用横向集中力的三种不同连续条件的悬臂梁

三种连续条件悬臂梁的挠度归一化的解析解见表 19 - 1 和如图 19 - 2 所示。

表 19-1 三种连续条件的悬臂梁的归一化位移（$L=1$，$EI=1$）

悬臂梁类型	变形参数	位移归一化变形量
等直悬臂梁	挠度	$\dfrac{1}{2}\left(\dfrac{x}{2L}\right)^2\left(3-\dfrac{x}{2L}\right)$
	斜率	$\dfrac{3}{2}\dfrac{x}{2L}\left(2-\dfrac{x}{2L}\right)\left(\dfrac{1}{2L}\right)$
	弯矩	$3\left(1-\dfrac{x}{2L}\right)\dfrac{EI}{(2L)^2}$
中部弹性铰悬臂梁	挠度*	$\dfrac{1}{2+3/4k}\left[\left(\dfrac{x}{2L}\right)^2\left(3-\dfrac{x}{2L}\right)+H(x-L)\dfrac{3}{4k}\left(\dfrac{x}{L}-1\right)\right]$
	斜率	$\dfrac{3}{2+3/4k}\left[\dfrac{x}{2L}\left(2-\dfrac{x}{2L}\right)+\dfrac{H(x-L)}{2k}\right]\left(\dfrac{1}{2L}\right)$
	弯矩	$\dfrac{3}{1+3/8k}\left(1-\dfrac{x}{2L}\right)\dfrac{EI}{(2L)^2}$
中部变截面悬臂梁	挠度	$\dfrac{4}{9}\left[\left(\dfrac{x}{2L}\right)^2\left(3-\dfrac{x}{2L}\right)+H(x-L)\left(\dfrac{x}{2L}-\dfrac{1}{2}\right)^2\left(2-\dfrac{x}{2L}\right)\right]$
	斜率	$\dfrac{4}{3}\left[\dfrac{x}{2L}\left(2-\dfrac{x}{2L}\right)+H(x-L)\left(\dfrac{x}{2L}-\dfrac{1}{2}\right)\left(\dfrac{3}{2}-\dfrac{x}{2L}\right)\right]\left(\dfrac{1}{2L}\right)$
	弯矩	$\dfrac{8}{3}\left(1-\dfrac{x}{2L}\right)\dfrac{EI}{(2L)^2}$，曲率：$\dfrac{8}{3}\left(1-\dfrac{x}{2L}\right)\left[1+H(x-L)\right]\left(\dfrac{1}{2L}\right)^2$

* $H(x)$ 为阶跃函数。

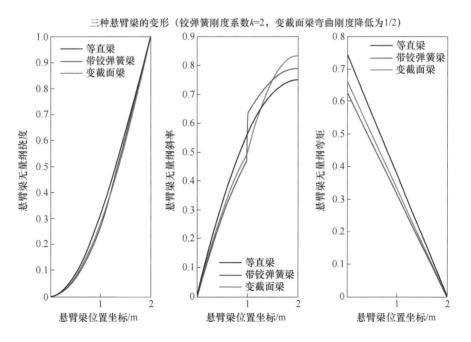

图 19-2 三种连续条件的悬臂梁的归一化位移、斜率和弯矩分布（见彩插）

　　从图 19 - 2 可以看出，三种连续条件悬臂梁的挠度归一化的挠度差别较小，最大差异为 0.05，挠度归一化的斜率和弯矩差异显著增大，最大差异分别达到 0.13 和 0.12。弯矩误差显著大于挠度误差，斜率不连续梁的归一化弯矩差异大，曲率不连续梁的归一化斜率差异大。对于动态响应同样存在载荷误差大于位移误差的现象，其原因正是由于模态弯矩显著放大了振型误差，这也是载荷直接测量和用模态弯矩修正动力学载荷模型的意义所在。

第 20 章　飞行载荷测量的实施过程与技术难点

飞行载荷测量工作贯穿于型号研制到飞行的全过程，需要统筹策划，全面协调多个系统、多个专业、多个单位的计划进度与技术接口，保证与型号研制流程的并行和串行节点匹配、进程有序，提前做好技术文件编制与审批、短线产品订货、试验工装和配套装置的准备工作。其工作内容大致包括三部分，分别为上弹（箭）的测量设备研制与地面的测量系统安装、标定及飞行过程的载荷实测，整个实施过程的漫长和复杂程度远远超过一般的大型地面试验，按时间顺序大致分为五个阶段（图 20-1）。

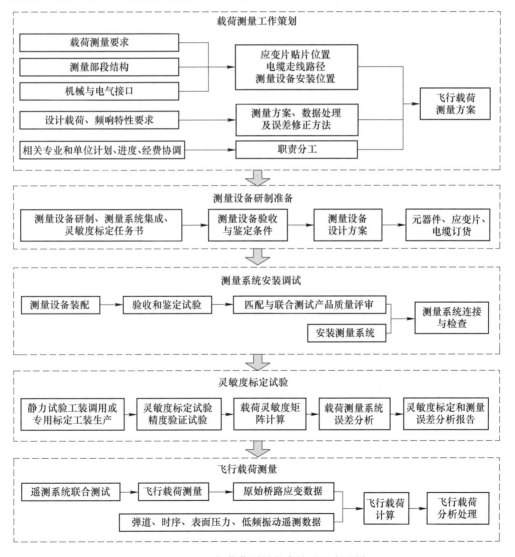

图 20-1　飞行载荷测量的实施过程流程图

飞行载荷测量在技术上的难点主要体现在测量部段不是理想的测力结构形式，一般不能选择贮箱和发动机壳体进行载荷测量，只能选择级间段、箱间段、各级尾段等过渡部段，长细比小、连接刚度低，边界影响和中性轴跳跃现象明显，导致载荷测量线性度低，多向载荷间的耦合误差大。另外，过渡部段一般在内壁或外壁上安装了大量的弹（箭）上仪器设备，布置了众多的安装和功能口盖及支架和卡箍，一方面使得该部段的均匀性和对称性降低，另一方面限制了应变片贴片操作的可达性，影响了载荷测点布置的解耦和正交要求。为适应这些条件，尽可能提高载荷测量精度，在工程实践过程中陆续发展了双模量、非正交和非线性耦合的灵敏度标定方法和载荷计算模型，采取相应措施修正了局部外压和应变片零漂产生的误差，基本保证飞行载荷的测量分析误差在10%的精度水平，低于多向力传感器1%～5%的测量精度，更低于单向力传感器0.1%～1%的测量精度，这也体现了飞行载荷测量的技术难度，主要影响来自低连接刚度产生的边界效应。

20.1　策划阶段

飞行载荷测量系统是弹（箭）体系统的一部分，在型号方案设计阶段就应该进行载荷测量工作的策划。首先由载荷专业提出载荷测量任务的需求，总体专业认可进行载荷测量的部段，遥测专业确认载荷测量系统与遥测系统的机械与电气接口，在结构专业完成并提供测量部段设计图样的基础上，载荷测量试验专业根据测量要求、测量部段结构特征与限制条件、力学与测量原理以及工程经验，通过与总装专业的协调，初步确定应变片贴片位置、电缆走线路径和测量设备安装位置，载荷专业提供测量系统设计所需的设计载荷和频响特性要求，试验专业按照动力学数据测量准则制定飞行载荷测量方案与数据处理及误差修正方法，确定测量设备的量程、滤波频率和数据采集要求，并明确所有相关专业与单位的职责与分工，最终将所有的技术要求和协调结果落实在遥测系统编制的飞行载荷测量任务书中，同时在型号研制计划中安排载荷测量的节点与周期。

20.2　准备阶段

通过载荷测量方案评审后，向具备相应资质的单位提出测量设备研制、测量系统集成和灵敏度标定试验任务书。按照型号产品质量控制要求，载荷与遥测专业提出载荷测量系统的力、热和电磁兼容验收与鉴定条件，测量设备提供方制定设计方案并通过评审，然后提交元器件、应变片和电缆的订货计划，超出合格目录的产品提高一级审批权限。同时，在测量部段的静力试验任务中，搭载载荷测量方案中测点应变片贴片位置选择合理性的确认要求，确保贴片测量位置线性度高、耦合误差小。

20.3　测量系统安装阶段

元器件到货后按批次完成测量设备的机械与电子装配，在通过验收和鉴定试验考核后，参加遥测系统的匹配与联合测试，进行弹（箭）上产品质量评审，具备交货条件后入库登记。由于载荷测量系统为附加在弹（箭）上的新系统，不影响飞行试验的成败，其重要性相对不高，并且不在生产总装厂进行安装与调试，要求载荷测量系统的安装过程不能影响、损坏其他系统，因此在测量部段的总装工艺路线中，首先安装载荷测量系统。在飞行载荷测量部段完成全部机加工和表面喷涂工序后，先插入贴片与标定试验流程，将测量部段从生产总装厂转出到测试与试验单位，在测量部段的预定部位和路径粘贴应变片、铺设固定电缆、测量桥路组桥、连接接插件，经过测量通道的阻值与绝缘检查无误后，调出已入库的测量设备，与测量电路和供电电源连接，配置后端的数据采集与通信设备，检查该测量部段载荷测量系统的零位输出和噪声干扰水平。

20.4　灵敏度标定阶段

借用静力试验工装或者设计生产专用的标定试验工装，依次施加各个方向的单独分量标定载荷，然后在与标定安装方位成±45°方位施加验证精度的三分量复合载荷，桥路应变的测量结果分别用于载荷灵敏度矩阵的计算与载荷测量系统误差的分析，形成载荷测量部段的灵敏度标定和测量误差分析报告。完成标定试验后，拆下测量设备返库，对应变片和电缆进行防护处理，将测量部段转回总装车间进行全部的机械与电气装配，载荷测量试验专业在装配过程中需配合处理载荷测量系统与其他系统的干涉及影响问题，需要时修复载荷测量系统在弹（箭）体总装过程中的损伤。由于载荷测量系统除测量设备外不具备独立的结构与电气单元构形，不能像其他参数测量系统进行单项的验收与鉴定考核，因此只能将标定和精度验证试验结果作为考核依据，对标定试验分析报告进行评审，完成载荷测量系统在弹（箭）体的安装与测试工作。

20.5　飞行载荷测量阶段

弹（箭）体在靶场完成结构吊装和所有系统连接后，载荷测量系统参加遥测系统的各次联合测试，发射前预定时刻给载荷测量系统加电，持续向遥测系统发送竖立状态和飞行过程的截面载荷数据，在加电后的设定时刻测量系统进行应变的人工或者自动平衡操作，遥测系统将载荷测量数据实时下传或存入存储器回收，完成飞行载荷测量任务。型号飞行任务完成后，遥测专业提供载荷测量的原始桥路应变数据，载荷专业提供弹道、时序、表面压力与低频振动遥测数据，载荷测量试验专业根据部段试验结果，转换处理各测量部段的飞行载荷，分析弹道各特征点和时序与载荷曲线的相关性，并通过对载荷曲线的时频特征计算，分析与弹（箭）体动特性试验和理论结果的相关性，为载荷专业提供设计载荷和载荷模型验证与修正的依据，积累载荷实测数据，为结构优化设计和技、战术性能的提高奠定基础。

第 21 章　载荷测量部段的结构特点和应变片贴片与组桥方法

载荷测量部段除内分支结构外，应变片只能粘贴在内壁，因此贮箱和发动机壳体一般不能进行贴片和载荷测量。可供选择的测量部段大多为各级尾段和级间段，另外还有位于分系统界面的有效载荷支架。由于其结构一般为内分支形式，界面连接刚度较弱，载荷动力学模型的精度在这类结构处较低，并且界面载荷是重要的接口参数，更有载荷实测的必要性。而其测量环境受气动及加热影响较小，内外壁均可贴片，便于开展载荷测量。对于仪器舱不建议进行载荷测量，原因在于内部设备密布，开口、支架较多，难以实施载荷测量，结构均匀性、对称性较差，难以选择比较理想的贴片位置。

弹（箭）体结构大多为柱壳和锥壳形式，部分型号级间段选用杆系结构形式。按壳体材料可分为金属和复合材料，按壳体形式可分为光壳和加筋壳两大类。对于加筋壳，又可分为桁条、环框铆接加筋壳和整体网格加筋壳两类。铆接加筋壳只有轴向和环向筋条，而整体网格加筋壳的筋条角度则有斜置正交（图 21-1）、正置正交（图 21-2）、等边三角形（图 21-3），另外还有放射形的集中力扩散网格。对于整体网格加筋壳，按工艺方法可分为化铣（图 21-1）和机械铣（图 21-2 和图 21-3）两种。目前化铣工艺逐渐淘汰，机械铣成为常用工艺。

图 21-1　化铣斜置网格

图 21-2　机械铣正置网格

各种结构形式的测量部段的贴片与测点位置的选择原则是相同的，一是结构形式比较均匀，尽量远离对接面，应力集中和边界效应的影响较小，应变与外载荷有较大的相关性；二是贴片在同一截面，各个方位的夹角均为 90°，并且 180°对边测点处的结构形式基本相同，以保证载荷测点间两个方向弯矩的解耦及与轴向推力的解耦；三是弯矩和轴向推力测点对环向应力不敏感，以减小均匀压力和局部压力对测量的影响；四是贴片位置有可达性，既便于贴片操作和电缆铺设，又不能影响部段内仪器设备的安装。

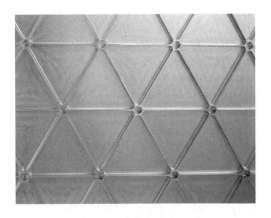

图 21 - 3　机械铣三角网格

　　光壳结构的外压耦合效应较强，无法避免外压对测量精度的影响，贴片位置一般选择居中截面的内壁，尽量远离边界、开口和加强区；铆接加筋壳的贴片位置一般选择纵向传力的主梁腹板侧面，尽量置于爆炸螺栓盒下方，不能贴在蒙皮上；对于整体网格加筋壳，当筋条高度较低、无法布置应变片，或者斜置网格（较少使用）及无纵向筋条的三角形网格时，应变片只能贴在蒙皮内侧；对于筋条高度较高的正置网格加筋壳，应将应变片粘贴在纵向筋条的侧面。测量部段受到较大外压作用时，还应将应变片靠近蒙皮的筋条侧面，以缩小贴片位置与壳体中性面的距离，减小外压耦合效应。

　　对于由多根斜杆杆系结构组成的杆系结构（图 21 - 4），由于杆系结构的受力特点与壳体不一样，每根斜杆的轴向力中包含弹（箭）体横向剪力产生的应变分量，并且在相邻的两个斜杆中这个分量是反号的，而弹（箭）体的轴向力和弯矩在相邻的两个斜杆中产生的应变分量是同号的，因此将相邻两个斜杆的轴向应变相加，可以消除或减小弹（箭）体横向剪力的影响，保留需要测量的弯矩和轴力信号。由此可任意选择四对方位相差均为 $90°$ 的斜杆作为测量部位，我们选择了 $45°$、$135°$、$225°$ 和 $315°$ 方位的四对斜杆的中间高度的内侧面粘贴应变片（图 21 - 4），以减小斜杆两端接头处附加弯矩的影响，只测量单向轴力状态的杆中部区域。这些测量方位满足 $180°$ 对边的弯矩与轴力的解耦要求，也满足两个方向弯矩的正交要求。

　　为保证飞行载荷测量的可靠性，每个部段三个方向的载荷测点均配备 $1:1$ 备份，共六路载荷测量通道。考虑到载荷测量部段的贴片处应变普遍偏小，另外为了便于温度补偿，贴片处均有组成半桥的竖片和横片，形成温度补偿效果，并将 $180°$ 对边的两个半桥正接或者反接，分别测量弯矩和轴力，利用泊松效应将物理应变放大 2.6 倍形成桥路应变，提高信噪比。设四个方位贴片位置编号分别为测点 $1\sim4$，每个测点处有四片应变片，竖片编号为 a 和 a′，横片编号为 b 和 b′（杆系结构又增加了四片应变片，竖片编号为 c 和 c′，横片编号为 d 和 d′），用于测量两个方向的截面弯矩与备份弯矩；在弯矩测点 $1\sim4$ 偏上或偏下位置处设置轴力测点 $5\sim8$，每个测点处有两片应变片，竖片编号为 a，横片编号为 b（杆系结构又增加了一个应变花，竖片编号为 c，横片编号为 d），用于测量互为备份的截面轴力。若需要进行外压耦合误差修正，则应将备份弯矩测点和轴力测点位置互换。

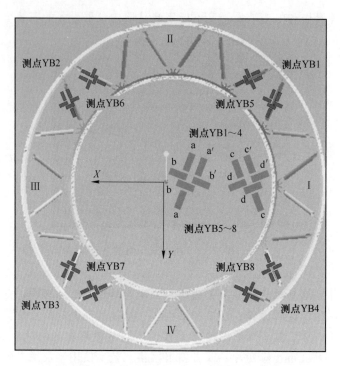

图 21-4　轴系结构内表面上的载荷测点位置

　　壳体结构采用传统的组桥方式，相差 180°方位的两个对应测点的 4 片应变片组成一个全桥的载荷测点，弯矩测点选两个相差 180°方位不带撇号"′"的测点 1～4 按图 21-5 方式组成全桥电路，另外两个相差 180°方位不带撇号"′"的测点 1～4 也按图21-5的组桥方式组成正交方向的弯矩测点。图 21-5 中应变桥路上的符号"YB3a"的意义为第 3 个测点的纵向应变片，"YB2b"的意义为第 2 个测点的横向应变片，以此类推，通过桥路消去轴压产生的应变，并且有温度补偿功能；测点 1～4 带撇号"′"的应变片也按图 21-5的组桥方式组成备份弯矩测量桥路。轴力测点选两个相差 180°方位的测点 5～8 按图 21-6 的方式组成全桥电路，另外两个相差 180°方位的测点也按图 21-6 的组桥方式组成安装方位相差 90°的备份轴力测点，通过桥路消去弯矩产生的应变，并且有温度补偿功能。为降低遥测系统供电的功耗，建议选择 350Ω 的高阻值片作为应变片，相比 120Ω 应变片可降低功耗 50% 以上。两图中的大电阻可根据桥路失衡情况选用。

　　首次提出的适用于杆系结构截面飞行载荷测量的新方法，圆满解决了 8 根测量斜杆的应变片组桥问题，具有温度补偿功能，能最大限度地减小横向剪力对载荷测量精度的影响，并且测点的方位可以比较准确地确定。杆系结构的截面载荷测量方法是首次使用，组桥原理和方式比较复杂。对于同一测点处的 ab 杆（贴纵向应变片 a 和横向应变片 b）和 cd 杆（贴纵向应变片 c 和横向应变片 d），应将两杆中的竖片 a、c 和横片 b、d 分别相加，使弹（箭）体横向剪力在 ab 杆与 cd 杆中产生的反号轴力应变抵消，减小剪力对测量结果的影响；每根斜杆的竖片和横片相减，可以减小温度效应，并增大应变信号。将每根杆的竖片和横片的公共端组成桥路的一个节点，形成竖片与横片相减的关系，进行温度补偿和信号放大；每个测点的两根杆的某一同向应变片相连，形成同一测点两根杆应变相加的关

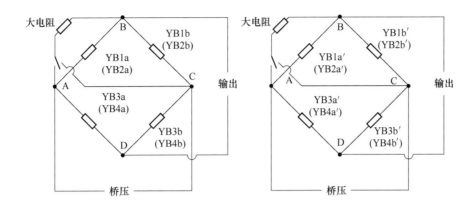

图 21-5　两个方向的弯矩及备份测量桥路

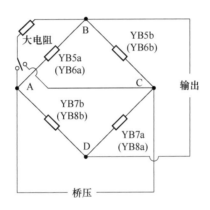

图 21-6　两个方位的轴力测量桥路

系，消除弹（箭）体剪力产生的反号轴力应变，保留弯矩和轴载产生的同号轴力应变。

　　对于弯矩及其备份测量桥路，将相差 180°方位测点 1～4 的竖片布置在桥路的邻臂处，横片也布置在桥路的邻臂处，一个测点的两根杆竖片相连，留出两根杆的两片横片的各一条连线，对面 180°方位测点的两根杆横片相连，留出两根杆的两片竖片的各一条连线，然后将其两两互连，具体的连线方式如图 21-7 所示。实圆点为桥路的节点，有 3 根线连接在一起，包括两条应变片引出线和一条桥路连线；虚圆点为桥路各单臂的中点，只有两条应变片引出线相连；虚线框内为同一杆上的竖向和横向应变片。从图中可以看出，每个桥臂上有两片应变片，虽然每个桥臂上应变片的电阻变化量增大，但桥臂上原有电阻增大 1 倍，因此整个桥路的信号放大倍数仍然为 2.6 倍，与每个桥臂只有一片应变片的放大倍数相同；斜虚线上方为同一测点的两根斜杆上的应变片，竖片连接后留出两个横片的引出线，斜虚线下方为对面 180°方位同一测点的两根斜杆上的应变片，横片连接后留出两个竖片的引出线，斜虚线上方的两个横片引出线与斜虚线下方的两个竖片引出线相连。备份弯矩的组桥方式完全相同，只需将对应应变片改为带撇号"′"的应变片。互为备份的轴载测量桥路将相差 180°方位测点的竖片和横片分别布置在桥路的对臂处（图 21-8），组桥方式类似，只是一个方位测点的两个斜杆均为竖片相连，各留出两个横片引出线直接相连。

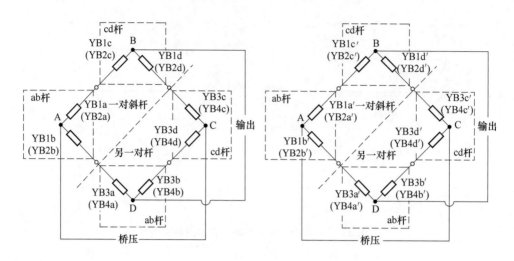

图 21 - 7　杆系结构两个方向的弯矩及备份测量桥路

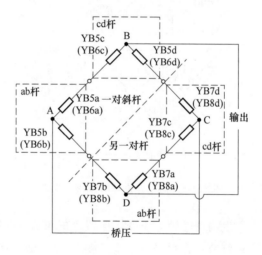

图 21 - 8　杆系结构两个方位的轴力测量桥路

　　有些测量部段的主要传力路径不能保证存在 4 个夹角均为 90°的贴片位置，但必须保证存在两对 180°的贴片位置，以实现弯矩与轴力的解耦，放松对两个方向弯矩测点的正交性要求，在标定方法和载荷模型上采取措施，控制耦合误差的增大。

第 22 章 载荷测量系统的构型及量程与频响要求

载荷测量系统的组成方式与测量要求和环境密切相关，最简单的是地面风载荷测量，测量系统完全独立，可以就近放置在弹（箭）体周边比较方便的房间，或临时搭建测量间，与弹（箭）体系统和靶场没有数据通信，试验场区只需提供测试电源；对于射前载荷监测，由于起飞喷流防护的需要，测量系统只能放置在发射台面下的前置设备间，并且测量数据要通过网线实时传送到指挥大厅，因此载荷测量系统成为场区测、发、控系统的一个节点，需要满足场区使用条件，参加系统联合测试。最复杂的是飞行载荷测量，由于测量数据只能通过遥测系统下传，因此载荷测量就成为遥测系统的一个子系统，需要满足弹（箭）上设备的所有设计、订货、生产、交付、验收过程的质量控制和审查要求。由于飞行载荷测量的复杂性远高于其他参数，并且增加了测量部段的载荷灵敏度标定流程，安装过程穿插在结构件生产和电气、管路总装工艺线路中，遥测系统不能独自承担载荷测量任务，使载荷测量系统在遥测系统中比较特殊与另类，机械与电气接口不封闭，在与遥测系统的接口协调过程中，载荷测量系统形成了与遥测系统不同融合程度的系统构型，按融合程度由低到高排序，不同的构型可分为：

1）数字信号接口型：载荷测量系统具有完整的模拟信号测量、抗混滤波、A/D 变换、数字信号传输、供电与地面控制模块，自带蓄电池，发射前通过地面控制器充电并进行桥路平衡操作，发射后由蓄电池供电，与遥测系统只有数字信号的接口，在控制器供电或蓄电池有电的情况下持续向遥测系统发送数字信号，遥测系统将时间码注入形成数据包下传。

2）供电的数字信号接口型：取消数字接口型系统的蓄电池，供电方式改为遥测系统提供一定电压、功率和方式的接口，其他模块不变，仍保留地面控制器和桥路平衡操作。

3）自平衡的数字信号接口型：取消地面控制器，遥测系统对载荷测量系统加电后，自动在预定的若干个时刻进行桥路平衡操作，其他模块不变。

4）模拟信号接口型：载荷测量系统只有模拟信号测量和抗混滤波模块，加电后持续向遥测系统发送多路模拟信号，遥测系统供电并进行 A/D 变换，测量系统自动在加电后预定的若干个时刻进行桥路平衡操作。

载荷测量的特点是通道较少但数据价值较高，因此不建议采用模拟式测量方式。前两种构型需要配置地面控制器，系统构成松散，还需要测量人员跟随。其优点是系统设计相对简单，与遥测系统的接口形式简单，接口通道最少。例如，某型号的载荷测量系统采用了第一种构型，另外一个型号的载荷测量系统则采用了第二种构型。最好的方式是第三种构型，系统构成紧凑，不需要地面控制器，测量精度高，数字信号接口占用电缆通道少，建议飞行载荷测量最好采用第三种构型。

为保证飞行载荷测量的可靠性，降低易出故障的电缆连接问题对测量系统的影响，对于重要的、具有单点失效后果的连接线路采取冗余措施，供电电路均采用双点双线，模拟信号的公共地线和数字信号线也需要采用双点双线。

载荷测量与其他参数相比存在一个重要差别，即一般参数测量的传感器弹性体敏感器件（物理量→电学量）的灵敏度和频响特性是根据测量要求，可以与变送器的量程和频响协同进行设计优化，以保证测量系统的性能最优；而载荷测量系统的构成有一个重要特征，传感器不再是独立的，不需要、也不可能单独进行设计，只能选择弹（箭）体结构中处于传力路径中的部段作为传感器弹性体，其灵敏度（部段当量厚度）和频响特性［全弹（箭）前几阶模态频率］是载荷测量系统设计的输入条件，因此传统的传感器弹性体设计工作不再存在，只需要总体专业提供模态特性参数和测量部段图样，即可根据模态参数、灵敏度估算结果和动力学数据采集原则，确定变送器的量程和频响特性设计要求。

采用梁弯曲理论，对部分测量部段的灵敏度进行了工程估算，估算结果基本落在实测灵敏度散布范围内（表 22-1），可以作为变送器量程设计的依据，满足方案制定的需要。从各种测量部段的灵敏度实测结果看，即使对于精密工艺加工部段，其灵敏度的散布极差也达到 20%，而粗糙工艺部段的灵敏度散布极差超过 50%，因此逐件标定灵敏度是保证飞行载荷测量精度的最基本的必要条件。

表 22-1　部分测量部段的载荷灵敏度和最大应变测量结果

型号	载荷测量部段	弯矩测点			轴力测点		
		灵敏度/[με/(kN·m)]		最大值/量程/με	轴力灵敏度/(με/kN)		最大值/量程/με
		估算值	实测值		估算值	实测值	
A 试验弹	Ⅱ级尾段	2.2	1.9～2.5	5000/10000	1.2	0.83～0.87	2300/5000
C 弹射弹	级间段*	0.26	0.21～0.41	290/1000	0.13	0.08～0.21	400/1000
	诱饵舱*	2.1	1.3～2.8	90/1000	0.55	0.18～0.52	10/1000
	外头罩	2.3	1.8～2.5	1200/8000	1.15	0.75～1.33	1900/8000
W 导弹	Ⅱ-Ⅲ级间段	2.5	1.7～2.9	1500/10000	0.75	1.0～1.3	2000/4000
	诱饵舱	10	11～14	900/6000	1.9	2.5～3.9	150/1000
CZ-5 火箭	卫星支架	1.2	1.1～1.4	234/3000	1.3	1.1～1.5	1487/3000
	二级箱间段	2.0	1.2	210/1000	2.1	2.0	3095/10000

注：表中数据经过统一缩放处理。

动力学信号采集的量程设置的一般原则是 3 倍裕量，一是考虑到最大信号预估有不确定性，例如总体专业提供的最大载荷存在不确定性，结构分析得到的载荷灵敏度有不准确性，机械加工和贴片工艺有一定的散布范围，这些因素导致测量量程需要适当的裕量，因此将各部段的各载荷分量除以对应的灵敏度预估结果，乘以 3 倍后取整作为载荷变送器各个通道的量程设计参数。从表 22-1 可以看出，除某型号导弹的诱饵舱刚度过大使得应变信号偏小外，其他部段在飞行过程的最大应变信号达到 10%～50% 量程，正好是比较理想的信噪比范围，能获得较好的测量数据。对于 8 位 A/D 模拟式载荷测量系统，量程裕量不宜超过 2 倍，以抑制明显的小信号量化噪声。

　　载荷测量系统的频响特性需要兼顾结构动响应频率分析范围、A/D 变换采样率和数据传输速率的限制，动响应频率分析范围一般考虑前三阶横向弯曲和前两阶轴向振动频率——主要响应频率，分析频率范围可确定为主要响应频率的 1.5～2 倍，保证响应信号在上限分析频率处基本衰减到零。通过对多个型号模态参数的分析统计，通频带 60Hz、截止带 120Hz 是一种较为适宜的抗混滤波器设计指标。国外有关文献中也建议弹（箭）体动响应分析频率取 50Hz，与我们的要求相当。对应于通频带 60Hz、截止带 120Hz 的抗混滤波器，A/D 变换采样率不能低于 300Hz，选用截止频率为 80～90Hz 的八阶巴特沃斯低通滤波器，可以获得优良的通带波纹度和止带衰减率。由于载荷测量需要获得时域峰值，因此采样频率选择 5 倍以上的信号频率，与频域分析的 2.5 倍以上信号频率的采样要求有所不同。

　　某型号试验弹的分析频率范围为 60Hz，A/D 变换采样率 300Hz，是一套标准的飞行载荷测量系统；另一种型号导弹和弹射弹采用兼容的载荷测量系统，兼顾了高频响特性弹体的测量要求，分析频率范围为 100Hz，A/D 变换采样率 500Hz。

第 23 章　载荷测量方法的频响特性分析

动态载荷测量的测量敏感结构必须串置在弹（箭）体结构中，不同于弹（箭）体运动参数和表面压力参数测量。这两种测量具有独立的测量敏感结构，可以依据检定规程对其进行灵敏度和频响特性标定，而动态载荷测量只能对弹（箭）体的测量部段进行静态灵敏度标定，假设测量部段的频响范围远高于动态载荷的频带范围。为证明该假设，我们从测量部段的频响特性的理论计算结果出发，证明动态载荷测量方法的频响特性能够满足火箭竖立和发射状态下的动载荷测量要求。

测量部段的频响特性分析的理论基础是杆和梁的稳态振动理论，轴向推力的分析基础是等直杆的纵向振动理论，横向弯矩的分析基础是等直梁的横向弯曲振动理论，竖立状态弹（箭）体根部载荷分析的边界条件是下端固定支承、上端作用稳态简谐交变载荷，发射和飞行状态中间部段载荷分析的边界条件是两端自由且作用幅值不同、相位相同的稳态简谐交变载荷。一端固支模型的载荷分析截面选下端面，对两端自由且作用不同幅值载荷的模型，其载荷分析截面位置分别选测量部段长度的 0.2、0.4、0.6、0.8 倍。火箭的动态载荷频响范围依赖于弹（箭）体的固有频率，弹（箭）体的纵向频率和前三阶弯曲频率在 30Hz 以下，测量部段的频响范围应高于 30Hz。

假设测量部段为半径 $R=1\mathrm{m}$、长度等于 0.8m、壁厚等于 8mm 的圆柱壳，考虑到对接面刚度的削弱和弹上仪器设备的附加质量效应，将结构材料的等效弹性模量降低至铝合金材料的 1/3，取弹性模量 $E=20\mathrm{GPa}$，等效材料密度增大至钢材的 3 倍，取材料密度 $\rho=20000\mathrm{kg/m^3}$，由此得等效的 $E/\rho=10^6$，约为铝合金（$E/\rho=2.6\times10^7$）和钢材（$E/\rho=2.7\times10^7$）的 4%，等效声速 $c=\sqrt{E/\rho}$ 值约为实际材料的 20%。由几何参数可得参数 $a=R\sqrt{E/(2\rho)}$，由等效的 $c=10^3$ 可得 $a=7.07\times10^2$，采用等效的参数 c、a 可以偏保守地估算测量部段的轴向推力和横向弯矩频响特性。

23.1　轴向推力测量的频响特性分析

轴向推力的测量包括两种状态：一种是弹（箭）体发射过程中发动机点火后弹（箭）体还未推离发射平台支承底座的状态，测量部段为弹（箭）体尾段，可用一端固定、另一端作用交变轴向力的纵向振动模型来描述；另一种是弹（箭）体飞行过程中的自由-自由状态，测量部段为弹（箭）体的某个级间段，可用两端作用相位相反、幅值不同的交变轴向力的纵向振动模型来描述。下面分别推导这两种模型的轴力响应动态放大倍数，并采用偏保守的结构和材料参数计算分析其频响特性。

23.1.1　杆自由端作用激励力的固定端轴力动态放大倍数

一端固定、另一端自由的纵向振动杆的结构示意图如图 23-1 所示，自由端作用有幅

值为 F_L、频率为 ω 的正弦轴向力 $F(t) = F_L \sin(\omega t)$。

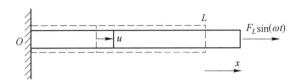

图 23-1　一端固定、另一端自由的纵向振动杆的结构示意图

其动态强迫位移可写为

$$u(x,\ t) = \sin(\omega t) \sum_{n=1}^{\infty} A_n \sin(\lambda_n x / L)$$

式中，λ_n 为第 n 阶模态对应的特征值；L 为杆的长度；A_n 为第 n 阶模态对应的广义变形；x 为杆上某截面的位置坐标（$0 < x < L$）。

特征值 λ_n 为

$$\lambda_n = \frac{\omega_n L}{c} = \frac{(2n-1)\pi}{2} \quad (n = 1,\ 2,\ 3,\ \cdots)$$

式中，ω_n 为第 n 阶模态对应的固有频率；c 为等效声速。

将上式代入平衡方程，利用广义质量和广义力解出各阶模态对应的广义变形为

$$A_n = \frac{F_L \sin\lambda_n}{k_n(1 - \omega^2/\omega_n^2)} = \frac{2F_L \sin\lambda_n}{k\lambda_n^2(1 - \omega^2/\omega_n^2)}$$

式中，k_n 为第 n 阶模态对应的广义刚度；k 为杆的拉伸刚度，计算式为 $k = ES/L$；S 为杆的横截面面积。

即可得到端部稳态激励力对应的强迫位移响应为

$$u(x,\ t) = \frac{2F_L}{k} \sin(\omega t) \sum_{n=1}^{\infty} \frac{\sin\lambda_n}{\lambda_n^2(1 - \omega^2/\omega_n^2)} \sin\left(\lambda_n \frac{x}{L}\right)$$

固定端与自由加载端距离最远，固定端的轴力与外力差别最大，因此选固定端的轴力相对外力 $F(t)$ 的动态放大倍数来研究频响特性，固定端的轴力稳态响应为

$$F\big|_{x=0} = ES \frac{\mathrm{d}u}{\mathrm{d}x}\bigg|_{x=0} = F_L \sin(\omega t) \sum_{n=1}^{\infty} \frac{2\sin\lambda_n}{\lambda_n(1 - \omega^2/\omega_n^2)}$$

根部轴力相对于端部作用轴力的无阻尼动态放大倍数为

$$\beta(\omega) = \sum_{n=1}^{\infty} \frac{2\sin\lambda_n}{\lambda_n(1 - \omega^2/\omega_n^2)}$$

从上式可以看出，根部轴力相对于端部作用轴力有放大效应，而一端固定、自由端作用轴向力的有阻尼杆根部的轴力动态放大倍数可写为

$$\beta_\xi(\omega) = \sum_{n=1}^{\infty} \frac{2\sin\lambda_n}{\lambda_n\left(1 - \dfrac{L^2\omega^2}{c^2\lambda_n^2} + 2\mathrm{i}\xi_n \dfrac{L\omega}{c\lambda_n}\right)} \tag{23-1}$$

23.1.2　杆两端作用不同轴力的动态放大倍数

两端自由的纵向振动杆的结构形式如图 23-2 所示。两端分别作用反向轴向力

$F_0 \sin(\omega t)$、$F_L \sin(\omega t)$。

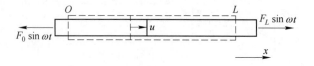

图 23-2　两端自由的纵向振动杆的结构形式

其动态强迫位移可写为

$$u(x, t) = \sin(\omega t) \sum_{n=1}^{\infty} B_n \cos(\lambda_n x / L)$$

特征值 $\lambda_n = \dfrac{\omega_n L}{c} = n\pi \ (n=1, 2, 3, \cdots)$，将上式代入平衡方程，利用广义质量和广义力解出各阶模态对应的广义变形为

$$B_n = \frac{2(F_L \cos\lambda_n - F_0)}{k\lambda_n^2 (1 - \omega^2 / \omega_n^2)}$$

即可得到两端作用稳态激励力对应的强迫位移响应为

$$u(x, t) = \frac{2}{k} \sin(\omega t) \sum_{n=1}^{\infty} \frac{(F_L \cos\lambda_n - F_0)}{\lambda_n^2 (1 - \omega^2 / \omega_n^2)} \cos\left(\lambda_n \frac{x}{L}\right)$$

在强迫振动状态下，任一截面 x 处的截面轴力 F_x 的表达式为

$$F_x = ES \frac{\mathrm{d}u}{\mathrm{d}x} = 2\sin(\omega t) \sum_{n=1}^{\infty} \frac{(F_0 - F_L \cos\lambda_n)}{\lambda_n (1 - \omega^2 / \omega_n^2)} \sin\left(\lambda_n \frac{x}{L}\right)$$

假设杆中不同截面的静态轴力为线性分布，则 x 处的静态轴力为 $F_0(1 - x/L) + F_L x/L$，此处的动态轴力相对于该处静态轴力的无阻尼动态放大倍数为

$$\beta_x(\omega) = 2 \sum_{n=1}^{\infty} \frac{F_0 - F_L \cos\lambda_n}{F_0(1 - x/L) + F_L x/L} \frac{\sin(\lambda_n x / L)}{\lambda_n (1 - \omega^2 / \omega_n^2)}$$

设无量纲截面位置坐标 $\zeta = x/L (0 < \zeta < 1)$，代入上式得有阻尼动态放大倍数为

$$\beta_{x\xi}(\omega) = \sum_{n=1}^{\infty} \frac{1 - \cos(\lambda_n) F_L / F_0}{1 - \zeta + \zeta F_L / F_0} \frac{2\sin(\lambda_n \zeta)}{\lambda_n \left(1 - \dfrac{L^2 \omega^2}{c^2 \lambda_n^2} + 2\mathrm{i}\xi_n \dfrac{L\omega}{c\lambda_n}\right)} \tag{23-2}$$

23.1.3　轴力响应动态放大倍数计算结果与分析

一端固定、自由端作用轴向力的有阻尼测力结构的动态放大倍数可以采用式（23-1）进行计算，假设模态阻尼比 $\xi = 0.02$，按偏保守的结构和材料参数，弹（箭）体竖立状态（推离发射台前）根部的轴向推力测量动态放大倍数曲线如图 23-3 所示。由图可知，一阶谐振频率超过 300Hz，动态放大倍数的平直段范围达到 60Hz，对于自由状态下纵向固有频率在 30Hz 以下的弹（箭）体，一端固支状态下纵向固有频率降低一半左右，60Hz 的频响范围完全满足轴力测量的频响要求。

两端自由且作用不同轴向力的有阻尼测力结构的动态放大倍数可以采用式（23-2）

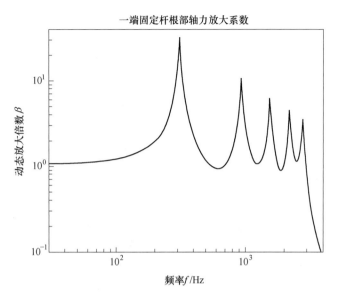

图 23 - 3　火箭竖立状态的推力测量动态放大倍数曲线

进行计算，仍取模态阻尼比 $\xi=0.02$，还按偏保守的结构和材料参数，选取不同的截面位置比 $\zeta=0.2$、0.4、0.6、0.8 和两端不同轴力比 $F_L/F_0=0.5$、1.3，弹（箭）体飞行状态不同截面的轴向推力测量动态放大倍数曲线如图 23 - 4 所示。由图可知，一阶谐振频率超过 600 Hz，比一端固定的状态高一倍。从两种状态的特征值公式中可证明此结果，动态放大倍数的平直段范围超过 100 Hz，对于自由状态下纵向固有频率在 30 Hz 以下的弹（箭）体结构，100 Hz 的频响范围完全满足轴力测量的频响要求。

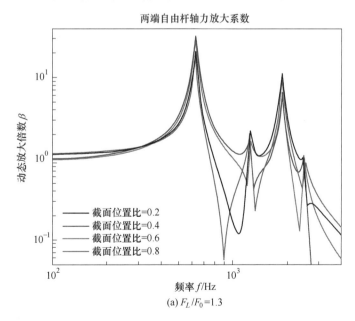

(a) $F_L/F_0=1.3$

图 23 - 4　弹（箭）体飞行状态不同截面的轴向推力测量动态放大倍数曲线

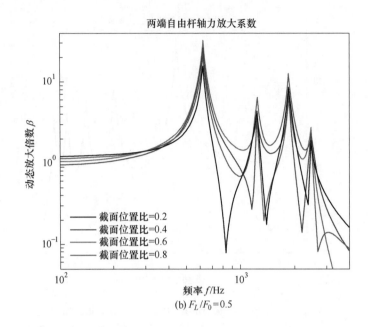

图 23 - 4　弹（箭）体飞行状态不同截面的轴向推力测量动态放大倍数曲线（续，见彩插）

23.2　横向弯矩测量的频响特性分析

横向弯矩的测量也包括两种状态：一种是竖立状态至发射过程中发动机点火后弹（箭）体还未推离发射平台支承底座的状态，测量部段为弹（箭）体尾段，可用一端固定、另一端作用交变横向弯矩的悬臂梁振动模型来描述，以往曾多次进行的弹（箭）体地面风载荷试验即符合此种受力状态和边界条件；另一种是弹（箭）体发射和飞行过程中的自由-自由状态，测量部段为弹（箭）体的某个级间段，可用两端自由且作用相位相反、幅值不同的交变横向弯矩的横向弯曲振动模型来描述。近年来多次成功进行的潜射导弹发射过程中动态载荷测量为此种受力状态和边界条件。下面分别推导这两种模型的横向弯矩响应动态放大倍数，并采用偏保守的结构和材料参数计算分析其频响特性。

23.2.1　悬臂梁自由端作用弯矩的根部弯矩动态放大倍数

悬臂梁自由端作用幅值为 M_L、频率为 ω 的交变横向弯矩 $M_L\sin(\omega t)$，其示意图如图 23 - 5 所示。

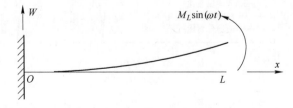

图 23 - 5　悬臂梁自由端作用横向弯矩的受力和变形示意图

其动态强迫挠度为

$$w(x,\ t) = \sin(\omega t) \sum_{n=1}^{\infty} C_n \phi_n(\lambda_n x/L)$$

式中，λ_n 为悬臂梁第 n 阶模态对应的特征值，有关系式 $\cos\lambda_n \cosh\lambda_n = -1$，数值解为：$\lambda_n = 1.8751$、$4.6941$、$7.8548$、$(n-1/2)\pi$，$n>3$；$\phi_n$ 为悬臂梁第 n 阶模态对应的振型；C_n 为第 n 阶模态对应的广义变形。

振型 ϕ_n 的表达式为

$$\phi_n(\lambda_n x/L) = [\cosh(\lambda_n x/L) - S_n \sinh(\lambda_n x/L)]/2 - [\cos(\lambda_n x/L) - S_n \sin(\lambda_n x/L)]/2$$

式中，S_n 为振型系数，表达式为 $S_n = \dfrac{\cosh\lambda_n + \cos\lambda_n}{\sinh\lambda_n + \sin\lambda_n} = \dfrac{\sinh\lambda_n - \sin\lambda_n}{\cosh\lambda_n + \cos\lambda_n}$。

设悬臂梁自由端作用横向稳态激励弯矩 $M_L \sin(\omega t)$，采用振型叠加原理给出悬臂梁的强迫位移响应。对应于各阶振型函数的广义质量和广义力为

$$m_n = \frac{1}{4}m = \frac{1}{4}\rho S L$$

$$F_n = M_L \left.\frac{\mathrm{d}\phi_n(\lambda_n x/L)}{\mathrm{d}x}\right|_{x=L} = M_L \frac{\lambda_n}{L} \frac{\sinh\lambda_n \sin\lambda_n}{\sinh\lambda_n + \sin\lambda_n}$$

对应于各阶振型函数的平衡方程为

$$-\omega^2 m_n C_n \sin(\omega t) + m_n \omega_n^2 C_n \sin(\omega t) = M_L \frac{\lambda_n}{L} \frac{\sinh\lambda_n \sin\lambda_n}{\sinh\lambda_n + \sin\lambda_n} \sin(\omega t)$$

由上式去掉 $\sin(\omega t)$，可以得到对应各阶振型的广义位移最大值为

$$C_n = \frac{4M_L \dfrac{\lambda_n}{L} \dfrac{\sinh\lambda_n \sin\lambda_n}{\sinh\lambda_n + \sin\lambda_n}}{m\omega_n^2(1 - \omega^2/\omega_n^2)} = \frac{4M_L \dfrac{\sinh\lambda_n \sin\lambda_n}{\sinh\lambda_n + \sin\lambda_n}}{(\lambda_n/L)^3 EIL(1 - \omega^2/\omega_n^2)}$$

根据动响应的分析结果，悬臂端的根部弯矩可以通过下式确定

$$M|_{x=0} = EI\left.\frac{\mathrm{d}^2 w}{\mathrm{d}x^2}\right|_{x=0} = 4M_L \sin(\omega t) \sum_{n=1}^{\infty} \frac{\dfrac{\sinh\lambda_n \sin\lambda_n}{\sinh\lambda_n + \sin\lambda_n}}{\lambda_n(1 - \omega^2/\omega_n^2)} \varphi_n\left(\lambda_n \frac{x}{L}\right)\bigg|_{x=0}$$

式中，φ_n 为振型曲率，根部曲率 $\varphi_n\left(\lambda_n \dfrac{x}{L}\right)\bigg|_{x=0} = 1$。则考虑模态阻尼比的动态根部弯矩放大倍数为

$$\beta_\xi(\omega) = \sum_{n=1}^{\infty} \frac{\dfrac{4}{\lambda_n} \dfrac{\sinh\lambda_n \sin\lambda_n}{\sinh\lambda_n + \sin\lambda_n}}{1 + 2\mathrm{i}\xi_n \dfrac{\omega L^2}{a\lambda_n^2} - \left(\dfrac{\omega L^2}{a\lambda_n^2}\right)^2} \tag{23-3}$$

23.2.2　自由-自由梁两端作用不同弯矩的动态放大倍数

与悬臂梁类似，两端作用反相位横向弯矩的自由-自由梁如图 23-6 所示。两端弯矩分别为 $M_0 \sin(\omega t)$、$M_L \sin(\omega t)$。

其动态强迫挠度为

$$w(x,\ t) = \sin(\omega t) \sum_{n=1}^{\infty} D_n \phi_n(\lambda_n x/L)$$

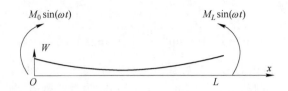

图 23 - 6　自由梁两端作用横向弯矩的受力和变形示意图

振型 ϕ_n 的表达式为

$$\phi_n(\lambda_n x/L) = [\cosh(\lambda_n x/L) - S_n \sinh(\lambda_n x/L)]/2 + [\cos(\lambda_n x/L) - S_n \sin(\lambda_n x/L)]/2$$

振型系数为 $S_n = \dfrac{\cosh\lambda_n - \cos\lambda_n}{\sinh\lambda_n - \sin\lambda_n} = \dfrac{\sinh\lambda_n + \sin\lambda_n}{\cosh\lambda_n - \cos\lambda_n}$，与悬臂梁振型的差别在于中间的

"一" 变为 "十"，特征值 λ_n 的数值解为：$\lambda_n = 4.7300$、7.8532、$(n+1/2)\pi$，$n > 2$。

采用振型叠加原理给出两端自由梁的强迫位移响应。对应于各阶振型的广义质量和广义力为

$$m_n = \frac{1}{4}m = \frac{1}{4}\rho SL$$

$$F_n = M_x \frac{\mathrm{d}\phi_n(\lambda_n x/L)}{\mathrm{d}x}\bigg|_{x=L}^{x=0} = \frac{\lambda_n}{L}\left(S_n M_0 - \frac{\sinh\lambda_n \sin\lambda_n}{\sinh\lambda_n - \sin\lambda_n}M_L\right)$$

对应于各阶振型函数的平衡方程为

$$-\omega^2 m_n D_n \sin(\omega t) + m_n \omega_n^2 D_n \sin(\omega t) = \frac{\lambda_n}{L}\left(S_n M_0 - \frac{\sinh\lambda_n \sin\lambda_n}{\sinh\lambda_n - \sin\lambda_n}M_L\right)\sin(\omega t)$$

由上式去掉 $\sin(\omega t)$，可以得到各阶振型的广义位移最大值为

$$D_n = \frac{4}{(\lambda_n/L)^3 EIL(1-\omega^2/\omega_n^2)}\left(S_n M_0 - \frac{\sinh\lambda_n \sin\lambda_n}{\sinh\lambda_n - \sin\lambda_n}M_L\right)$$

根据动响应的分析结果，两端自由梁不同截面的弯矩可以通过下式确定

$$M(x) = EI\frac{\mathrm{d}^2 w}{\mathrm{d}x^2} = 4\sin(\omega t)\sum_{n=1}^{\infty}\left(S_n M_0 - \frac{\sinh\lambda_n \sin\lambda_n}{\sinh\lambda_n - \sin\lambda_n}M_L\right)\frac{\varphi_n(\lambda_n x/L)}{\lambda_n(1-\omega^2/\omega_n^2)}$$

曲率振型的表达式可写为

$$\varphi_n(\lambda_n x/L) = [\cosh(\lambda_n x/L) - S_n \sinh(\lambda_n x/L)]/2 - [\cos(\lambda_n x/L) - S_n \sin(\lambda_n x/L)]/2$$

假设杆中不同截面的静态弯矩为线性分布，则 x 处的静态弯矩为 $M_0(1-x/L) + M_L x/L$，设无量纲截面位置坐标 $\zeta = x/L$（$0 < \zeta < 1$），此处的测量弯矩相对于该处静态弯矩的有阻尼动态放大倍数为

$$\beta_{x\xi}(\omega) = \sum_{n=1}^{\infty}\frac{4\varphi_n(\lambda_n \zeta)\left(S_n - \dfrac{\sinh\lambda_n \sin\lambda_n}{\sinh\lambda_n - \sin\lambda_n}\dfrac{M_L}{M_0}\right)}{\lambda_n\left(1 - \zeta + \zeta\dfrac{M_L}{M_0}\right)\left[1 + 2\mathrm{i}\xi_n\dfrac{\omega L^2}{a\lambda_n^2} - \left(\dfrac{\omega L^2}{a\lambda_n^2}\right)^2\right]} \qquad (23-4)$$

23.2.3　弯矩响应动态放大倍数计算结果与分析

悬臂梁自由端作用横向弯矩的有阻尼测力结构的动态弯矩放大倍数可以采用式（23-3）进行计算，假设模态阻尼比 $\xi = 0.02$，按偏保守的结构和材料参数，弹（箭）体推离发射台前根部的横向弯矩测量动态放大倍数曲线如图 23-7 所示。由图可知，一阶谐振频

率超过 600Hz，动态放大倍数的平直段范围超过 100Hz，对于自由状态下前三阶横向弯曲固有频率在 30Hz 以下的火箭，一端固支状态下横向弯曲固有频率降低到 25% 以下，100Hz 的频响范围完全满足横向弯矩测量的频响要求。

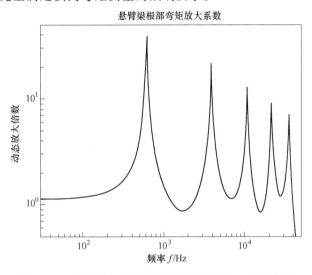

图 23 - 7　火箭竖立状态的弯矩测量动态放大倍数曲线

　　两端自由且作用不同横向弯矩的有阻尼测力结构的弯矩响应动态放大倍数可以采用式（23 - 4）进行计算，仍取模态阻尼比 $\xi = 0.02$，还按偏保守的结构和材料参数，选取不同的截面位置比 $\zeta = 0.2$、0.4、0.6、0.8 和两端不同弯矩比 $M_L/M_0 = 0.5$、1.3，弹（箭）体飞行中不同截面的横向弯矩测量动态放大倍数曲线如图 23 - 8 所示。由图可知，一阶谐振频率接近 4000Hz，比一端固定的状态高 4 倍以上，动态放大倍数的平直段范围达到 1000Hz，对于自由状态下前三阶横向弯曲固有频率在 30Hz 以下的火箭，1000Hz 的频响范围完全满足轴力测量的频响要求。

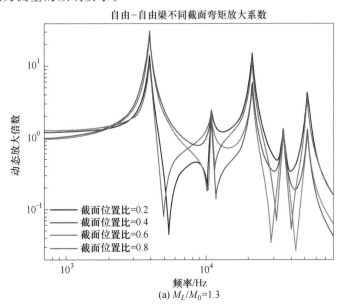

(a) $M_L/M_0 = 1.3$

图 23 - 8　火箭飞行状态的弯矩测量动态放大倍数曲线

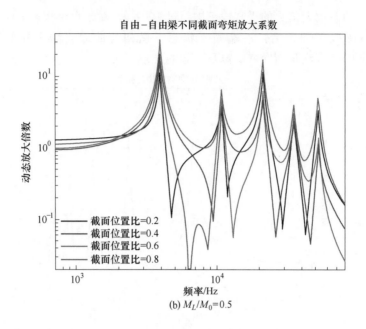

(b) $M_L/M_0 = 0.5$

图 23-8　火箭飞行状态的弯矩测量动态放大倍数曲线（续，见彩插）

23.3　结构变化和壳体响应的影响

　　从计算分析结果看，测量部段发射和飞行状态（自由-自由）的频响特性高于竖立状态（一端固定），横向弯矩测量的频响特性高于纵向轴力，这与振动理论一致，纵向振动频率与部段长度成反比，而弯曲频率与部段长度的平方成反比，因此短部段的弯曲频率高于纵向频率。

　　当弹（箭）体的直径变化时，轴向推力的频响特性和弹（箭）体纵向振动频率没有变化，但横向弯矩测量的频响特性和弹（箭）体横向弯曲振动频率同步变化。若弹（箭）体直径变为 1m 时，测量部段自由-自由状态的谐振频率约为 2000Hz，频响范围约为 500Hz，一端固支的谐振频率约为 300Hz，频响范围约为 70Hz，均比 2m 直径弹（箭）体低一半，与直径成正比，而弹（箭）体的频率也随直径的减小而降低。当弹（箭）体直径增大时，测量部段和弹（箭）体的频响特性同步提高，因此直径变化时测量部段的频响特性总是可以满足测量要求的。

　　由于测量部段是弹（箭）体结构中的较短部段，其纵向和弯曲频率远高于全箭结构，因此可以测量全箭结构不同截面的动态载荷。从前面的计算分析结果可知，无论弹（箭）体是竖立状态还是飞行状态，测量部段的轴力和弯矩动态响应放大倍数在弹（箭）体响应频率范围内均为 1，能够真实反映动态载荷。对于测量部段的约束条件是壁厚不能太小，避免壳体振动频率接近弹（箭）体的纵向和横向弯曲振动频率，使得测量部段的动态响应在测量频带内没有壳体模态的响应。

　　由于壳体振动为部段本身的响应，与对接面刚度的削弱没有关系，可以不降低壳体材料的弹性模量，只计及附加质量的效应，因此计算测量部段的壳体振动频率时，偏保守取铝合金材料的弹性模量 $E=70\mathrm{GPa}$，钢材的密度 $\rho=7800\mathrm{kg/m^3}$。由于壳体振动频率的解析公式比较复杂，没有显式表达式，使用有限元程序由以上参数计算可得测量部段的壳体振动频率约为 $156.4\mathrm{Hz}$，频响范围按 $1/3$ 结构固有频率估算，可以确保 $50\mathrm{Hz}$ 分析和测量范围以内不受壳体固有频率的影响，而弹（箭）体的前三阶弯曲频率一般在 $30\mathrm{Hz}$ 以内，因此壳体振动不会影响弹（箭）体载荷的测量。

第 24 章　载荷灵敏度的标定方法与载荷模型

灵敏度标定需要对每一件载荷测量部段进行，与传感器标定类似，灵敏度不能互换，有一定的分散性。不同发次、相同结构的多件产品标定结果（表 24 - 1）统计表明，即使对于加工精度和一致性较高的机械铣壳体部段，最大值与最小值之差与平均值的比值——极差达到 20% 的范围，因此若只标定一件部段，后续发次沿用此灵敏度，最大误差将增加 15% ～ 20%。

表 24 - 1　机械铣载荷测量部段的灵敏度测试结果极差

部段	标定方向弯矩灵敏度	垂直方向弯矩灵敏度	轴力灵敏度
型号 I	17	14	6.2
型号 II	19	17	14
型号 III	14	9.4	14

24.1　测量部段的载荷灵敏度标定试验方法

灵敏度标定借用各部段轴压和弯曲联合试验的工装，不需要剪力加载装置。为保证边界条件的相似，使得灵敏度标定时横截面的应力分布与飞行时相近，保证飞行载荷的测量精度。标定部段上下的连接部段或者刚度相同的上下边界模拟件也要参加灵敏度标定试验（图 24 - 1），任务方在提供测量部段时，需要同时提供相应的上下连接部段或者边界模拟件，静力试验工装只能与上下连接部段或者边界模拟件相连，不能直接与测量部段相连。测量部段上、下端的边界模拟件均通过上、下转接段分别与加力帽和承力平台相连。加载横梁上、下两侧连接四个作动筒，与加力帽连接后可对标定部段施加单独或者联合的轴压和弯矩载荷。

标定试验时只单独施加轴压和弯矩载荷，以得到比较准确的耦合灵敏度参数，标定加载量级原则上取最大载荷的 1/3，若某一标定载荷分量产生的桥路应变过小（低于 $50\mu\varepsilon$），则标定载荷分量按最大载荷选取。每个标定方向分 10 级进行加载和卸载，记录每级载荷引起的弯矩测点桥路（四个通道）和轴向推力测点桥路（两个通道）的应变。由于弹（箭）上电缆网无法参加标定试验，因此需要事先准备长度和接口与弹（箭）上电缆网相同的地面调试电缆网，与变送器、地面控制器和应变片桥路构成完整的载荷测量系统。若没有地面控制器，则需要为标定试验配置专用的标定试验数据采集和分析处理系统。

标定部段的弯矩加载方向为四个相互垂直的方位（图 24 - 2），后两个弯矩加载方向与前两个方向相反，但安装状态相同。一方面比较拉、压区应变的差别，考察短部段中性轴跳跃现象和弯矩对轴力测点的耦合误差效应，另一方面可对灵敏度标定结果做备份和相互验证，也为非线性的双模量载荷计算方法提供参数。轴力标定加载在两种安装状态下重

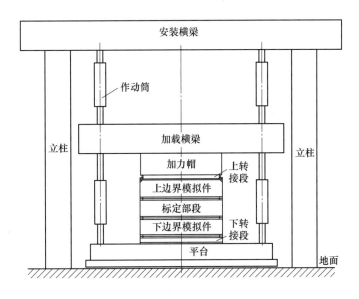

图 24 - 1　载荷测量部段的灵敏度标定示意图

复进行，由于轴力灵敏度对对接面的不平度比较敏感，曾经发现同一测点在不同安装方位下的轴力灵敏度差异超过 50％，因此需要将两种安装方位下的轴力灵敏度标定结果进行平均处理，以提高轴力标定结果的精度。若加载横梁改为四点或者八点加载装置，则试验件不需要转动，轴力标定只在一种安装状态下进行。

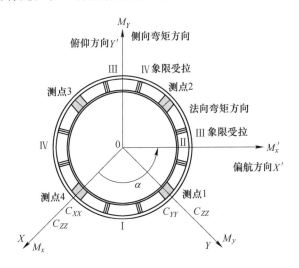

图 24 - 2　载荷测量部段的结构和测量坐标系

　　每个测量部段需要进行两个安装方位的轴力标定试验和四个加载方向的弯矩标定试验，每种状态重复三次，选择相关系数最高、线性度最好的一次标定试验结果作为载荷灵敏度数据。由轴向推力和一组正交的弯矩灵敏度试验结果即可得到载荷测量部段弯矩和轴力的载荷模型，以此结果进行飞行载荷分析。

24.2　测量部段的载荷模型

测量部段的载荷灵敏度参数定义为桥路应变与载荷之比

$$C_{ij} = \varepsilon_i / F_j \qquad (i,\ j = X,\ Y,\ Z)$$

式中，i、$j = X$ 为弹（箭）体横截面 X 方向的弯曲应变和弯矩；i、$j = Y$ 为弹（箭）体横截面 Y 方向的弯曲应变和弯矩；i、$j = Z$ 为弹（箭）体纵轴 Z 方向的轴向应变和轴向压力。通过回归计算 $\varepsilon_i - F_j$ 测量曲线的斜率即可得到 C_{ij}，进而得到弹（箭）体载荷模型

$$\begin{Bmatrix} \varepsilon_{FX} \\ \varepsilon_{FY} \\ \varepsilon_{FZ} \end{Bmatrix} = \begin{bmatrix} C_{XX} & C_{XY} & C_{XZ} \\ C_{YX} & C_{YY} & C_{YZ} \\ C_{ZX} & C_{ZY} & C_{ZZ} \end{bmatrix} \begin{Bmatrix} F_X \\ F_Y \\ F_Z \end{Bmatrix}$$

式中，C_{ii} 为主灵敏度；$C_{ij} (i \neq j)$ 为耦合灵敏度，形式上与泊松比一致，但不反映材料特性，不存在 $C_{ij} = C_{ji}$，只是对应变片贴片位置和方向误差以及结构件工艺偏差的修正，以保证载荷计算的准确。

标定试验中发现弯矩方向改变时弯矩测点的灵敏度在数值上有小幅变化，但轴压测点的耦合灵敏度的符号却随弯矩方向变化而改变，因此载荷计算时必须考虑耦合灵敏度的变化，将计算载荷的灵敏度矩阵由单向灵敏度参数改为双向灵敏度参数控制的双模量灵敏度矩阵

$$C_{ij}(F_j) = \begin{cases} C_{ijP} & F_j > 0 \\ C_{ijN} & F_j < 0 \end{cases} \qquad (i,\ j = X,\ Y,\ Z)$$

式中，下标 i 为加载方向；下标 j 为测点方位；下标 P 为正方向载荷；下标 N 为负方向载荷。采用符号函数 $\mathrm{sign}\,(x)$，上式可简写为

$$C_{ij}(F_j) = 0.5[1 + \mathrm{sign}(F_j)]C_{ijP} + 0.5[1 - \mathrm{sign}(F_j)]C_{ijN}$$

由于轴力以静态为主，符号基本保持不变，而弯矩以动态为主，符号按照结构动态响应频率交变。上式的符号函数只对两个弯矩分量有效，不考虑轴力的符号变化。表 24 - 2 所示为某舱段的载荷灵敏度标定结果，弯矩灵敏度的理论估算值为 $1.174 \mu\varepsilon/(\mathrm{kN \cdot m})$，测量值约为 $1.1 \sim 1.4 \mu\varepsilon/(\mathrm{kN \cdot m})$，轴压灵敏度的理论估算值为 $1.296 \mu\varepsilon/\mathrm{kN}$，测量值约为 $1.1 \sim 1.5 \mu\varepsilon/\mathrm{kN}$，两者基本相同，但灵敏度有一定的散布范围，反映了贴片误差和结构分析的差异。弯矩耦合灵敏度比主灵敏度小一个半数量级以上，但弯矩与轴力的耦合灵敏度只比主灵敏度小半个数量级，特别是轴力的弯矩耦合灵敏度随着弯矩方向的变化存在着符号改变，体现了对接面处拉伸刚度低于压缩刚度，压应力大且区域小，拉应力小且区域大，导致中性轴产生跳跃，轴力测点桥路的应变在弯矩方向改变时保持符号不变，因此耦合灵敏度随着弯矩方向的变化改变符号，且数值较大。

表 24 - 3 的结果是双模量的载荷模型标定结果，实际计算载荷时采用的均是测点和轴力标定状态的灵敏度平均结果（除非某个测点失效），将互为备份的测点和不同安装方位的轴力标定结果进行平均（表 24 - 3），可以提高载荷测量的精度。对于单模量的线性灵敏度载荷模型，可将正负弯矩方向对应的灵敏度进一步平均后得到平均灵敏度矩阵

$$\begin{Bmatrix} \varepsilon_{FX} \\ \varepsilon_{FY} \\ \varepsilon_{FZ} \end{Bmatrix} = \begin{bmatrix} 1.1532 & 0.0164 & 0.0687 \\ 0.0338 & 1.2946 & -0.1858 \\ 0.0088 & -0.0576 & 1.3399 \end{bmatrix} \begin{Bmatrix} F_X \\ F_Y \\ F_Z \end{Bmatrix} \qquad (24-1)$$

表 24-2　某舱段的载荷灵敏度标定结果

测点	发次	M_X—双方向			M_Y—双方向			F_Z—双方位	
$\varepsilon_{MX}/\mu\varepsilon$	弯矩 X 测点	C_{XX}	正弯	1.1186	C_{XY}	正弯	-0.0026	C_{XZ}	0.1026
			负弯	1.2000		负弯	0.0398		0.0243
			平均	1.1593		平均	0.0186		
	备份 X 测点		正弯	1.1043		正弯	-0.0026		0.1121
			负弯	1.1900		负弯	0.0311		0.036
			平均	1.1472		平均	0.0143		
$\varepsilon_{MY}/\mu\varepsilon$	弯矩 Y 测点	C_{YX}	正弯	0.0190	C_{YY}	正弯	1.3603	C_{YZ}	-0.1239
			负弯	0.0478		负弯	1.2226		-0.2338
			平均	0.0334		平均	1.2915		
	备份 Y 测点		正弯	0.0190		正弯	1.3647		-0.1384
			负弯	0.0494		负弯	1.2305		-0.2471
			平均	0.0342		平均	1.2976		
$\varepsilon_{FZ}/\mu\varepsilon$	X 方位 Z 测点	C_{ZX}	正弯	-0.0165	C_{ZY}	正弯	0.2079	C_{ZZ}	1.2078
			负弯	0.0721		负弯	-0.1973		1.1283
	Y 方位 Z 测点		正弯	0.1853		正弯	-0.2103		1.4919
			负弯	-0.2058		负弯	-0.0306		1.5316

表 24-3　某舱段平均处理的双模量灵敏度参数 C_{ij}

测点	M_X			M_Y			F_Z	
$\varepsilon_{MX}/\mu\varepsilon$	$C_{XX}/$ $[\mu\varepsilon/(kN \cdot m)]$	正弯	1.111	$C_{XY}/$ $[\mu\varepsilon/(kN \cdot m)]$	正弯	-0.003	$C_{XZ}/$ $(\mu\varepsilon/kN)$	0.0688
		负弯	1.195		负弯	0.035		
$\varepsilon_{MY}/\mu\varepsilon$	$C_{YX}/$ $[\mu\varepsilon/(kN \cdot m)]$	正弯	0.019	$C_{YY}/$ $[\mu\varepsilon/(kN \cdot m)]$	正弯	1.363	$C_{YZ}/$ $(\mu\varepsilon/kN)$	-0.1858
		负弯	0.049		负弯	1.227		
$\varepsilon_{FZ}/\mu\varepsilon$	$C_{ZX}/$ $[\mu\varepsilon/(kN \cdot m)]$	正弯	0.084	$C_{ZY}/$ $[\mu\varepsilon/(kN \cdot m)]$	正弯	-0.001	$C_{ZZ}/$ $(\mu\varepsilon/kN)$	1.3399
		负弯	-0.067		负弯	-0.114		

24.3　测点非正交的载荷模型

当测量截面上的载荷测点只能保证 180° 的解耦布点要求、不能保证 90° 的正交条件时，标定载荷仍保持正交，在 ε_{FX}、$\varepsilon_{FY'}$、ε_{FZ}、$\varepsilon_{FZ'}$ 中，$\varepsilon_{FZ'}$ 与 ε_{FZ} 为不正交的轴力载荷测点，$\varepsilon_{FY'}$ 与 ε_{FX} 为不正交的弯矩载荷测点，与正交的截面载荷 $\{F_X, F_Y, F_Z\}^T$ 的关

系为

$$\begin{Bmatrix} \varepsilon_{FX} \\ \varepsilon_{FY'} \\ \varepsilon_{FZ} + \varepsilon_{FZ'} \end{Bmatrix} = \begin{bmatrix} C_{XX} & C_{XY} & C_{XZ} \\ C_{Y'X} & C_{Y'Y} & C_{Y'Z} \\ C_{ZX} + C_{Z'X} & C_{ZY} + C_{Z'Y} & C_{ZZ} + C_{Z'Z} \end{bmatrix} \begin{Bmatrix} F_X \\ F_Y \\ F_Z \end{Bmatrix}$$

ε_{FX}、ε_{FZ} 为与载荷 F_X 方向一致的测点，$\varepsilon_{FY'}$、$\varepsilon_{FZ'}$ 为与载荷 F_Y 方向不一致的测点，上式可改写成

$$\begin{Bmatrix} \varepsilon_{FX} \\ \varepsilon_{FY'} \\ \overline{\varepsilon}_{FZ} \end{Bmatrix} = \begin{bmatrix} C_{XX} & C_{XY} & C_{XZ} \\ C_{Y'X} & C_{Y'Y} & C_{Y'Z} \\ \overline{C}_{ZX} & \overline{C}_{ZY} & \overline{C}_{ZZ} \end{bmatrix} \begin{Bmatrix} F_X \\ F_Y \\ F_Z \end{Bmatrix}$$

上式中有关系式 $\overline{\varepsilon}_{FZ} = \dfrac{\varepsilon_{FZ} + \varepsilon_{FZ'}}{2}$，$\overline{C}_{ZX} = \dfrac{C_{ZX} + C_{Z'X}}{2}$，$\overline{C}_{ZY} = \dfrac{C_{ZY} + C_{Z'Y}}{2}$，$\overline{C}_{ZZ} = \dfrac{C_{ZZ} + C_{Z'Z}}{2}$，由此关系式替换上节的结果，可对非正交测量坐标系的截面载荷进行分析和处理。但由于测点不正交，耦合灵敏度和误差将增大，非正交夹角越大误差越大，极限情况是 ε_{FX}、$\varepsilon_{FY'}$ 方位接近，上式成为病态矩阵，载荷不可测，因此测点的非正交夹角不宜过大。某型号诱饵舱的测点非正交夹角为 17°，建议控制在 15°以内，对应的灵敏度矩阵条件数为 1.3。

24.4　标定载荷非正交的载荷模型

在某些情况，标定试验的两个加载方向不能保证垂直。标定试验的两个加载方向非正交，因此需要重新推导桥路应变与弯矩之间的载荷模型。

定义四种坐标系（图 24-3）：结构坐标系、测点坐标系、测点方向力矩坐标系、结构方向力矩坐标系。其中，在测点方向力矩坐标系中，由于标定载荷与结构坐标系有偏转夹角 θ，这个偏转对各载荷测量截面的弯矩灵敏度标定有影响，对载荷测量与坐标方向变换没有影响。

设测量截面的测点坐标系与结构坐标系的夹角为 α，其弯矩灵敏度矩阵 $[C_{ij}]$ 均在测量坐标系定义，表达式为

$$\begin{aligned} \begin{Bmatrix} \varepsilon_X \\ \varepsilon_Y \end{Bmatrix} &= \begin{bmatrix} C_{XX} & C_{XY} \\ C_{YX} & C_{YY} \end{bmatrix} \begin{Bmatrix} M_X \\ M_Y \end{Bmatrix} = \begin{bmatrix} C_{XX} & C_{XY} \\ C_{YX} & C_{YY} \end{bmatrix} \begin{Bmatrix} F_X \\ F_Y \end{Bmatrix} \Delta L \\ &= \begin{bmatrix} C_{XX} & C_{XY} \\ C_{YX} & C_{YY} \end{bmatrix} \begin{Bmatrix} \cos(\alpha - \theta) & \sin(\alpha + \theta) \\ -\sin(\alpha - \theta) & \cos(\alpha + \theta) \end{Bmatrix} \begin{Bmatrix} F_3 \\ F_4 \end{Bmatrix} \Delta L \end{aligned}$$

式中，ε_X、ε_Y 为两个方位弯矩测点的桥路应变；M_X、M_Y 为标定试验中在两个测点方位施加的根部弯矩；F_X、F_Y 为标定试验中在两个测点方位施加的横向力；F_3、F_4 为两个标定方向施加的横向力；ΔL 为加载点到载荷测点截面的距离；C_{XY} 为 Y 方向上的弯矩引起的 X 方向上应变的耦合系数。

施加Ⅲ象限附近方位标定载荷 F 时，$F_3 = F$，$F_4 = 0$，定义 K_{X3} 为 $\varepsilon_X - F$ 曲线的拟合斜率，K_{Y3} 为 $\varepsilon_Y - F$ 曲线的拟合斜率，则上式变化为

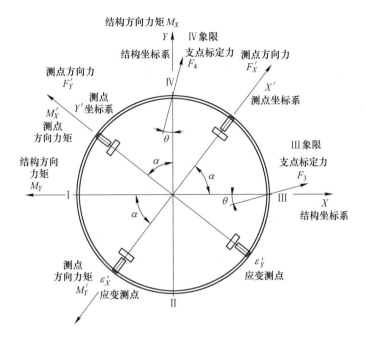

图 24 - 3　CZ - 7 火箭标定试验各种坐标系的角度关系

$$\begin{Bmatrix} K_{X3} \\ K_{Y3} \end{Bmatrix} = \begin{bmatrix} C_{XX} & C_{XY} \\ C_{YX} & C_{YY} \end{bmatrix} \begin{bmatrix} \cos\alpha & \sin\alpha \\ -\sin\alpha & \cos\alpha \end{bmatrix} \begin{bmatrix} \cos\theta & 0 \\ \sin\theta & 0 \end{bmatrix} \Delta L$$

施加 Ⅳ 象限附近方位标定载荷 F 时，$F_3 = 0$，$F_4 = F$，定义 K_{X4} 为 $\varepsilon_X - F$ 曲线的拟合斜率，K_{Y4} 为 $\varepsilon_Y - F$ 曲线的拟合斜率，则有

$$\begin{Bmatrix} K_{X4} \\ K_{Y4} \end{Bmatrix} = \begin{bmatrix} C_{XX} & C_{XY} \\ C_{YX} & C_{YY} \end{bmatrix} \begin{bmatrix} \cos\alpha & \sin\alpha \\ -\sin\alpha & \cos\alpha \end{bmatrix} \begin{bmatrix} 0 & \sin\theta \\ 0 & \cos\theta \end{bmatrix} \Delta L$$

将两个方向标定出的 4 个斜率写成矩阵形式，可得

$$\begin{Bmatrix} K_{X3} & K_{X4} \\ K_{Y3} & K_{Y4} \end{Bmatrix} = \begin{bmatrix} C_{XX} & C_{XY} \\ C_{YX} & C_{YY} \end{bmatrix} \begin{bmatrix} \cos\alpha & \sin\alpha \\ -\sin\alpha & \cos\alpha \end{bmatrix} \begin{bmatrix} \cos\theta & \sin\theta \\ \sin\theta & \cos\theta \end{bmatrix} \Delta L$$

对上式乘以后两个方向角方阵的逆，可得

$$\begin{bmatrix} C_{XX} & C_{XY} \\ C_{YX} & C_{YY} \end{bmatrix} = \frac{1}{\Delta L \cos 2\theta} \begin{Bmatrix} K_{X3} & K_{X4} \\ K_{Y3} & K_{Y4} \end{Bmatrix} \begin{bmatrix} \cos\theta & -\sin\theta \\ -\sin\theta & \cos\theta \end{bmatrix} \begin{bmatrix} \cos\alpha & -\sin\alpha \\ \sin\alpha & \cos\alpha \end{bmatrix}$$

上式为非正交标定载荷的截面弯矩灵敏度计算公式，不同测量部段取不同 α 即可得到对应的载荷模型。获得载荷模型后即可按照正交测点进行载荷计算分析。

第 25 章　飞行载荷测量数据的分析处理方法与误差的修正和评估

本文前述的所有内容均是为获取飞行载荷服务的。飞行载荷测量是一项大型复杂试验，载荷测量方法要适应飞行试验的条件和流程。测量系统要与弹（箭）上相关系统进行联试和匹配试验以及电磁兼容试验，检查电缆网接口的正确性和系统对环境的适应性，还要经过灵敏度标定试验的考核。弹（箭）体在靶场总装以后，需再次检查测量系统与弹（箭）上电缆网的连接是否正确。飞行试验前为测量系统加电，启动测量系统持续向遥测系统发送数据，直到脱拔插头分离，测量系统工作结束。遥测系统将载荷测量信号下传，地面站接收数据后提交相关单位，根据灵敏度标定试验结果处理计算飞行载荷，试验测量任务完成。

飞行载荷的实测桥路应变数据是不能直接使用的，只能定性观察静动响应的大致历程，只有进行一系列的变换与分析后，转换为各测量部段的载荷分量时间历程，并对误差范围进行评估后，才能向总体、载荷、结构和遥测专业提供飞行载荷分析结果，这个过程的复杂性正是遥测专业不能独立承担飞行载荷测量工作的原因。

飞行载荷数据处理主要包括两个内容：一是测量坐标系内由桥路应变的飞行实测数据转换为载荷的计算方法；二是载荷测量坐标系与结构坐标方向的载荷变换方法，以提供弹（箭）体测量截面三个方向的载荷时间历程。

25.1　测量坐标系内的载荷计算方法

考虑双模量灵敏度矩阵的载荷迭代计算方法如下：

1) 计算弯矩测点的双向弯曲平均灵敏度 $\overline{C}_{ij} = 0.5(C_{ijP} + C_{ijN})$，$(i, j = X、Y、Z)$，代入下式计算测量坐标系的弯矩估计值

$$\begin{Bmatrix} \widehat{F}_X \\ \widehat{F}_Y \end{Bmatrix} = \frac{1}{\overline{C}_{XX}\overline{C}_{YY} - \overline{C}_{XY}\overline{C}_{YX}} \begin{bmatrix} \overline{C}_{YY} & -\overline{C}_{YX} \\ -\overline{C}_{XY} & \overline{C}_{XX} \end{bmatrix} \begin{Bmatrix} \varepsilon_{FX} \\ \varepsilon_{FY} \end{Bmatrix}$$

2) 由弯矩估算值 $\widehat{F}_X$、$\widehat{F}_Y$ 计算灵敏度为

$$C_{ij}(\widehat{F}_i) = 0.5[1 + \text{sign}(\widehat{F}_i)]C_{ijP} + 0.5[1 - \text{sign}(\widehat{F}_i)]C_{ijN}$$

代入下式得出弯矩和轴向推力计算值

$$\begin{Bmatrix} \widetilde{F}_X \\ \widetilde{F}_Y \\ \widetilde{F}_Z \end{Bmatrix} = \begin{bmatrix} C_{XX} & C_{XY} & C_{XZ} \\ C_{YX} & C_{YY} & C_{YZ} \\ C_{ZX} & C_{ZY} & C_{ZZ} \end{bmatrix}^{-1} \begin{Bmatrix} \varepsilon_{FX} \\ \varepsilon_{FY} \\ \varepsilon_{FZ} \end{Bmatrix}$$

以上方法对弯矩进行了两次计算，第一次是为了根据弯矩的符号确定灵敏度的取值，第二次得到的才是载荷计算结果。若灵敏度 $C_{ij}(\widehat{F_i})$ 始终取 $\overline{C}_{ij}$，则退化为线性的单模量灵敏度载荷迭代计算方法。实施上述方法对正交和非正交测点均相同，差别仅在于非正交测点的耦合灵敏度数值较大、精度降低。

25.2　不同坐标系载荷的坐标变换方法

弹（箭）体所受的弯矩一般不与弯矩测量方向一致，设弹（箭）体横截面上一组相互垂直的弯矩测量方向为 X 和 Y，法向弯矩和侧向弯矩的方向为 X' 和 Y'（图 24-2）。两个方向的弯矩 M_X 和 M_Y 都不为零，根据 M_X 和 M_Y 可以找出合力矩的大小和方向，与 X、Y 坐标系成 α 角的箭体载荷坐标系 X'、Y' 方向的弯矩，可通过坐标变换方法得到。变换公式为

$$\begin{cases} M'_X = M_X \cos\alpha + M_Y \sin\alpha \\ M'_Y = -M_X \sin\alpha + M_Y \cos\alpha \end{cases}$$

在测量坐标系中合力矩的大小和方向角为

$$\begin{cases} M_{\max} = \sqrt{M_X^2 + M_Y^2} \\ \beta = \arctan \dfrac{M_Y}{M_X} \end{cases}$$

设弯矩向量 $M = M'_X + iM'_Y$，则在箭体坐标系中弯矩 M 的方向角为 $\alpha + \beta = \text{angle}(M)$，弯矩 M 的绝对值为 $\sqrt{M_X^2 + M_Y^2}$，大小为 $M = M_X \cos(\alpha + \beta) + M_Y \sin(\alpha + \beta)$。

25.3　载荷测量计算的误差分析

在某型号试验弹上首次进行了飞行载荷测量，为评估载荷测量与计算方法的误差，在飞行试验前借用静力试验的试件和工装，搭载载荷测量系统对测量方法进行考核，比较测量值和试验载荷是否一致。特别是长度/直径比只有 0.4 的短粗形测量部段，整个结构的应力分布都受到上下端面的边界影响，界面连接刚度引起的非线性效应将产生一定程度的载荷测量计算误差，通过静力试验可以分析误差的规律和范围，考核载荷确定方法的精度和适用性，并研究外压对载荷测量结果的耦合效应影响。

在试验加载范围内，轴向压力和两个方向弯矩的最大误差和线性度分别为

$$\Delta_i = \max(\widetilde{F}_i - F_i)$$

$$\delta_i = \max(\widetilde{F}_i - F_i)/\max(F_i) \times 100\%$$

静力试验件有三种试验状态，分别为Ⅰ象限弯曲（Ⅱ象限拉伸、Ⅳ象限压缩）试验、Ⅱ象限弯曲（Ⅲ象限拉伸、Ⅰ象限压缩）试验、Ⅲ象限剪切联合试验和轴外压试验。按照标定试验确定的灵敏度矩阵和载荷计算方法，分别计算三种静力试验的载荷，分析耦合效应和误差范围（表 25-1）。

表 25 – 1　某舱段的载荷测量结果和误差

静力试验参数			载荷测量结果			载荷误差（%）	
试验状态	载荷方向	试验载荷	总弯矩/(kN·m)	弯矩方位角/(°)	轴压/kN	相对误差	方位角/(°)
Ⅰ象限纯弯	侧向 0° Ⅱ～Ⅳ拉压	1000kN·m	965.7	5.3	−4～3	−3.4	5.3
Ⅱ象限弯曲	法向 90° Ⅲ～Ⅰ拉压	2877kN·m	2741	98.0	−30～5	−4.7	8.0
轴外压	轴压−5500kN 外压 440kPa		<275	61.6	4971	−5.3	

Ⅰ象限弯曲试验测点应变与载荷的相关系数都在 0.99 以上，载荷误差为−3.4%，弯矩方位角误差为 5.3°，轴压对弯矩的耦合误差小于 3kN/100kN·m。Ⅱ象限弯曲试验测点应变与载荷的相关系数都在 0.995 以上，弯矩测量计算结果误差为−4.7%，弯矩方位角误差为 8°，轴压对弯矩的耦合误差小于 4.4kN/100kN·m。轴外压试验轴压测点的载荷计算结果约小 5%，全部折合到轴压上的耦合误差小于 5kN·m/100kN。

按照静力试验的载荷测量误差为 5%（估算），约为标定试验线性度 3% 的 1.7 倍，考虑到飞行试验受到均匀与非均匀外压作用，误差将增大，发射过程弯矩的误差按两倍的标定线性度进行估算；轴力信号对均匀和非均匀外压都比较敏感，另外轴力的弯矩耦合效应远大于弯矩的轴力耦合效应，因此飞行过程轴力测量信号的误差按弯矩误差的两倍，即标定线性度的四倍进行估算。这种轴力误差估算方法与根据弹体加速度和表面压力估算的轴力偏差有较好的一致性。

25.4　精度验证试验对载荷测量误差的评估及对载荷模型的改进

在某型号的载荷测量灵敏度标定流程中，设计并实施了载荷测量部段的精度验证试验，发现了量程相差较大的测量通道间，存在强烈的载荷耦合效应和误差。通过对耦合效应数据的分析，推导了考虑多向载荷工况线性与非线性耦合效应的载荷模型，将最大载荷估算误差由 30% 以上降低到 10%；对于量程接近的测量通道，载荷耦合效应较弱，载荷估算误差基本上是标定线性度的两倍，与某型号试验弹的静力试验结果一致。

25.4.1　精度验证试验的加载方法

精度验证试验利用静力试验工装，施加非测量方位的轴、弯联合载荷，将根据灵敏度标定结果估算的多向载荷与试验施加的载荷进行比对，以得到综合变送器误差、应变片贴片误差、测量部段结构线性和非线性耦合误差的载荷测量分析误差，作为飞行载荷测量结果误差分析的依据。

精度验证试验的加载状态与标定试验有一定的差别，一是弯矩和轴力同时施加，二是弯矩加载方向与标定方向偏差 45°，形成与三种单独标定载荷相关性最小的验证载荷状态，耦合效应最强，误差评估最准确。使用的工装与设备不变。试验的加载方位有两种，合弯矩加载方向相差 $90°$。在每个试验方位轴力载荷与弯矩载荷同步施加，分级加载至最大验证载荷，然后卸载到零位，记录每个加载级所有载荷测点的应变，再根据灵敏度矩阵标定结果计算各级验证试验载荷的数值与方向，得出测量载荷曲线，与实际载荷曲线进行对比和误差分析。最大复合载荷要考虑部段安全性。

25.4.2　考虑线性耦合效应的载荷模型

对于某型号有效载荷支架，根据灵敏度矩阵标定结果的标定载荷估算误差为 4%，略大于主灵敏度 3% 的线性度。根据灵敏度矩阵标定结果的精度验证载荷估算误差为 10%，超过了两倍线性度的范围，需要对载荷模型进行改进。可以综合标定试验和精度验证试验的所有数据，平衡不同加载状态的载荷估算精度，降低综合估算误差。

将标定试验和精度验证试验的所有数据合并使用，进行多变量线性拟合回归计算，获得误差最小的灵敏度矩阵。利用载荷灵敏度的线性关系式求逆可得

$$\begin{Bmatrix} F_X \\ F_Y \\ F_Z \end{Bmatrix} = \begin{bmatrix} C_{XX} & C_{XY} & C_{XZ} \\ C_{YX} & C_{YY} & C_{YZ} \\ C_{ZX} & C_{ZY} & C_{ZZ} \end{bmatrix}^{-1} \begin{Bmatrix} \varepsilon_X \\ \varepsilon_Y \\ \varepsilon_Z \end{Bmatrix} = \begin{bmatrix} S_{XX} & S_{XY} & S_{XZ} \\ S_{YX} & S_{YY} & S_{YZ} \\ S_{ZX} & S_{ZY} & S_{ZZ} \end{bmatrix} \begin{Bmatrix} \varepsilon_X \\ \varepsilon_Y \\ \varepsilon_Z \end{Bmatrix} = [S] \begin{Bmatrix} \varepsilon_X \\ \varepsilon_Y \\ \varepsilon_Z \end{Bmatrix}$$

求转置后为

$$\begin{bmatrix} F_X & F_Y & F_Z \end{bmatrix} = \begin{bmatrix} \varepsilon_X & \varepsilon_Y & \varepsilon_Z \end{bmatrix} [S]^{\mathrm{T}} = \begin{bmatrix} \varepsilon_X & \varepsilon_Y & \varepsilon_Z \end{bmatrix} \begin{bmatrix} S_{XX} & S_{YX} & S_{ZX} \\ S_{XY} & S_{YY} & S_{ZY} \\ S_{XZ} & S_{YZ} & S_{ZZ} \end{bmatrix}$$

每次标定试验可得到 $n \times 3$ 的应变输出矩阵 $\begin{bmatrix} \varepsilon_X & \varepsilon_Y & \varepsilon_Z \end{bmatrix}_i (i = 1, \cdots, n)$ 和只有一列不为零的标定载荷矩阵 $\begin{bmatrix} F_X & F_Y & F_Z \end{bmatrix}_i$，每次精度验证试验可得到 $m \times 3$ 的应变输出矩阵 $\begin{bmatrix} \varepsilon_X & \varepsilon_Y & \varepsilon_Z \end{bmatrix}_j (j = 1, \cdots, m)$ 和三列均不为零的验证载荷矩阵 $\begin{bmatrix} F_X & F_Y & F_Z \end{bmatrix}_j$，六个状态标定试验和两个状态精度验证试验可形成 $(6n + 2m) \times 3 = \Sigma \times 3$ 的载荷矩阵 $\begin{bmatrix} F_X & F_Y & F_Z \end{bmatrix}_{k=1, \Sigma}$ 和应变矩阵 $\begin{bmatrix} \varepsilon_X & \varepsilon_Y & \varepsilon_Z \end{bmatrix}_{k=1, \Sigma}$，使上式变为 9 个未知数、$\Sigma$ 个方程的超定方程组，得到应变刚度矩阵的最小二乘解为

$$\begin{bmatrix} S_{XX} & S_{YX} & S_{ZX} \\ S_{XY} & S_{YY} & S_{ZY} \\ S_{XZ} & S_{YZ} & S_{ZZ} \end{bmatrix} = \begin{bmatrix} \varepsilon_X & \varepsilon_Y & \varepsilon_Z \end{bmatrix} \backslash \begin{bmatrix} F_X & F_Y & F_Z \end{bmatrix}$$

灵敏度（柔度）矩阵为

$$\begin{bmatrix} C_{XX} & C_{XY} & C_{XZ} \\ C_{YX} & C_{YY} & C_{YZ} \\ C_{ZX} & C_{ZY} & C_{ZZ} \end{bmatrix} = \begin{bmatrix} S_{XX} & S_{YX} & S_{ZX} \\ S_{XY} & S_{YY} & S_{ZY} \\ S_{XZ} & S_{YZ} & S_{ZZ} \end{bmatrix}^{-\mathrm{T}} = \begin{bmatrix} 1.1368 & 0.01575 & 0.077922 \\ 0.026801 & 1.2929 & -0.20434 \\ 0.0074348 & -0.077259 & 1.3494 \end{bmatrix}$$

与标定试验得到的灵敏度系数矩阵式（24 - 1）相比，主灵敏度和耦合灵敏度差别均不大，数值上只有较小的变化。按照拟合计算得到的灵敏度结果估算各种载荷工况的载荷误差减小到 7%，恰好为线性度的两倍。通过综合利用多加载状态的试验数据，改进了载荷模型，达到了 10% 的载荷精度要求。

25.4.3　考虑非线性耦合效应的载荷模型

对于某型号箱间段，由于弯矩量程远小于轴力量程，根据灵敏度矩阵标定结果的标定

弯矩载荷估算误差为 15%，远大于主灵敏度 2% 的线性度。根据灵敏度矩阵标定结果的精度验证的弯矩载荷估算误差为 70%，这种误差水平对载荷测量是没有使用价值的。由于在精度验证试验中，弯矩测点的数据存在明显的非线性，只考虑线性耦合效应的载荷模型，将载荷估算误差从 70% 减小到了 25%，仍然偏大，需要考虑非线性耦合效应。

标定试验得到的主灵敏度线性度较好，因此与应变二次项相关的修正项可以只保留耦合应变项。将前面考虑线性耦合效应的载荷计算模型增广至只考虑载荷测点输出耦合项的非线性载荷计算模型

$$
\begin{bmatrix} F_X & F_Y & F_Z \end{bmatrix} = \begin{bmatrix} \varepsilon_X & \varepsilon_Y & \varepsilon_Z \end{bmatrix} [S]^{\mathrm{T}} +
$$

$$
\begin{bmatrix} \varepsilon_Y\varepsilon_Z & \varepsilon_Z\varepsilon_X & \varepsilon_X\varepsilon_Y \end{bmatrix} \begin{bmatrix} S_{X-YZ} & S_{Y-YZ} & S_{Z-YZ} \\ S_{X-ZX} & S_{Y-ZX} & S_{Z-ZX} \\ S_{X-XY} & S_{Y-XY} & S_{Z-XY} \end{bmatrix}
$$

$$
= \begin{bmatrix} \varepsilon_X & \varepsilon_Y & \varepsilon_Z & \varepsilon_Y\varepsilon_Z & \varepsilon_Z\varepsilon_X & \varepsilon_X\varepsilon_Y \end{bmatrix} \begin{bmatrix} S_{XX} & S_{YX} & S_{ZX} \\ S_{XY} & S_{YY} & S_{ZY} \\ S_{XZ} & S_{YZ} & S_{ZZ} \\ S_{X-YZ} & S_{Y-YZ} & S_{Z-YZ} \\ S_{X-ZX} & S_{Y-ZX} & S_{Z-ZX} \\ S_{X-XY} & S_{Y-XY} & S_{Z-XY} \end{bmatrix}
$$

上式为 18 个未知数、Σ 个方程的超定方程组，利用多状态试验数据，可拟合得到线性和二次耦合应变刚度矩阵的最小二乘解

$$
\begin{bmatrix} S_{XX} & S_{YX} & S_{ZX} \\ S_{XY} & S_{YY} & S_{ZY} \\ S_{XZ} & S_{YZ} & S_{ZZ} \\ S_{X-YZ} & S_{Y-YZ} & S_{Z-YZ} \\ S_{X-ZX} & S_{Y-ZX} & S_{Z-ZX} \\ S_{X-XY} & S_{Y-XY} & S_{Z-XY} \end{bmatrix} = \begin{bmatrix} \varepsilon_X & \varepsilon_Y & \varepsilon_Z & \varepsilon_Y\varepsilon_Z & \varepsilon_Z\varepsilon_X & \varepsilon_X\varepsilon_Y \end{bmatrix} \backslash \begin{bmatrix} F_X & F_Y & F_Z \end{bmatrix}
$$

非线性拟合得到的线性灵敏度（柔度）矩阵为

$$
\begin{bmatrix} C_{XX} & C_{XY} & C_{XZ} \\ C_{YX} & C_{YY} & C_{YZ} \\ C_{ZX} & C_{ZY} & C_{ZZ} \end{bmatrix} = \begin{bmatrix} S_{XX} & S_{YX} & S_{ZX} \\ S_{XY} & S_{YY} & S_{ZY} \\ S_{XZ} & S_{YZ} & S_{ZZ} \end{bmatrix}^{-\mathrm{T}} = \begin{bmatrix} 1.1886 & -0.0012337 & 0.082951 \\ -0.067246 & 1.1924 & -0.030071 \\ 0.041877 & -0.052754 & 1.9189 \end{bmatrix}
$$

与标定试验得到的灵敏度矩阵

$$
\begin{bmatrix} C_{XX} & C_{XY} & C_{XZ} \\ C_{YX} & C_{YY} & C_{YZ} \\ C_{ZX} & C_{ZY} & C_{ZZ} \end{bmatrix} = \begin{bmatrix} 1.1893 & 0.00948 & 0.08586 \\ -0.058155 & 1.1705 & -0.1222 \\ 0.06087 & -0.04176 & 1.991 \end{bmatrix}
$$

比较接近，二次耦合应变刚度矩阵为

$$
\begin{bmatrix} S_{X-YZ} & S_{Y-YZ} & S_{Z-YZ} \\ S_{X-ZX} & S_{Y-ZX} & S_{Z-ZX} \\ S_{X-XY} & S_{Y-XY} & S_{Z-XY} \end{bmatrix} = \begin{bmatrix} 0.30804 & -0.31839 & -0.25902 \\ 0.1049 & 0.32276 & -0.39466 \\ -0.53115 & -3.5122 & 3.9789 \end{bmatrix} \times 10^{-3}
$$

由于二次耦合应变刚度矩阵与应变的平方相乘，最大应变在 $1000\mu\varepsilon$ 左右，因此二次

耦合应变刚度系数比一次刚度系数小三个数量级。数值较大的系数在第三行，而与 ε_Z 相关的耦合应变影响较小，原因在于 ε_Z 数值较大。基于非线性耦合效应的载荷识别误差 13%，能够达到 15% 的测量精度要求。

实际结构的 X、Y 方向是对称的，$\varepsilon_Y\varepsilon_Z$ 和 $\varepsilon_Z\varepsilon_X$ 的影响理论上是一致的，对应的非线性耦合应变刚度矩阵的第一行元素应与第二行元素一致或相近，但拟合结果相差较大，有的系数符号相反，因此耦合应变灵敏度矩阵只对此试验件有效，不能推广到其他试验件。

考虑三次耦合项 $\varepsilon_X\varepsilon_Y\varepsilon_Z$ 的载荷模型，不会提高载荷估算精度。

25.5　部分飞行载荷测量结果

在已进行载荷测量的型号中，选择两种样本量稍多的部段进行统计，可以分析其散布特性，给出一定统计特性的设计载荷。某型号导弹在发射过程各个阶段级间段的最大弯矩载荷见表 25-2，出筒段的载荷最大，并且分散性最小，95% 概率、50% 置信度的载荷上限略大于实测的最大载荷，这对于确定级间段的设计载荷有重要价值；某型号弹射弹在发射过程中，整流罩的最大弯矩载荷见表 25-3。出筒段的载荷较小，水中段的载荷最大，出水段的载荷次之。两种较大载荷的标准偏差超过平均值的 1/3，分散性较大，95% 概率、50% 置信度的载荷上限比实测的最大载荷偏大 7% 以下，可以作为结构设计载荷确定的依据。

表 25-2　某型号级间段的最大弯矩载荷

发次	出筒段	水中段	出水段	空中段
平均值	750	413	462	290
标准偏差	48	93	57	38
最小值	709	317	414	
最大值	823	518	544	
95/50 上限	829	567	556	
95/75 上限	868	642	602	

注：表中数据经过了缩放处理。

表 25-3　某型号整流罩的最大弯矩载荷

发次	出筒段	水中段	出水段	空中段
平均值	338	561	397	139
标准偏差	34	215	180	54
最小值	291	274	190	44
最大值	399	914	649	206
95/50 上限	393	915	693	228
95/75 上限	409	1014	775	252

注：表中数据经过了缩放处理。

第 26 章　载荷测量的实践效果

飞行载荷测量技术借鉴了火箭地面风载试验的思路，该技术比较成熟，已在火箭工程中多次应用。但由于使用条件的巨大差异，大部分工作的实施方法都有很大变化，以适应弹（箭）体结构形式和飞行条件的约束。地面运输试验的载荷测量方法和使用条件与风载试验相对接近，试验规模小一些，更容易协调与实施。

26.1　CZ-7 火箭转运过程和射前地面风载荷测量

我国新研的 CZ-7 火箭在新建的海南文昌靶场发射，火箭、发射台、靶场均是首次使用，火箭竖立在发射台上的动特性还没有实测数据，在地面风作用下其动载荷响应存在一定的不确定性，更严重的是文昌靶场的地面风最大风速远超作为 CZ-7 火箭设计条件的内陆靶场风速，风剖面也有很大差异。虽然在初样阶段完成了缩比模型风洞吹风试验，但试验范围不能覆盖靶场现有风速范围，因此补充了低 Sr 的缩比模型风洞吹风试验，火箭结构也进行了加强。另外参考国外火箭的做法，在级间段增加了防风减载的支承结构。为验证火箭结构对靶场地面风环境的适应性，设计部参照德尔它 4 火箭的根部弯矩监控技术，提出了 CZ-7 火箭的靶场转运和射前地面风载荷测量要求（图 4-34）：一方面补充火箭合练中没有获得的地面风载荷数据，研究弹（箭）体结构对地面风的适应性；另一方面可以积累所有发次的火箭地面风载荷数据，统计并包络弹（箭）体地面风载荷数据，建立数据库；此外，还可以根据实时载荷监测数据和弹（箭）体承载能力，合理、准确、安全地确定火箭发射窗口和限制条件，提高发射概率和可靠性。

CZ-7 火箭的根部载荷测量方法与传统的火箭地面风载荷试验大致相同，试验的理论和数据处理方法完全相同，但试验的实施过程有一定的差别，主要体现在：

1）射前载荷监测国内是第一次进行，试验的测量系统由实验室的动态试验设备改为在靶场的测试、发射和控制系统中的固定设备（图 4-34），放置在发射平台台面下的前置设备间的空调监测机柜内，需要履行靶场地面设备的质量控制流程，能够在火箭发射过程中恶劣的动力学环境下满足多次使用的要求，特别要适应高湿度的使用环境；对于应变测量的温漂问题，本次试验进行了改进与摸底，选用热输出一致性较好的半桥式直角应变花。

2）载荷测量部段的灵敏度标定工作由技术阵地改为静力试验厂房，需要改变尾段结构件的生产装配流程和工艺文件，但能提高标定结果的精度，进而提高火箭根部载荷监测的精度。

3）射前根部载荷监测数据需要通过 broadcom 双网卡传输到指挥控制大厅实时显示，提供安全发射火箭的依据，需要编制火箭根部弯矩参数的实时处理与显示程序，另外需要时统校正，增加了测量系统软、硬件的复杂性。

　　4）既要满足火箭起飞前根部弯矩的实时监测要求，又不能影响火箭安全起飞，需要采取简单有效的电缆脱开方式。由于脱插插头体积和质量较大，不易在发射台支撑柱上安装，且需要占用靶场发射系统的控制通道，因此采用火箭起飞时直接拉断连接应变片的细电缆线的脱开方式，电缆留在发射台，火箭尾段上只残留应变片和焊接端子。这种方法的有效性和对火箭起飞的影响在地面进行了试验验证，利用跌落冲击台开展不同运动速度下细电缆线的拉断力测试，当火箭起飞高度和电缆松弛长度为 0.5m 时，拉断力和冲量比较稳定，相对于火箭 720t 推力和 600t 起飞质量，不会对火箭起飞形成干扰。

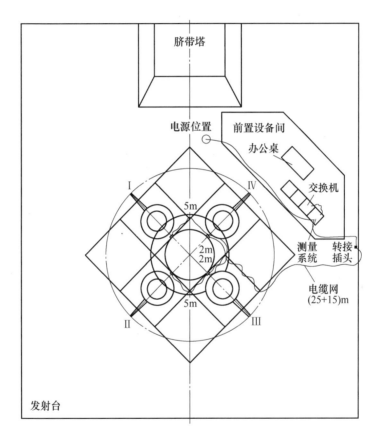

图 26 - 1　CZ - 7 火箭射前载荷监测系统分布示意图

　　通过在靶场的四次总检查，测试了风载监测系统的各项功能，包括采集、显示、存储、传输等，同时，也获得了系统的抗干扰能力及零漂特性。

　　完成了两次转场风载实测。结果表明，由于防风减载杆的作用，实际作用在弹（箭）体尾段上的弯矩载荷也较小。

　　加注过程中的弯矩分量和总弯矩值如图 26 - 2 所示，考虑到加注过程中塔架合拢，风的影响几乎可以忽略，因此该过程中的弯矩响应是各助推器贮箱加注不同步所致，推进剂质量偏心在尾段上产生弯矩。

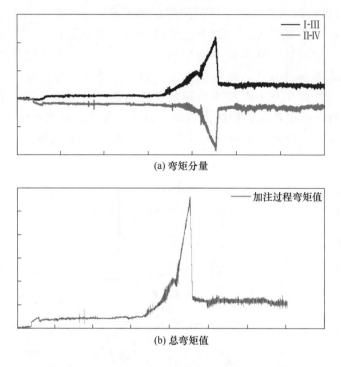

(a) 弯矩分量

(b) 总弯矩值

图 26-2　加注过程中的弯矩分量和总弯矩值（见彩插）

26.2　运输试验中的截面载荷测量结果与分析

在某型号的机动运输试验中，搭载了弹体三个部段中间截面的弯矩测量系统，开创了我国航天型号运输试验载荷测量的先例，提供了弹体起竖和机动运输过程的载荷实测数据，可以为运输载荷条件的制定与疲劳载荷谱的编制奠定基础。基于截面载荷测量的弹体载荷条件的精度高于基于过载与振动测量的载荷条件，更便于开展结构优化设计和可靠性与安全评定。

正常起竖试验发射筒和弹体连贯完成起竖到回收的过程，可划分为起竖初始、起竖到位、回收初始和回收到位四个中间状态（图 26-3）。试验时在起竖到位后静置一段时间，至系统稳定后再开始回收过程。图 26-3 中上面一条曲线是质心处起竖方向的过载测点的时域波形，下面一条曲线为弹体级间段Ⅰ-Ⅲ方向弯矩测点输出的时域波形。两条曲线除弯矩曲线在起始和结束时有跳跃外，中间时段完全相似。在过载曲线有波动的时刻，弯矩曲线也有波动，只是相对幅度较小，曲线比较光滑，其原因在于弹体的横向刚体波动不产生截面弯矩，只引起过载波动。

在弹车水平停放状态，弹体在发射筒内由四道适配器共同支撑，此时将所测界面的应变桥路归零；在起竖初始状态，液压作动筒对发射筒施加力，发射筒变形导致弹体作用在四道适配器的力重新分布，相对于水平停放状态，弹体各界面弯矩也重新分布，这一物理过程直观地反映在载荷测量截面输出的跳变上，级间段截面弯矩增大 33.8kN·m；在起竖过程中，随着弹体与重力方向的夹角逐渐变小，质心所在截面与弯矩测量截面的垂向偏

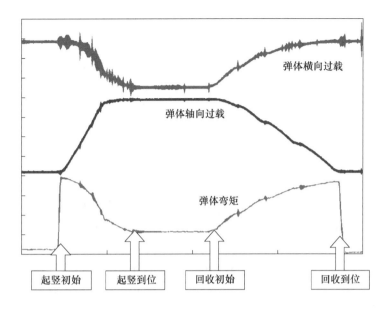

图 26 - 3　正常起竖过程过载和Ⅰ-Ⅲ方向弯矩曲线（见彩插）

心距逐渐减小，弯矩减小并逐渐稳定到一定值 8.7kN·m，此时弹体在发射筒内处于竖立
状态，弯矩测量截面只受轴向力而不受弯矩载荷，因此在起竖过程中的弯矩变化都应该将
8.7kN·m 作为零位参考；回收过程是起竖过程的反向过程，界面弯矩的变化趋势也与起
竖过程相反，回收开始时的截面弯矩小幅变化到 9.3kN·m，回收到位前的截面弯矩变化
到 30.3kN·m，比起竖初始时的弯矩小，然后突变到零位，体现了四道适配器上作用力
在起竖开始和回收结束时刻，其跳跃变化的过程。

　　起竖急停试验是在起竖过程中，分别在与水平成 30°和 60°的状态下暂停起竖，稳定
后继续起竖直至呈竖立状态。与正常起竖相比，增大了 30°和 60°的到位冲击响应，介于
0°和 90°的载荷之间，在 30°和 60°暂停时段多出了两段曲线平台，起始跳变弯矩和 90°到位
载荷略高于正常起竖试验的前半段。

　　回收急停试验是在回收过程中，分别在与水平成 60°和 30°的状态下暂停回收，稳定
后继续回收，直至呈水平停放状态。与正常回收相比，曲线波动的变化不明显，60°和 30°
的到位冲击响应不大，介于 0°和 90°的载荷之间，在 60°和 30°暂停时段也多出了两段曲线
平台，90°回收起始弯矩和回收到位前载荷略高于正常起竖试验的后半段。

　　应急回收试验是起竖到位后，模拟在控制系统出现故障的情况下应急采用手动回收的
情形。回收过程中没有急停过程，主要可划分为回收初始和回收到位两个典型状态。截面
弯矩略高于正常起竖试验的后半段，与回收急停试验相当。

　　运输试验在工厂的环形试验场进行，可以为平坦路面、凹凸路面、搓板路面和碎石
路面。

　　从各种路况各种车速下三个测量部段的最大弯矩统计结果可以看出，各种状态下运输
试验的载荷远小于起竖试验，最大的运输载荷仅相当于水平装填状态载荷的一半，说明适
配器的位置和刚度分布合理，有效地抑制了运输过程对弹体结构产生的载荷。统计结果表

明，除搓板路面外，其他路面上车速对载荷的影响不明显，各种路面的载荷严重程度依次为

平坦路面＜碎石路面＜凹凸路面＜搓板路面

从弯矩的方向角看，搓板路面的路面法向激励较强，弯矩以Ⅰ-Ⅲ象限为主，方向角在 10°左右，其他路况除分导级外，方向角大致在 30°～40°范围内。

从各种试验状态、各部段的弯矩曲线看，大致有两种特征：一种是平坦路面、碎石路面和凹凸路面的弯矩曲线，基本符合平稳随机过程，载荷量级也比较低；另一种是搓板路面的弯矩曲线，响应过程非平稳，有冲击和衰减特征。

通过对运输试验载荷测量结果的统计分析，直接获取了各种状态下各测量部段的弯矩，对装填、起竖和运输载荷有了客观的认识。装填、起竖载荷以静态为主，在起竖速度有变化的时刻均有冲击响应，但数值远低于静态载荷。运输载荷为动态载荷，最大值约为装填载荷的一半，装填载荷约为起竖载荷的一半，这个结论在以往导弹运输试验中从未得到，而计算分析由于车、筒、弹模型的强非线性一直得不到可信的结果。在某型号导弹运输试验中首次得到的运输载荷，可以为导弹运输载荷模型的修正与验证提供了基础，也为弹体运输与起竖载荷的确定提供了参数。

26.3　试验弹的载荷测量

某型号为获得发射过程中的动力学环境和载荷，专门策划了三发试验弹，弹体表面布置了大量的动态压力传感器，在某舱段内壁粘贴应变片，直接实测工作过程中弹体表面的动态压力分布和舱段的截面动态载荷，并且将发射过程载荷数据的获取作为试验圆满成功的必要条件。

该型号是我国第一个测量弹体飞行载荷的型号，借鉴火箭地面风载荷的测量技术，采用了适合导弹工作过程环境和弹体结构形式的载荷测量系统与方法，发射过程的载荷测量结果如图 26-4～图 26-6 所示。

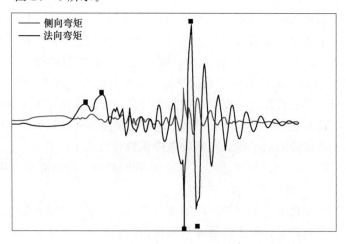

图 26-4　第一次试验的弯矩曲线（见彩插）

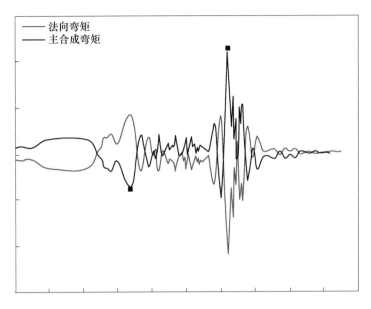

图 26 - 5　第二次试验的弯矩曲线（见彩插）

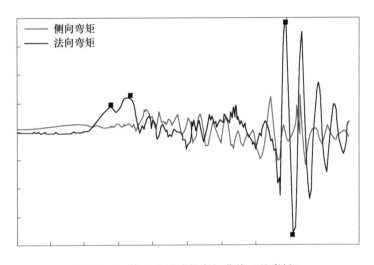

图 26 - 6　第三次试验的弯矩曲线（见彩插）

　　利用经过模态试验结果修正的有限元模型和发射过程中该型号弹的表面压力测量数据，可以计算弹体各截面的动态载荷响应。采用适当的插值方法将实测压力插值到有限元模型的节点上，选用合适的响应计算方法和模态参数，给出弹体各个截面的弯矩。计算的载荷曲线与测量结果相比（图 26 - 7），最大弯矩和变化规律一致，时间历程存在差别，而实测曲线存在局部外压产生的窄尖峰耦合误差，可以通过计算曲线和频响特性予以判别。

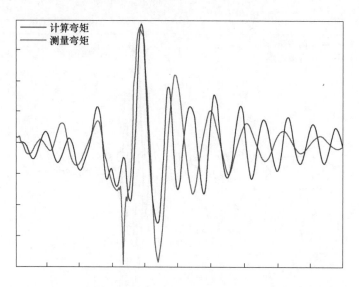

图 26 - 7　发射过程弯矩的计算与测量曲线的对比（见彩插）

参 考 文 献

［1］ 杨全伟，舒成辉，赵华 . 大型飞机翼面载荷测量技术浅析 ［J］. 航空制造技术，2009（8）：48-50.

［2］ 马斌捷，吴艳红，张冬梅，等 . 带非正锥头助推级火箭的地面风载荷风洞试验模型设计 ［J］. 导弹与航天运载技术，2014（3）：60-67.

［3］ 马斌捷，吴艳红，高庆 . 助推器支承的火箭地面风载荷非定常气动系数 ［J］. 强度与环境，2009，36（2）：1-7.

［4］ 马斌捷，洪良友，王国庆，等 . 火箭动态弯矩测量的频响特性分析 ［J］. 强度与环境，2012，39（5）：1-6.

［5］ 洪良友，马斌捷，贾亮，等 . 火箭结构动态载荷响应的非正交测点测量方法 ［J］. 导弹与航天运载技术，2015（4）：1-5.

［6］ 马斌捷，王梦魁，洪良友，等 . 火箭飞行载荷测量的非线性耦合效应模型 ［J］. 强度与环境，2016，43（6）：1-8.

总　　结

从飞行载荷测量结果的误差水平看，弹（箭）体部段作为传感器弹性体或者测力天平精度不高，一般能达到 10%，远低于单向力传感器 0.1%、多向力传感器 1% 的精度，所幸 10% 的载荷测量精度对于结构设计是可以接受的，比基于动响应和动力学模型的载荷估算方法的效果更好；轴向推力的测量结果，可以通过弹体刚体运动参数和质量分布特性获得确认与修正。由于测量部段结构长细比小，大开孔多，弯矩中性轴偏心并且随载荷方向变化而跳跃，边界影响大，非线性强，存在外压耦合效应，有些部段需要采用非正交测点来获取飞行载荷历程。另外，对于多分支结构，通过动力学模型和表面压力计算的分支结构载荷准确度较低，实测载荷结果更为重要。

各测量部段的飞行载荷历程可以作为确定设计载荷的参考，其获取过程只与标定试验和发射试验有关，与通过压力和振动测量结果分析弹（箭）体载荷的方法相比，不包含结构模型和数据插值的误差，但增加了压力、轴力、弯矩载荷间范围能够控制的耦合误差。载荷测量结果若与表面压力和低频振动测量结果一致，则飞行载荷可将此结果作为依据，若有差异，则应以载荷测量结果作为主要依据。

相同结构状态的各发次测量部段的标定结果有一定的差别，并且同一结构、不同方位测点的标定结果也有明显差异，20% 以上的数值偏差非常普遍，体现出结构刚度和贴片方位的离散性，因此各发次部段和各方位测点的灵敏度标定结果不能互换。

飞行过程弯矩载荷测量误差一是可按标定线性度的两倍进行估算，轴力载荷测量误差可以按标定线性度的四倍进行估算，二是通过精度验证试验进行评估。对于均匀性、对称性和一致性较好的部段，载荷测量精度可以达到 10%；对于一致性和加工精度低，或载荷测点量程相差较大的部段，载荷测量精度只能达到 15%。10%～15% 的精度是通过采取一系列措施来保证的：一是每件测量部段、每个测量方位均进行标定，相同结构、相同性质测点的标定结果不得互换；二是考虑对接刚度的拉压不等效应，采用双模量载荷模型；三是考虑中性轴跳跃效应，采用轴力与弯矩的双模量耦合效应模型；四是考虑到轴压测点对端面不平度比较敏感，需要在不同安装方位进行轴压标定；五是避开线性度较差的测点，采用非正交测点和载荷处理方法；六是增加精度验证试验，通过考虑线性与非线性耦合效应载荷模型，评估并提高载荷测量精度；七是利用相同粘贴位置的轴力测点和均压过程测量结果，根据发射过程的表面压力测量数据，对弯矩测量结果进行外压耦合误差修正。

通过多个型号弹（箭）体飞行载荷测量的工程实践，我们系统全面掌握了此项技术，从工作策划、计划协调、技术接口、测点选择、系统构型、硬件研制、工装准备、标定方法、飞行测量、数据分析全过程积累了丰富的经验。载荷测量的技术水平、实施效果、应用范围、适应能力持续提高，成为飞行动响应数据测量新的技术制高点，对型号设计性能的提高与优化、飞行过程的安全与可靠具有重要意义。

第4篇　特殊动力学若干专题

　　运载火箭在贮存和使用过程中会经受各种各样的动态力学环境和载荷作用，有些是必然会遇到的，如地面竖立风载荷、晃动载荷、飞行气动载荷等；有些则是随着航天技术的发展需要引起重视的，如爆炸引起的空气冲击波对火箭结构的作用；还有一些是随着新型运载火箭的研制所带来的，如水下发射运载火箭在出筒、水中运动、出水段所遭遇的动态载荷作用。

　　本篇的第一个专题是关于爆炸引起的空气冲击波作用下的圆柱壳的侧压稳定性分析技术，考虑到这类问题的试验比较复杂，获得准确的试验结果比较困难，只进行试验研究是不够的，本文给出了一些理论计算结果，推导了考虑初始缺陷的圆柱壳动响应方程，分析结果和试验有很好的一致性，为这类问题的处理提供了一种可行的方法。

　　水下发射运载火箭在出筒段、水中段、出水段承受的动态载荷及动响应特点和空气中有显著不同，水介质会对火箭产生显著的附加质量、附加阻尼效应，并且水动载荷的时空特征也和气动力有明显区别。为了对水下发射火箭的动力学问题进行准确的研究，需要准确地获取水动力特征，也需要有一个准确的动特性模型、阻尼模型，还需要对水动外压下结构的动强度进行试验考核。本篇的后三章分别为水中容腔式压力传感器频响特性的非线性气泡效应分析、筒壳结构的水下附加质量及阻尼的试验研究、弹体结构平方米级扇形区域脉冲外压加载技术，分别对分布式水动外压测量、水下运动火箭的动特性以及分布式水动外压模拟技术进行了细致的阐述。

　　本篇中讨论的这些技术都曾在实际工程中得到了成功应用，整理放在本书中以期为未来的型号研制提供参考。

第 27 章　脉冲侧压下的筒壳弹性屈曲

27.1　引言

　　导弹在贮存和使用过程中会受到各种环境的影响，其中最恶劣的环境之一是爆炸引起的空气冲击波的作用，因此在结构设计中需要考虑壳体结构的动载荷屈曲问题。国外这方面的工作做得比较多，理论计算和试验研究都有相当数量的文献报告。在理论计算方面，比较简单的有塑性切线模量模型和弹性模型，这都是线性模型，采用三角级数解法，得到一组独立的二阶变系数常微分方程；稍复杂一些的有考虑塑性段卸载效应的应变翻转模型和考虑有限变形的能量方法以及塑性极限分析方法；比较烦琐的方法是求解大变形、弹塑性有限元法和差分法，更复杂的是考虑不均匀、不同步载荷和双层锥壳问题的有限差分法。国内这方面工作开展得较少，仅有一些试验研究，理论计算更少见到。由于此类试验比较复杂，获得准确的试验结果比较困难，只进行试验研究是不够的，需要理论计算和试验相结合，用试验检验理论，以理论补充和指导试验。基于这个目的，本文做了一些理论计算，分析结果和试验有很好的一致性。

　　对于理论计算，几何非线性和材料非线性是个值得探讨和研究的问题。对于工程应用，主要影响因素是壳体结构初始缺陷及问题本身的分散性，而不是非线性，因此，本文采用了经典的带初始缺陷的小挠度弹性理论。由于载荷-时间曲线由两段组成（线性上升段和指数衰减段），当结构和载荷峰值不变时，随着线性段和指数段所占比例的改变，波形的冲量是改变的，因此本文引入等效加载时间和等效冲量概念，得到了载荷-冲量曲线。本文的加载时间为 $10^{-4} \sim 10^{-3}\,\mathrm{s}$，对应于导弹结构在空中飞行的冲击波环境是一种准脉冲问题，其响应基本上是弹性的。

27.2　考虑初始缺陷的圆柱壳动响应方程

　　圆柱壳的小挠度弯曲平衡微分方程为

$$\frac{\partial^2 M_x}{\partial x^2} + 2\frac{\partial^2 M_{xy}}{\partial x \partial y} + \frac{\partial^2 M_y}{\partial y^2} + N_x \frac{\partial^2 w}{\partial x^2} +$$

$$2N_{xy}\frac{\partial^2 w}{\partial x \partial y} + N_y\left(\frac{1}{a} + \frac{\partial^2 w}{\partial y^2}\right) + p'_\theta = \rho h \frac{\partial^2 w}{\partial t^2} \tag{27-1}$$

　　壳体坐标系如图 27-1 所示，若壳体有初始缺陷 w_i，则上式中的挠度 w 应该写为 $(w + w_i)$，而应变只与挠度变化有关，因此弯矩仍写为

$$M_x = -D\left(\frac{\partial^2 w}{\partial x^2} + \upsilon \frac{\partial^2 w}{\partial y^2}\right)$$

$$M_y = -D\left(\frac{\partial^2 w}{\partial y^2} + \upsilon \frac{\partial^2 w}{\partial x^2}\right)$$

$$M_{xy} = -D(1-\upsilon)\frac{\partial^2 w}{\partial x \partial y}$$

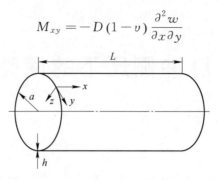

图 27-1　壳体坐标系

为了简化计算，前屈曲状态取为薄膜状态 w_0，假设筒壳两端固定，则中面力写为

$$\begin{cases} N_x = -\upsilon\,\dfrac{Eh}{1-\upsilon^2}\,\dfrac{w_0}{a} + \dfrac{\partial^2 \varphi}{\partial y^2} \\[3mm] N_y = -\dfrac{Eh}{1-\upsilon^2}\,\dfrac{w_0}{a} + \dfrac{\partial^2 \varphi}{\partial x^2} \\[3mm] N_{xy} = -\dfrac{\partial^2 \varphi}{\partial x \partial y} \end{cases}$$

式中，φ 为应力函数；E、υ 为弹性模量和泊松比；弯曲刚度 $D = Eh^3/[12(1-\upsilon^2)]$，式 (27-1) 中的 ρ 为材料密度，p_θ' 为外压载荷，将这两组式子代入式 (27-1)，得

$$D\,\nabla^4 w + \frac{Eh}{1-\upsilon^2}\,\frac{w_0}{a}\left[\upsilon\,\frac{\partial^2(w+w_i)}{\partial x^2} + \frac{\partial^2(w+w_i)}{\partial y^2} + \frac{1}{a}\right] + \rho h\,\frac{\partial^2 w}{\partial t^2}$$

$$= \frac{\partial^2 \varphi}{\partial y^2}\,\frac{\partial^2(w+w_i)}{\partial x^2} + \frac{\partial^2 \varphi}{a\,\partial x^2} - 2\,\frac{\partial^2 \varphi}{\partial x \partial y}\,\frac{\partial^2(w+w_i)}{\partial x \partial y} + \frac{\partial^2 \varphi}{\partial x^2}\,\frac{\partial^2(w+w_i)}{\partial y^2} + p_\theta'$$

$$(27-2)$$

小挠度应变协调方程为

$$\nabla^4 \varphi = -\frac{Eh}{a}\,\frac{\partial^2 w}{\partial x^2} \qquad\qquad (27-3)$$

上式中的 $\nabla^4 = \left(\dfrac{\partial^2}{\partial x^2} + \dfrac{\partial^2}{\partial y^2}\right)^2$，令

$$\xi = x/a, \qquad \theta = y/a, \qquad u = w/a, \qquad u_i = w_i/a,$$
$$l = L/a, \quad \alpha^2 = h^2/(12a^2), \qquad c^2 = E/[(1-\upsilon^2)\rho], \qquad \tau = ct/a,$$
$$p_\theta = a(1-\upsilon^2)p_\theta'/(Eh), \qquad F = \varphi/(Eha^2), \qquad u_0 = w_0/a$$

将这些式子代入式 (27-2)、式 (27-3)，得

$$\alpha^2\left(\frac{\partial^2}{\partial \xi^2} + \frac{\partial^2}{\partial \theta^2}\right)^2 u + \left[\upsilon\,\frac{\partial^2(u+u_i)}{\partial \xi^2} + \frac{\partial^2(u+u_i)}{\partial \theta^2} + 1\right]u_0 - (1-\upsilon^2)$$

$$\left[\frac{\partial^2 F}{\partial \theta^2}\,\frac{\partial^2(u+u_i)}{\partial \xi^2} - 2\,\frac{\partial^2 F}{\partial \theta \partial \xi}\,\frac{\partial^2(u+u_i)}{\partial \theta \partial \xi} + \frac{\partial^2 F}{\partial \xi^2}\,\frac{\partial^2(u+u_i)}{\partial \theta^2} + \frac{\partial^2 F}{\partial \xi^2}\right] + \quad (27-4)$$

$$\frac{\partial^2 u}{\partial t^2} - p_\theta = 0$$

$$\left(\frac{\partial^2}{\partial \xi^2} + \frac{\partial^2}{\partial \theta^2}\right)^2 F = -\frac{\partial^2 u}{\partial \xi^2} \tag{27-5}$$

假设筒壳两端为简支边界条件，并考虑外压屈曲波形沿轴向为半个正弦波，环向为面对称屈曲波形，取 u、u_i、p_θ 和 F 为以下形式

$$u = u_0 + \sum_{n=1}^{\infty} u_n \cos n\theta \sin \frac{\pi \xi}{l}$$

$$u_i = \sum_{n=1}^{\infty} \delta_n \cos n\theta \sin \frac{\pi \xi}{l}$$

$$p_\theta = p_0 + \sum_{n=1}^{\infty} p_n \cos n\theta \sin \frac{\pi \xi}{l}$$

$$F = \sum_{n=1}^{\infty} \alpha_n \cos n\theta \sin \frac{\pi \xi}{l}$$

将 F、u 代入式（27-5），得

$$\alpha_n = \frac{\pi^2/l^2}{(n^2 + \pi^2/l^2)} u_n$$

将这些式子代入式（27-4），忽略非线性项，得

$$\ddot{u}_0 + u_0 - p_0 + \sum_{n=1}^{\infty} \left\{ \ddot{u}_n + \left[\alpha^2 \ (n^2 + \pi^2/l^2)^2 + \frac{(1-v^2)\pi^4/l^4}{(n^2 + \pi^2/l^2)^2} \right] u_n - \right.$$

$$\left. u_0 (u_n + \delta_n)(n^2 + v\pi^2/l^2) - p_n \right\} \cos n\theta \sin \frac{\pi \xi}{l} = 0$$

此式对任意的 ξ、θ 值都成立，则有

$$\ddot{u}_0 + u_0 = p_0 \tag{27-6}$$

$$\ddot{u}_n + \left[\alpha^2 \ (n^2 + \pi^2/l^2)^2 + \frac{(1-v^2)\pi^4/l^4}{(n^2 + \pi^2/l^2)^2} - u_0 (n^2 + v\pi^2/l^2) \right] u_n \tag{27-7}$$

$$= p_n + (n^2 + v\pi^2/l^2) \delta_n u_0$$

式（27-6）和式（27-7）为柱壳的动响应方程，文献 [1] 中 N_x 的取法不满足协调条件，所以在 $(n^2 + v\pi^2/l^2)$ 项中丢掉了 $v\pi^2/l^2$。

27.3　载荷环境

当弹体离冲击波中心较远时，所受的载荷可作为平面波处理。对于平面波，沿壳体环向各点的载荷作用时刻不同（图 27-2），$\theta = 0°$ 和 $\theta = 60°$ 的两点其时差为 $\Delta t = 212\mu s$，取 a、$c_空$ 分别为 0.14m 和 330m/s，则 $\Delta t = 212\mu s$，而本书的试验加载时间为 t_2 为 2ms，圆柱壳的最大振动周期为

$$T > \frac{2\pi a}{c \sqrt{\min\left[\alpha^2 (n^2 + \pi^2/l^2) + (1-v^2)\pi^4/l^4 / (n^2 + \pi^2/l^2)^2\right]}} = 2.57 \sqrt{\frac{\rho a}{Eh}}$$

试验件材料是 LF6，$E = 6.86 \times 10^{10} \text{Pa}$，$\rho = 2.64 \times 10^3 \text{kg/m}^3$，试件尺寸为 $L = 320\text{mm}$，$a = 140\text{mm}$，$h = 0.8\text{mm}$，由此得 $T > 2.13\text{ms}$。所以 $\Delta t \ll t_2$，$\Delta t \ll T$，Δt 可忽略不计。

而 t_2 和 T 的量级差不多，所以是准脉冲加载。

由于平行于壳体表面的分量对壳体不发生作用，因此对平面波只考虑垂直于壳体表面的压力分量（图 27-3）。在 θ 处取 $d\theta$ 弧长进行分析，作用在 $d\theta$ 弧长上的合力为 $p'a\cos\theta d\theta$，压力为 $p'\cos\theta$，垂直于壳面的分量为

$$p'_\theta = p'\cos^2\theta$$

p' 是时间的函数，加载过程分两段（图 27-4），其函数形式为

$$\begin{cases} p'_m t/t_1 & t \leqslant t_1 \\ p'_m \exp[-\lambda'(t-t_1)] & t > t_1 \end{cases}$$

在试验中可测出载荷峰值 p'_m、前沿时间 t_1 和底宽 t_2，假设 t_2 时刻压力衰减到 p'_m 的 e^{-4} 倍，则衰减率为

$$\lambda' = 4/(t_2 - t_1)$$

将载荷无量纲化，令 $\tau_1 = \dfrac{ct_1}{a}$，$\lambda = \dfrac{a}{c}\dfrac{4}{t_2 - t_1}$，$p_m = a(1-v^2)p'_m/(Eh)$，则

$$p_\theta = p \cdot p(\theta) \tag{27-8}$$

$$p = \begin{cases} p_m \tau/\tau_1 & \tau \leqslant \tau_1 \\ p_m \exp[-\lambda(\tau-\tau_1)] & \tau > \tau_1 \end{cases}$$

其中

$$p(\theta) = \begin{cases} \cos^2\theta & |\theta| \leqslant \pi/2 \\ 0 & |\theta| > \pi/2 \end{cases}$$

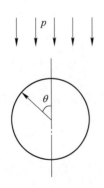 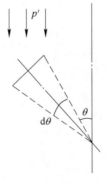 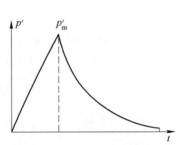

图 27-2 壳体受载方式   图 27-3 压力分解图   图 27-4 载荷-时间历程

将 $p(\theta)$ 展开为三角级数

$$p(\theta) = \frac{a_0}{2} + \sum_{n=1}^{\infty} a_n \cos n\theta \sin\frac{\pi\xi}{l} \tag{27-9}$$

此式对压力做了静力等效，使其沿轴向成为正弦分布。将上式对 ξ 从 $0 \to 1$ 积分，得

$$\frac{\pi}{2}p(\theta) = \frac{\pi}{4}a_0 + \sum_{n=1}^{\infty} a_n \cos n\theta$$

式两边乘以 $\cos n\theta$，对 θ 从 $-\pi \to \pi$ 积分，得

$$a_0 = \frac{1}{2}, \ a_n = 2\sin\frac{n\pi}{2} / [n(4 - n^2)]$$

从式（27-7）可知，结构是否屈曲取决于前屈曲状态 u_0，在平面波加载情况下，前屈曲挠度与 u_0 相差甚远，面对冲击波一侧挠度比 u_0 大，后侧很小。为此将均匀向内压缩的变形改为前侧为 $2u_0$、后侧挠度为零的前屈曲状态，但这样将使方程很难求解，因此将其近似简化成挠度为 $2u_0$ 的均匀变形。试验研究表明，这样简化是允许的。由式（27-6）可知 p_0 与 u_0 成正比，而 $p_0 = p/4$，因此取两倍的 $p(\theta)$ 解式（27-7），这样就将前屈曲状态的矛盾折算到载荷上，各阶波形对应的载荷系数写为

$$p_0 = \frac{1}{2}p, \ p_n = 4\sin\frac{n\pi}{2}p / [n(4 - n^2)] \tag{27-10}$$

对于非均匀加载情况，文献 [1] 未考虑前屈曲状态的矛盾。

27.4　计算结果分析

（1）方程的解法

在加载前壳体是静止的，因此有

$$u_n(\tau = 0) = \dot{u}_n(\tau = 0) = 0, \ n = 0, \ 1, \ 2, \ \cdots$$

由初始条件（27-6）可解出

$$u_0 = \begin{cases} p_m(\tau - \sin\tau)/\tau_1 & \tau \leqslant \tau_1 \\ p_m\left\{\dfrac{\exp[-\lambda(\tau - \tau_1)]}{1 + \lambda^2} + \left(\dfrac{\lambda}{1 + \lambda^2} + \dfrac{1}{\tau_1}\right)\sin(\tau - \tau_1) + \right. \\ \left. \dfrac{\lambda^2}{1 + \lambda^2}\cos(\tau - \tau_1) - \dfrac{\sin\tau}{\tau_1}\right\} & \tau > \tau_1 \end{cases} \tag{27-11}$$

式（27-7）无解析解，这里采用龙格-库塔法求解。设

$$f_n(\tau, \ u_n)$$

$$= \frac{4}{n(4 - n^2)}\sin\frac{n\pi}{2}p + u_0(n^2 + v\pi^2/l^2)(\delta_n + u_n) - \left[\alpha^2(n^2 + \pi^2/l^2)^2 + \frac{(1 - v^2)\pi^4/l^4}{(n^2 + \pi^2/l^2)}\right]u_n$$

$$v_n = \dot{u}_n$$

则式（27-7）可写为

$$\begin{cases} \dot{u}_n = v_n \\ \dot{v}_n = f_n(\tau, \ u_n) \\ u_n(\tau = 0) = 0, \quad v_n(\tau = 0) = 0 \end{cases} \tag{27-12}$$

此方程组可采用一阶常微分方程组的解法。

（2）屈曲载荷计算

在静态问题中，屈曲载荷是通过解特征方程获得的；在动态屈曲时，特征方程不存在，只能用结构动响应确定屈曲载荷。由于 $p_m - u_{max}$ 曲线无明显的驻值点，也没有其他很明显特殊的点，只有变化缓慢的线段，因此屈曲载荷 p_{cr} 有一定的任意性。从图 27-5 的 $u_{nmax} - p_m$ 曲线可知，当 $u_{nmax} < 5\%$ 时，p_m 变动较大；当 $u_{nmax} > 5\%$ 时，p_m 变动较小，而在试验中确定是否屈曲一般也是以 5% 半径的位移为判据的。因此，本书确定屈曲载荷的准则为：若壳体在某一阶波形的最大位移等于半径的 5%，则对应的载荷峰值为屈曲载荷。类似的准则在其他的文献中也可见到。

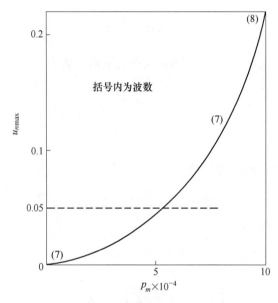

图 27-5　位移峰值与载荷的关系

本书与三组试验结果进行了对比，见表 27-1。在做化爆试验时事先不知道屈曲载荷，因此装药量总是偏大或者偏小，获取准确的试验结果比较困难，p'_{cr} 与真值总有偏差，所以应对其进行分析判断。1 号试件显然未屈曲；2 号试件试验值比较准确，相对挠度 $w_{max}/a \approx 7\%$；3 号试件未屈曲；4 号试件位移过大，载荷值已超过屈曲载荷 p'_{cr}，p'_{cr} 介于 0.23～0.30MPa 之间，7 号试件未屈曲；8 号试件端框开胶，试验值偏低，因此 $p'_{cr} > 0.44$MPa。进行理论计算时取初始缺陷 $\delta_n = 1\%$，载荷前沿时间 $t_1 = 0.4$ms，底宽 $t_2 = 2$ms。1 号、2 号试件的理论计算值 $p'_{cr} = 0.24$MPa，与 0.23MPa 很接近；3 号、4 号试件的计算结果 $p'_{cr} = 0.26$MPa，介于 0.23～0.30MPa 之间；对于 7 号、8 号试件，其计算值为 $p'_{cr} = 0.50$MPa，稍大于 0.46MPa。由此可知，屈曲准则和初始缺陷的取法是合理的。

为了研究加载方式的影响，对均匀加载情况做了计算，屈曲波形的波数不小于余弦平方加载的波形，p'_{cr} 约为余弦平方加载时的一半，因此必须考虑加载方式的影响。

在均匀加载情况下，动态过载系数（动态屈曲载荷与静态屈曲载荷之比）分别为 1.73、1.46、1.40，屈曲波数稍大于静态加载，动态效应使屈曲载荷提高，提高程度与几何参数有关，提高多少，主要取决于加载时间。

表 27 - 1　LF6 铝圆筒壳在侧压冲击波作用下的稳定性 *

试件号	试件尺寸/mm	试验结果		屈曲载荷计算值/MPa			备注
		试验载荷/MPa	最大挠度/mm	动　态		静态均匀加载	
				余弦平方加载	均匀加载		
1	$\phi280\times320\times0.8$	0.17	<0.5	0.24（7）	0.12（8）	0.07（8）	
2		0.23	≈10				
3	$\phi280\times250\times0.8$	0.23	<0.5	0.26（8）	0.13（8）	0.09（7）	
4		0.30	≈30				位移过大
7	$\phi280\times290\times1$	0.36	<0.5	0.50（6）	0.25（6）	0.18（6）	
8		0.44	≈5				端框开胶

注：* 括号内的数表示屈曲波数；$t_1=0.4$ms，$t_2=2$ms。

（3）等效加载时间和等效冲量

文献［1］中研究了两种载荷波形，即直线衰减波形和指数衰减波形。在冲量相同时，两种波形的 p'_{cr} 不同，因此冲量作为动屈曲问题的特征量是缺少条件的，应说明载荷波形，但这样就限制了研究结果的使用范围。

当 τ_1 不变时，p_{cr} 随 $\tau_\lambda=1/\lambda$ 的增大而减小；当 τ_λ 不变时，p_{cr} 随 τ_1 的增大而减小。因此，在 p_{cr} 不变时，τ_1、τ_λ 有相关关系（图 27-6），从 $\tau_1\sim\tau_\lambda$ 曲线看，基本上呈线性关系，曲率较小，p_{cr} 越大，曲线的斜率绝对值越大，曲率越小。假设载荷曲线可等价为一条直线加载曲线（图 27-7），底宽为 τ_{eq}，由此所得的 p_{cr} 与分段加载时相同，称 τ_{eq} 为 τ_1 和 τ_λ 的等效加载时间，使 τ_1、τ_λ 化为一个标准值，相应称 $I_{eq}=(1/2)p_{cr}\tau_{eq}$ 为等效冲量，使 I_{eq} 与 p_{cr} 有一一对应关系。

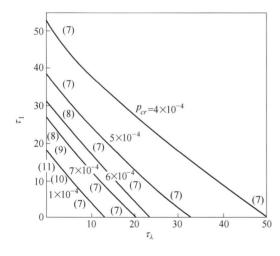

图 27-6　等值 p_{cr} 的 τ_1-τ_λ 曲线

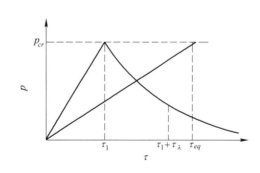

图 27-7　载荷波形等效示意图

根据 τ_1-τ_λ 曲线等效加载时间设为

$$\tau_{eq}=\tau_1+k(\tau_{eq})\tau_\lambda+k_C(\tau_{eq})\tau_1\tau_\lambda \qquad (27-13)$$

通过回归计算得到

$$k(\tau_{eq}) = 1.626 - 0.0110\tau_{eq}, \quad k_C(\tau_{eq}) = 0.01(1.75\ln\tau_{eq} - 5.62)$$

代入式（27-13），得

$$\tau_{eq} = \frac{\tau_1 + 1.626\tau_\lambda + 0.01(1.75\ln\tau_{eq} - 5.62)\tau_1\tau_\lambda}{1 + 0.0110\tau_\lambda} \quad (27-14)$$

此式是 τ_{eq} 的超越方程，用迭代法很容易算出，一般有四五次迭代即可算出，由 τ_{eq} 即可得 $p_{cr} - I_{eq}$ 曲线。

27.5　小结

1）屈曲挠度取半径的5%是合理的，初始缺陷取半径的1%是符合实际的，按照上述假设的计算值和试验值较为一致。

2）等效冲量是载荷的时间特征量，对于尺寸为 $\phi280\text{mm} \times 320\text{mm} \times 0.8\text{mm}$ 的筒壳，若 $I_{eq} < 9\times10^{-3}$，则可以把 I_{eq} 看作结构特征量，称为阈值冲量；若材料进入塑性阶段，则考虑塑性模型。若 $I_{eq} > 1.4\times10^{-2}$，是静态问题。若 I_{eq} 介于两者之间，是准脉冲问题，用式（27-7）求解，如图27-8所示。

3）当 $L/a \leqslant 4$ 或 $h/a \geqslant 0.005$ 时，p_{cr} 对几何参数较敏感，如图27-9所示。

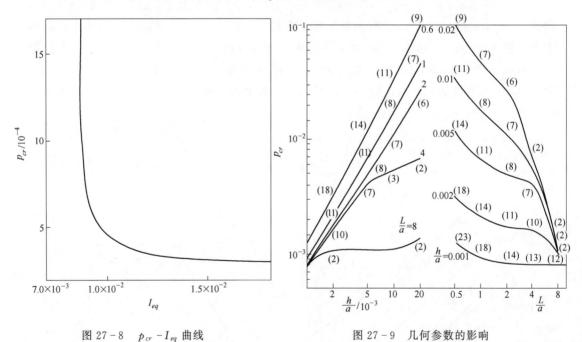

图27-8　$p_{cr} - I_{eq}$ 曲线　　　　　图27-9　几何参数的影响

第 28 章 水中容腔式压力传感器频响特性的非线性气泡效应分析

28.1 引言

水中运动物体表面承受脉冲压力，需要采用频响特性较高的压力传感器进行测量，以获得准确的压力波形，供载荷分析和结构设计使用。为考核压力传感器在水中能否满足脉冲压力的测量要求，本书建立了一套水介质中的脉冲压力发生装置，产生了上升沿小于 2ms 的脉冲压力，作用在充水腔体内，水腔侧壁安装高频响的比对压力传感器和待验压力传感器，通过比较待验压力传感器相对于比对压力传感器的频响曲线，分析水中压力传感器的频响特性是否满足使用要求。试验结果表明，敏感面外露的齐平式传感器频响特性较高，敏感面内藏的容腔式传感器频响特性较低，有明显的空腔谐振效应，其谐振频率比空气中降低一个量级。将容腔引管截短后频响特性略有提高，切除容腔引管后频响特性大幅提高。

动态压力测量的频响特性分析主要有两类模型：容腔体积相比引管尺寸可以忽略时按波动模型分析，谐振频率为介质声速与 4 倍引管长度之比，这种特性称为引管效应；容腔体积相比引管尺寸不可忽略时按振动模型分析，谐振频率与介质声速和引管半径成正比，与引管长度和容腔体积之积的平方根成反比，这种特性称为管腔效应，分析时需要对体积和长度进行修正。

有关压力传感器频响特性的文献相当有限，文献［3］的谐振频率公式书写有误，文献［4］给出了传感器安装方式、流体性质（气体还是液体）和管腔尺寸对谐振频率的影响。这两种模型均为线性模型，波动模型更简单一些。文献［6］也介绍了两种模型，在小波动条件下推导了线性充气系统的压力传递函数，并给出了充液状态下对质量、黏性和弹性参数进行修正的方法。文献［7］采用传感器带延长管的方式，对引管效应进行了系统的试验研究，包括不同引管长度、不同引管内径、不同引管材料和不同传感器安装方向共 30 多种试验状态，在 20～1000Hz 范围内给出了不同参数组合状态的频响特性。文献［8］在介绍线性振动模型时，公式书写和印刷有误，文献［9］的文字内容以及书写错误与文献［8］完全一致。文献［10］专门讨论了液体介质中瞬态压力测量系统的管腔气泡效应，由于气泡的可压缩性，测量系统的柔度显著增大，谐振频率大幅降低，这与我们的试验现象有类似之处；文献［10］还建立了线性二阶振动模型，给出了传感器容腔有气泡时的体积柔度确定方法，并与 100～1000Hz 频响范围内的试验结果进行了比对分析。文献［11］是对压力测量系统频响特性介绍最全面的文献之一，由于压力瞬变过程伴随流体运动，产生流阻，传感器和容腔有压缩效应，对于毛细引压管和大容腔，导致压力信号滞后于管口压力；对无容腔的传输管路给出了阶跃压力测量的简化解（卡尔曼公式和布朗-内尔森公式），对于管、腔式测量系统进行了线性（压力变化远小于初始压力）分析和非线性分析，但仅限于含变量二次项的微分方程；特别对于液体压力测量，当雷诺数小于2000时，毛细管的作用非常显著，其阻尼效应远高于液体黏性提供的阻尼，测量系统的自振频率也显著低于充气系统，这一点与文献［10］和本书的试验结果一致。

　　为分析容腔式传感器水中压力测量频响特性偏低的原因，本书采用现有文献介绍的线性二阶振动模型，按照管中含液、腔中含气的条件，对尺寸和阻尼参数进行了修正，但压力和频响曲线的计算结果与测量曲线有较大的差异，仅有谐振频率可以对应。分析线性振动模型的使用条件和压力传感器的水中频响特性试验状态，发现两者是不一致的，线性振动模型的使用条件是压力变化量远小于初始压力，工程中称为脉动压力，而传感器水中频响特性试验时的压力变化量远超过初始压力，一般称为脉冲压力，这种差别导致线性振动模型的基本假设不再成立，即容腔中气泡的体积模量不再是常数，体积变化也不可忽略，因此对于脉冲压力测量，线性振动模型不再适用，而文献［11］的二次非线性微分方程也不符合脉冲压力试验的条件。本书为解决此问题，依据气体绝热状态方程，考虑试验过程中管、腔液体运动特征和气泡效应，推导出了强非线性的容腔夹气液体压力测量系统运动方程，建立了变质量、变刚度的动态压力计算模型，获得了与试验曲线比较一致的计算结果，分析、讨论了各种条件和参数对压力测量的影响，改进了现有的分析方法，扩大了应用范围。

28.2　传感器水中频响特性试验状态分析和基本假设

　　上升沿小于2ms的脉冲压力，作用到密闭水腔对称位置安装的试验和比对传感器上，压力传感器的测量信号通过电缆进入数采进行记录（图28-1）。在脉冲压力作用过程中，位于水腔侧壁的比对传感器敏感面的压力，与对称位置的容腔式传感器管嘴端面处压力相同且同步，也就是容腔式传感器需要测量的压力，而容腔式传感器由于较细引管中液体的

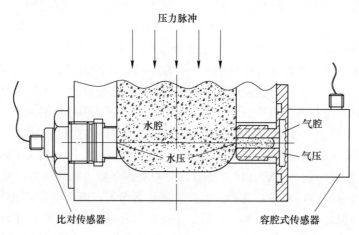

图 28-1　容腔式传感器频响特性试验示意图

表面张力效应，容腔中的气体无法排空，形成较软的空气弹簧。当水腔压力升高时，气腔压力变化滞后，引管中的液体两端形成压差，沿引管向气腔方向产生运动，使气腔体积减小、压力升高；当水腔压力降低时，气腔压力变化仍滞后，引管中的液体两端形成反方向压差，沿引管向水腔方向产生运动，使得气腔体积增大、压力降低。因此，在水腔压力变化过程中，气腔压力不能与水腔压力保持一致，引管中的液体与容腔气体构成弹簧-质量振动系统，导致传感器容腔底端的敏感面测量压力与水腔压力有差异，这就是容腔式传感器测量液体压力时频响特性显著降低的原因。

　　在短脉冲压力作用过程中，传感器容腔气体压力和体积快速变化，导致气体温度同步变化，而气体与引管液体和容腔壁面的传热是缓变过程，因此可以认为容腔气体参数变化为绝热过程。另外，由于传感器在空气中和无气泡液体中的频响特性远高于含气泡液体，可以认为传感器敏感膜片的刚度远高于气泡的刚度，气泡体积变化可不计膜片变形。引管中的液体在第一次运动过程中，部分液体进入容腔，由于在容腔内凹角处有表面张力效应，此处会淤积小部分液体不再返回引管中，其余进入容腔的液体能够返回引管中，并且在以后的运动过程中淤积液体体积不变，过程可以重复，因此气体有效体积比容腔体积适当减小（图 28-2）。此外，在引管中液体向气腔运动时，水腔压力高于气腔压力，使液面外凸，表面张力阻止液体向气腔运动；在引管中液体向水腔运动时，气腔压力高于水腔压力，使液面内凹，表面张力阻止液体向水腔运动；由此可知，表面张力总是阻止液体运动（图 28-2），起到了阻尼效应而不是与运动位置有关的刚度效应，因此在阻尼参数上不能仅计及液体的黏性，还需要根据表面张力的阻尼效应适当增大液体的黏度，使阻尼效果与试验结果一致。

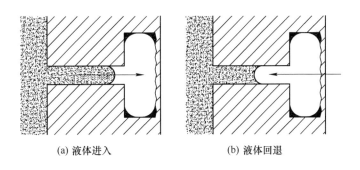

(a) 液体进入　　　　　　　　　　(b) 液体回退

图 28-2　传感器管、腔中液体运动过程示意图

28.3　考虑气泡效应的等效振动模型

　　根据上节的分析讨论，本书仿照文献 [8，9] 建立传感器的等效振动模型（图 28-3），但推导过程中质量和刚度的处理与之完全不同。模型的理论基础包括水腔轴对称压力分布假设、气腔绝热过程假设、过程可重复假设和膜片不变形假设，并且考虑表面张力产生的液体附加阻尼效应和气腔有效体积的变化。另外，假设容腔内的气体参数为均匀分布，不考虑其梯度和湍流运动，以等效平均值代替分布函数。

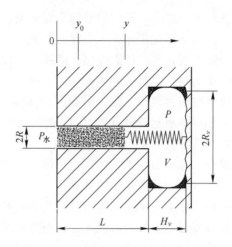

图 28-3　容腔式传感器等效振动模型

设传感器引管有效长度 L，引管直径 $2R$，引管截面面积为 $S=\pi R^2$，传感器容腔高度 H_v，容腔有效直径 $2R_v$，容腔有效体积 $V_q=\pi R_v^2 H_v$，为去掉在传感器容腔尖角处淤积液体体积的容腔气体体积，需要根据频响特性测量结果进行调整。设引管截面瞬时位置 y，初始液面位置 y_0，引管内液柱瞬时质量为 $\rho S y$，当 $y \geqslant L$ 时，$y=L$（仅在计算质量时使用）。瞬时气体体积 $V=V_q+S(L-y)$，初始气体体积 $V_0=V_q+S(L-y_0)$。

气体体积变化率定义为 $\dfrac{\mathrm{d}V}{\mathrm{d}t}=-S\dfrac{\mathrm{d}y}{\mathrm{d}t}$，引管液体惯性力为 $\rho S y \dfrac{\mathrm{d}^2 y}{\mathrm{d}t^2}$，液体加速度为 $\dfrac{\mathrm{d}^2 y}{\mathrm{d}t^2}=-\dfrac{\mathrm{d}^2 V}{S \mathrm{d}t^2}$，按照层流圆管的 Hagen-Poiseuille 定律[12]，液体黏性力为 $8\pi\mu y\dfrac{\mathrm{d}y}{\mathrm{d}t}$，适当增大黏度以计及湍流和表面张力效应，则液体平衡方程为

$$(P_水-P)S-8\pi\mu y\frac{\mathrm{d}y}{\mathrm{d}t}=\rho S y\frac{\mathrm{d}^2 y}{\mathrm{d}t^2}$$

代入液体速度和加速度，可得

$$\frac{\mathrm{d}^2 V}{\mathrm{d}t^2}+\frac{8\pi\mu}{\rho S}\frac{\mathrm{d}V}{\mathrm{d}t}-\frac{S}{\rho y}(P-P_水)=0 \tag{28-1}$$

此式为容腔式压力传感器测量液体压力普适化的数学模型，只引用了低雷诺数的层流黏性力假设，是各种文献中振动模型的基础，但缺少容腔体积和压力的关系，方程数量少于变量数量，还不能求解压力变化过程。根据不同的假设条件，可以得到不同的计算模型，大部分文献取气体的体积弹性模量为常数，导出了线性二阶振动模型。本文按照比较准确的气体绝热条件，利用传感器容腔气体压力与体积存在的状态方程 $P/P_0=(V_0/V)^k$，将其代入式（28-1）可推导出非线性的振动模型。在状态方程中下标 0 表示初始值，初始压力 $P_0=0.1\mathrm{MPa}$，$k=1.4$ 为空气的比热比。

气体状态参数的一阶变化率为 $\dfrac{1}{P}\dfrac{\mathrm{d}P}{\mathrm{d}t}=-k\dfrac{1}{V}\dfrac{\mathrm{d}V}{\mathrm{d}t}$，可变换为 $\dfrac{\mathrm{d}V}{\mathrm{d}t}=-\dfrac{V}{kP}\dfrac{\mathrm{d}P}{\mathrm{d}t}$，气体状态参数的二阶变化率为 $\dfrac{\mathrm{d}^2 V}{\mathrm{d}t^2}=-\dfrac{V}{kP}\dfrac{\mathrm{d}^2 P}{\mathrm{d}t^2}+\dfrac{(1+k)V}{k^2 P^2}\left(\dfrac{\mathrm{d}P}{\mathrm{d}t}\right)^2$，将 $\dfrac{\mathrm{d}V}{\mathrm{d}t}$ 和 $\dfrac{\mathrm{d}^2 V}{\mathrm{d}t^2}$ 代入引管液体平

衡方程，得

$$\frac{\mathrm{d}^2 P}{\mathrm{d}t^2} - \frac{1+k}{kP}\left(\frac{\mathrm{d}P}{\mathrm{d}t}\right)^2 + \frac{8\pi\mu}{\rho S}\frac{\mathrm{d}P}{\mathrm{d}t} + \frac{S}{\rho y}\frac{kP}{V}(P - P_{水}) = 0 \qquad (28-2)$$

上式中气体体积为 $V = V_0 \sqrt[k]{P_0/P}$ ，液柱长度为

$$y = y_0 + \frac{V_0 - V}{S} = y_0 + \frac{V_0 - V_0\sqrt[k]{\dfrac{P_0}{P}}}{S} = y_0 + \frac{V_0}{S}\left(1 - \sqrt[k]{\dfrac{P_0}{P}}\right)$$

式中，$V_0 = V_q + S(L - y_0)$，当液柱长度 $y \geqslant L$ 时，取 $y = L$。将式（28-2）与线性振动方程相比，导数项里多出一个与液体动压头相关的导数平方项，并且其系数为变量，压力变量项的系数包含变质量项 ρy 和气体的变刚度项 kSP/V，其中 kP 为气体的体积弹性模量 $E_q = -V\dfrac{\mathrm{d}P}{\mathrm{d}V}$，是与瞬时压力成正比的变量。当气体压力变化 ΔP 相对初始压力 P_0 较小时，弹性模量恒定为 $E_q \approx kP_0$，$(\mathrm{d}P/\mathrm{d}t)^2$ 可以忽略不计；当气体压力变化 ΔP 相对初始压力 P_0 较大时，由于式（28-2）包含导数的平方项，并且压力变量系数项的分子和分母中有幂函数，具有强非线性的特征，因此式（28-2）表示的传感器频响特性计算模型能够考虑非线性气泡效应。

28.4　非线性气泡效应模型的计算结果与分析

从比对传感器和试验传感器的实测曲线（图 28-4）看，带容腔的试验传感器有明显的多阶谐振响应，上升沿较比对传感器滞后，谐振响应明显，过冲系数在 1.4 左右，下降沿的趋势与比对传感器基本一致，也有明显的低频谐振响应，但幅度较小。参照试验装置的尺寸，引管的半径和有效长度分别取 $R = 2\text{mm}$ 和 $L = 8\text{mm}$，引管内液体初始长度通过试算取 $y_0 = 6\text{mm}$，容腔的高度和有效半径分别取 $H_v = 2\text{mm}$ 和 $R_v = 6\text{mm}$。液体介质取水的密度 $\rho = 1000\text{kg/m}^3$，考虑到低雷诺数时毛细管的表面张力阻尼效应和高雷诺数时湍

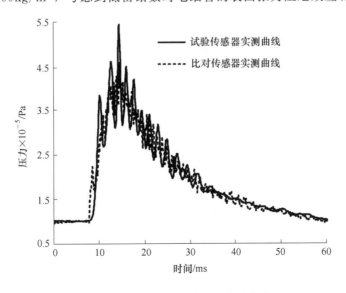

图 28-4　两种压力传感器的实测曲线

流的高流阻效应，通过试算取水的等效动力黏度为 $\mu = 7 \times 10^{-2} \mathrm{Pa \cdot s}$，放大 70 倍，以体现表面张力和湍流的阻尼效应。

将几何和物理参数代入式（28-2）的二阶非线性微分方程，以比对传感器的压力曲线作为水腔压力，采用龙格-库塔法可解出容腔式传感器的计算压力，与其测量曲线进行对比，同样状态重复多次，其中的两次结果如图 28-5 所示。可以看出，计算曲线与测量曲线具有良好的一致性，在上升段略有差别，峰值段的高频响应相位一致，数值上略有差别，下降段一致。以比对传感器的测量曲线作为输入，容腔式传感器的测量曲线和计算曲线分别作为输出，计算容腔式传感器的实测和计算频响特性曲线[13-14]，将多次结果做平均处理，以减小误差提高精度。

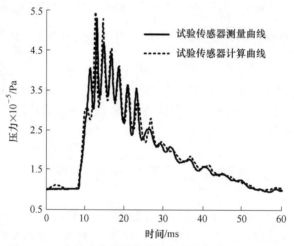

图 28-5　容腔式传感器非线性气泡效应模型的压力曲线

从频响特性曲线（图 28-6）看，幅频曲线的谐振峰频率在 400Hz 前基本一致，谐振峰值有一定差别，相频曲线在 350Hz 前基本一致；400Hz 以上频段计算曲线和实测曲线有一定的差别，但趋势和规律一致。由此结果可以证明，非线性气泡效应振动模型适用于分析容腔式传感器测量水中脉冲压力的性能，能够说明测量结果，体现出了单自由度系统的非线性多阶响应特性，也能分析各种参数对传感器频响特性的影响。

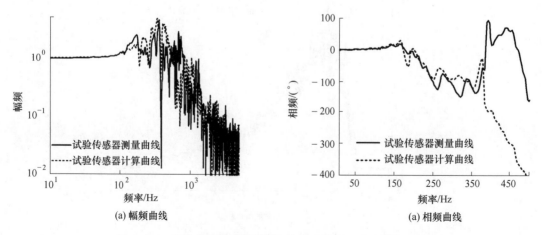

(a) 幅频曲线　　　　　　　　　　　　　　(a) 相频曲线

图 28-6　容腔式传感器非线性气泡效应模型的频响特性曲线

28.5　不同简化条件振动模型的影响与分析

为分析气体参数和液柱质量变化对压力响应的影响,可建立部分因素变化的分析模型。首先考虑液柱质量恒定、气体参数可变模型对压力计算结果的影响;然后考虑液柱质量可变、气体参数恒定模型对压力计算结果的影响,其中气体参数包含两种恒定条件:一种是弱恒定条件,不考虑导数平方项 $(dP/dt)^2$ 的变化,即不计及液柱动压头的影响;另一种是强恒定条件,考虑导数平方项 $(dP/dt)^2$ 的变化,不考虑作为压力变量系数的气体刚度 (P/V) 的变化;最后一种是目前文献中介绍的液柱质量恒定、气体参数恒定模型。通过以上四种不同简化条件模型的计算结果与式 (28-2) 的非线性气泡效应模型的对比,分析不同模型和假设条件对压力曲线和频响特性的影响。

1) 液柱质量恒定、气体参数可变模型参照式 (28-2),将液柱长度恒定为等效长度 L_{eq},则气体参数可变、液柱质量恒定的平衡方程为

$$\frac{\mathrm{d}^2 P}{\mathrm{d}t^2} - \frac{1+k}{kP}\left(\frac{\mathrm{d}P}{\mathrm{d}t}\right)^2 + \frac{8\pi\mu}{\rho S}\frac{\mathrm{d}P}{\mathrm{d}t} + \frac{S}{\rho L_{eq}}\frac{kP}{V}(P - P_{水}) = 0 \qquad (28-3)$$

上式中气体体积为 $V = V_q \sqrt[k]{P_0/P}$,V_q 为容腔有效体积,仍为去掉在传感器容腔尖角处淤积液体体积的容腔气体体积,不是气体初始体积 V_0,与非线性气泡效应模型不一致,但从形式上看与之相像,仅是用常数 L_{eq} 代替了变量 y。取等效长度为液柱长度变化范围的中值 $(L_{eq}=7\mathrm{mm})$,等效动力黏度经试算取为 $\mu=1.3\times10^{-2}\mathrm{Pa\cdot s}$,比式 (28-2) 采用的 $7\times10^{-2}\mathrm{Pa\cdot s}$ 小得多,体现了液柱质量恒定时表面张力效应降低的影响。采用液柱质量恒定、气体参数可变模型的计算结果如图 28-7 所示,从曲线看,低频振动一致性较好,高频振动有一些差异,在 $180\sim350\mathrm{Hz}$ 范围内的幅频曲线形状与实测曲线相比不如图 28-6 的一致性高,说明变量数减小后模型的适用性降低。但液柱质量作为变量的影响不大,与式 (28-2) 的变质量、变气体参数模型相差不明显,因此液柱质量恒定、气体参数可变模型是可以使用的,只是精度略低。

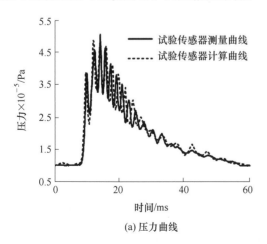
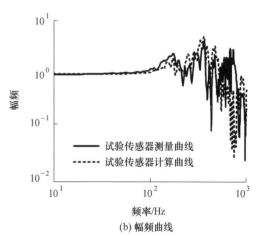

(a) 压力曲线　　　　　　　　　　　　　(b) 幅频曲线

图 28-7　液柱质量恒定、气体参数可变模型的计算结果

2）忽略液柱动压头影响的液柱质量可变、气体参数弱恒定模型也参照式（28 - 2），去掉压力导数平方项（dP/dt）²，则液柱的平衡方程为

$$\frac{\mathrm{d}^2 P}{\mathrm{d}t^2} + \frac{8\pi\mu}{\rho S}\frac{\mathrm{d}P}{\mathrm{d}t} + \frac{S}{\rho y}\frac{kP}{V}(P - P_水) = 0 \tag{28-4}$$

式（28 - 4）中气体体积和液柱长度与式（28 - 2）一致，几何和物理参数也与式（28 - 2）一致。从形式上，式（28 - 4）看与文献［8，9］的二阶线性模型相像，但保留了压力变量系数的变质量和变刚度项。忽略液柱动压头影响模型的计算结果如图 28 - 8 所示，从曲线看，低频振动一致性较好，高频振动有一些差异，在 280Hz 范围内的幅频曲线形状与实测曲线的一致性高，280Hz 以上范围与测量曲线的差别大于式（28 - 3），说明压力导数平方项对高频响应有一定的影响，体现在压力曲线上升沿的差别相对明显，振动衰减过程相差较小，因此压力响应分析建议考虑液柱动压头的影响。

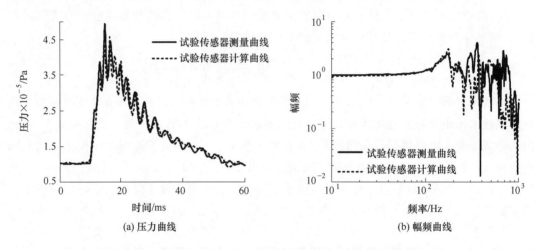

(a) 压力曲线　　　　　　　　　　　　　　(b) 幅频曲线

图 28 - 8　忽略液柱动压头的气体参数弱恒定模型的压力和幅频曲线

3）气体刚度恒定的液柱质量可变、气体参数强恒定模型也参照式（28 - 2），保留压力导数平方项（dP/dt）²，第四项有变量因子 P/V，假设 P、V 小幅变化，使得 $P/V \approx P_0/V_q$，V_q 为容腔体积，则液柱的平衡方程为

$$\frac{\mathrm{d}^2 P}{\mathrm{d}t^2} - \frac{1+k}{kP}\left(\frac{\mathrm{d}P}{\mathrm{d}t}\right)^2 + \frac{8\pi\mu}{\rho S}\frac{\mathrm{d}P}{\mathrm{d}t} + \frac{S}{\rho y}\frac{kP_0}{V_q}(P - P_水) = 0 \tag{28-5}$$

式（28 - 5）中液柱长度 y 的定义和算法与式（28 - 2）相同，等效动力黏度经试算取为 $\mu = 4 \times 10^{-1}$Pa·s，其他参数与式（28 - 2）相同。液柱质量可变、气体参数强恒定模型的计算曲线振荡现象不能复现，无高频响应，因此该模型不适用于脉冲压力分析。

4）目前文献中的线性二阶模型对应于气体刚度恒定、液柱质量恒定和（dP/dt）²忽略不计，引管液体的平衡方程可从式（28 - 2）简化为

$$\frac{\mathrm{d}^2 P}{\mathrm{d}t^2} + \frac{8\pi\mu}{\rho S}\frac{\mathrm{d}P}{\mathrm{d}t} + \frac{SkP_0}{\rho L_{eq}V_q}(P - P_水) = 0 \tag{28-6}$$

经试算取等效长度 $L_{eq} = 5$mm、等效动力黏度 $\mu = 2 \times 10^{-1}$Pa·s。线性二阶模型的压力计算结果也是没有高频响应，与式（28 - 5）的结果类似，也不适用于脉冲压力分析。

5）根据前面 5 种模型的计算分析结果，还可以增加一种形式上比较简单、具有一定

精度的模型，模型的假设条件为气体刚度可变、液柱质量恒定和忽略液柱动压头，将式 (28-3) 的压力导数平方项 $(\mathrm{d}P/\mathrm{d}t)^2$ 去掉，则非线性简化模型的液柱平衡方程为

$$\frac{\mathrm{d}^2 P}{\mathrm{d}t^2} + \frac{8\pi\mu}{\rho S}\frac{\mathrm{d}P}{\mathrm{d}t} + \frac{S}{\rho L_{eq}}\frac{kP}{V}(P - P_{\text{水}}) = 0 \tag{28-7}$$

式 (28-7) 中气体体积与式 (28-3) 相同。经试算取等效长度 $L_{eq} = 7\mathrm{mm}$、等效动力黏度 $\mu = 2\times10^{-1}\mathrm{Pa \cdot s}$，非线性简化模型的压力计算结果如图 28-9 所示，与式 (28-2)~式 (28-4) 的计算结果相比，曲线趋势一致，但 200~400Hz 范围内响应偏低，式 (28-2) 和式 (28-3) 对应的图 28-6 和图 28-7 中的频响曲线与试验结果在低、高频均较一致，式 (28-2) 的结果一致性更好一些，式 (28-4) 和式 (28-7) 对应的图 28-8 和图 28-9 中的频响曲线与试验结果在低频范围比较一致，高频范围相差较大。

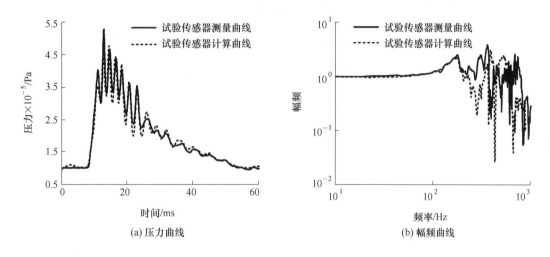

(a) 压力曲线　　　　　　　　(b) 幅频曲线

图 28-9　非线性简化模型的压力和幅频曲线

综合以上六种模型的计算结果，大致可分为以下三类模型：

1）传感器容腔气体刚度为常数的模型，包含线性二阶模型和气体参数强恒定模型，均为单自由度振动系统，不能反映出传感器的高阶振动响应，完全不适合分析压力变化较大的脉冲压力问题。

2）忽略压力导数平方项的非线性简化模型和气体参数弱恒定模型，由于缺少了液柱动压头效应，高频范围响应偏低，可以作为脉冲压力分析的近似模型。

3）非线性气泡效应模型和液柱质量恒定、气体参数可变模型，这两个模型均考虑了高阶响应，分析精度较高，都可以用于分析变化较大的脉冲压力问题。非线性气泡效应模型由于考虑了液柱变质量效应，频响曲线的变化规律与试验的相关性更好，精度更高一些，建议优先使用此模型。

从三类、六种模型计算结果的比较可知，气体刚度的非线性效应是计算精度的主要影响因素，压力导数平方项是次要影响因素，液柱长度变化的影响较小。数值计算中各种模型大多存在收敛性问题，需要调整迭代允许误差和黏度，使得计算收敛。从等效动力黏度的取值范围看，液柱质量恒定、气体参数可变模型的黏度比水的参数增大一个量级，而非线性气泡效应模型和气体参数弱恒定模型的黏度又比液柱质量恒定模型大 5 倍，由此结果

可以确定黏度的选取原则，引管液体的湍流阻尼效应可放大 10 倍黏度来近似等效，变质量液柱的表面张力阻尼效应可再放大 5 倍黏度来近似等效，另外三个模型误差偏大，不建议使用，不再给出黏度的选取原则。

28.6　参数影响分析与讨论

为分析各种因素对传感器频响特性的影响，以不考虑液柱长度变化的计算模型式 (28-3) 为基础，分析容腔体积 V_q、液柱面积 S 和长度 L_{eq} 以及介质类型变化对传感器频响特性的影响。首先分析几何尺寸的影响，将气体体积公式代入式 (28-3)，得

$$\frac{\mathrm{d}^2 P}{\mathrm{d} t^2} - \frac{1+k}{kP}\left(\frac{\mathrm{d}P}{\mathrm{d}t}\right)^2 + \frac{8\pi\mu}{\rho S}\frac{\mathrm{d}P}{\mathrm{d}t} + \frac{S}{L_{eq}V_q}\frac{kP_0}{\rho}\left(\frac{P}{P_0}\right)^{1+1/k}(P - P_{水}) = 0 \quad (28-8)$$

式中 $\dfrac{S}{L_{eq}V_q}\dfrac{kP_0}{\rho}$ 可写为 $\dfrac{SkP_0}{V_q/S}$ 与 ρSL_{eq} 之比，其中 $\dfrac{SkP_0}{V_q/S}$ 为传感器容腔中具有弹簧刚度效应的气体初始刚度，ρSL_{eq} 为传感器引管中液体的质量，两者之比为传感器容腔气体与引管液体的等效比刚度，决定了频响曲线谐振峰的频率，$\dfrac{8\pi\mu}{\rho S}$ 为运动方程式 (28-8) 中传感器气体运动速度项的系数，产生运动阻尼效应。比刚度增大时，谐振峰频率增大，无论液柱面积 S 增大还是不变，都使动响应阻尼比降低，响应增大，需要适当提高黏度，使得动态放大倍数接近试验结果，并保证迭代计算结果的收敛性；比刚度减小时，谐振峰频率降低，无论液柱面积 S 减小还是不变，都使动响应阻尼比提高，响应降低，需要适当降低黏度，使动态放大倍数也接近试验结果。

从不同比刚度传感器的频响特性计算曲线 (图 28-10) 看，基本尺寸的试验传感器频响范围在 170Hz 以下，管、腔尺寸为 1/4 倍比刚度传感器的频响范围在 110Hz 以下，管、腔尺寸为 4 倍比刚度传感器的频响范围在 330Hz 以下，反映了比刚度与频响范围的相关性，但频响范围的平方与比刚度不满足线性关系，体现了非线性的影响。要提高传感器测量液体介质中脉冲压力的频响特性，可以增大引管截面面积，或者减小引管长度和容腔体积。最容易实现的是缩短引管长度，传感器尺寸的变化最小，不涉及敏感面结构的变化，只要引管不是安装连接结构即可；增大引管面积和减小容腔体积需要改变传感器结构形式，但可以明显提高频响特性。若采用"齐平"安装方式传感器，则没有容腔和气泡响应，传感器的频响特性只受到敏感膜片特性的限制。

前面讨论的都是液体介质中压力测量的频响问题，对于气体介质中的脉冲压力，恰好本书试验中有一组水腔 (图 28-1) 中充气的测量结果。将液柱更换为与容腔气体密度相同的气柱，由于不再有气液界面，气柱长度保持不变，式 (28-2) 和式 (28-3) 的模型应用到气体介质中退化成相同的形式。假设管道气体参数与容腔一致，以管道气柱为质量的平衡方程为

$$\frac{\mathrm{d}^2 P}{\mathrm{d} t^2} - \frac{1+k}{kP}\left(\frac{\mathrm{d}P}{\mathrm{d}t}\right)^2 + \frac{8\pi\mu}{\rho_0 (P/P_0)^{1/k} S}\frac{\mathrm{d}P}{\mathrm{d}t} + \frac{S}{\rho_0 L_{eq}}\frac{kP}{V_q}(P - P_{水}) = 0$$

式中，标准空气的密度 $\rho_0 = 1.205 \mathrm{kg/m}^3$，动力黏度 $\mu = 18.1 \times 10^{-6} \mathrm{Pa \cdot s}$，$\rho$ 用 $\rho_0(P/P_0)^{1/k}$ 代替，$P_0 = 0.1\mathrm{MPa}$，考虑到不同压力和密度空气的动力黏度变化较大，而

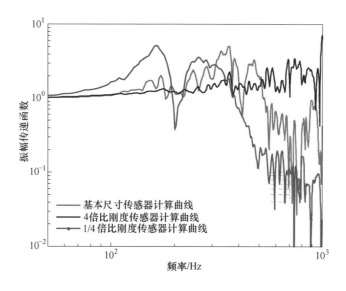

图 28－10　不同比刚度传感器的频响特性曲线（见彩插）

运动黏度变化较小，将上式中空气在不同压力和密度下的运动黏度 $\nu = \mu/\rho_0 \, (P/P_0)^{1/k}$ 取为标准空气的数值 $\nu = 1.5 \times 10^{-5} \, \mathrm{m^2/s}$，则容腔式传感器在气体介质中的分析模型可写为

$$\frac{\mathrm{d}^2 P}{\mathrm{d}t^2} - \frac{1+k}{kP} \left(\frac{\mathrm{d}P}{\mathrm{d}t} \right)^2 + \frac{8\pi\nu}{S} \frac{\mathrm{d}P}{\mathrm{d}t} + \frac{S}{\rho_0 L_{eq}} \frac{kP}{V_q} (P - P_{水}) = 0 \qquad (28-9)$$

此式的形式比液柱模型简单，只有一个变量 P，没有中间变量 V 或 ρ，但只适用于气体压力测量的频响特性分析。经过试算将引管长度放大 4 倍、运动黏度放大 20 倍，以补偿锥状引管的缩口效应和容腔流场的湍流阻力，空气中传感器实测和模型计算曲线如图 28－11 所示，可以看出谐振频率以前的计算和实测幅频曲线基本一致，但谐振频率以上的计算频响曲线高于实测结果，从压力曲线看也是计算曲线的高频响应高于实测结果，而传感器在空气中的谐振频率除受管、腔效应影响外，还受到敏感膜片动特性的影响，计算模型

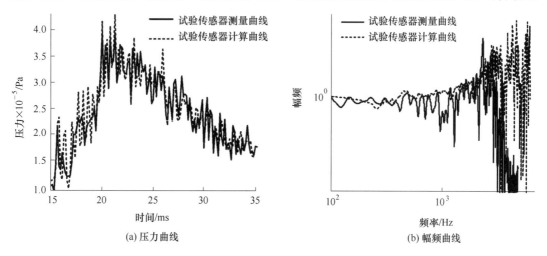

(a) 压力曲线　　　　　　　　　　　　　　(b) 幅频曲线

图 28－11　空气介质中的压力和幅频曲线

的膜片不变形假设不再成立，在高频范围膜片变形导致容腔体积的附加变化，使频响曲线在谐振频率以后大幅下压，因此图 28－11 的结果不能否定气体介质频响特性分析模型的适用性，若限制在传感器谐振频率以内，分析模型是可以使用的，超过谐振频率时需要增加膜片的影响分析，但式（28－9）对于容腔中气体动响应分析的适用性依然存在，有条件时可设计高频响传感器安装在容腔中的试验来验证。

28.7　小结

本书根据大变化范围脉冲压力的测量结果，在绝热假设基础上利用容腔中气泡的变刚度和引管中液柱的变质量条件，推导出了目前文献中还未见到的传感器非线性气泡效应模型，可以分析用于测量液体脉冲压力的容腔式传感器的频响特性，计算结果与试验有良好的一致性，可以复现非线性系统的多阶响应特征。

1）数值计算中存在收敛性问题，需要调整迭代允许误差和黏度，使得计算收敛。

2）通过与其他 5 种简化模型的对比，发现对模型分析精度影响最大的是变刚度项，这是与线性模型最主要的差别，也是大范围变化脉冲压力测量系统频响特性分析必须采用本书模型的原因。

3）代表液柱动压头效应的压力导数平方项是次要影响因素，液柱长度变化的影响最小。

4）测量系统的比刚度决定其频响特性，但两者不存在简单的线性相关性，减小引管长度和容腔体积、增大引管面积可以提高传感器的频响特性。

对于气体介质中脉冲压力测量的频响特性问题，本书的气体模型可以分析容腔中气体压力的动态响应，未计及敏感膜片动特性的影响，可以通过高频响容腔式传感器的试验结果进行分析。

非线性气泡效应模型中由于容腔气体参数采用均匀分布代替梯度分布，并且在凹角处有液体淤积，因此容腔有效体积比实际体积偏小，偏小程度需要由试验结果确定。不同模型、不同参数的等效黏度不同，影响收敛性、振荡压力范围、幅频曲线谐振峰，其原因是雷诺数、流场状态、表面张力效应不同，湍流程度、流动阻力不同，说明黏性非线性效应存在，但可以采用等效线性黏度。

根据试验测试经验，压力传感器的阻尼较大，传感器结构自身的动态放大系数在响应基频处大多在 2～5 之间，可以根据响应计算结果修正黏度。

本书的计算和试验结果表明，湍流产生的阻尼效应约为层流的 10 倍，变质量液柱表面张力产生的阻尼效应又将阻尼增大 5 倍，这个结果可作为压力传感器频响特性初步分析的参考。考虑了刚度强非线性和线性阻尼效应，式（28－2）的非线性气泡效应模型计算结果与实测结果一致，满足容腔式压力传感器频响特性分析的要求。

第 29 章　筒壳结构水下附加质量及阻尼的试验研究

29.1　引言

从 1957 年美国使用高压气体从水下弹射导弹开始，潜射导弹在出筒段、水中段、出水段承受的动态载荷及动响应一直是研究的重点，准确获取结构动态响应的基础是要有一个准确的动特性模型及阻尼。与空气中不同，结构在水下运动时附加质量会影响结构的动特性，同时水的阻尼效应与空气也有较大差别。结构在水中运动时液体对结构产生两种效应：第一种是附加在结构表面的附加水质量，第二种是黏性阻滞效应。前者增大了结构的运动质量，使水中结构的固有频率降低。对于圆柱体结构，附加质量约等于结构排开的液体质量；后者阻碍结构运动，增大了阻尼系数。附加质量能够进行估算，而干、湿（空气、水中）模态阻尼一般是通过试验获得的，并且阻尼有较强的非线性，只有依靠试验才能掌握阻尼特性。要研究水的附加阻尼，需要对结构进行干、湿两种模态试验。湿模态的阻尼比应高于干模态的阻尼比，对水中运动的结构动载荷有抑制作用，通过试验能够比较分析干、湿模态阻尼特性的差别，便于进行载荷分析。

29.2　理论分析

水引起的附加质量效应会直接降低结构在水中的固有运动频率，通过干湿模态频率的变化，可以推出不同模态的附加质量系数。从湿模态的广义质量中去掉干模态的广义质量，即可得到广义附加质量为

$$\Delta M = \left(\frac{K_w \omega_a^2}{K_a \omega_w^2} - 1 \right) M_a$$

式中，ω_a、ω_w、K_a、K_w、M_a 分别为空气和水中的振荡频率、悬挂刚度以及模型广义质量（质量、转动惯量或振动广义质量）。广义附加质量与模型排开水的广义质量相比为附加广义质量系数 C_g，若假设模型不同截面处的附加质量系数 $C_m(x) = \mathrm{const} = C_m$，则有

$$C_g = \frac{\int_0^L C_m(x) m_w(x) \varphi^2(x) \mathrm{d}x}{\int_0^L m_w(x) \varphi^2(x) \mathrm{d}x} = \frac{\int_0^L C_m m_w(x) \varphi^2(x) \mathrm{d}x}{\int_0^L m_w(x) \varphi^2(x) \mathrm{d}x} = C_m \frac{\int_0^L m_w(x) \varphi^2(x) \mathrm{d}x}{\int_0^L m_w(x) \varphi^2(x) \mathrm{d}x} = C_m$$

式中，$m_w(x)$ 为模型排开水的线质量密度；$\varphi(x)$ 为模型运动模态，刚体平动时，$\varphi(x) = 1$，刚体转动时，$\varphi(x) = x/L - 0.5$，弯曲振动时，$\varphi(x) = 1 - (1+A)\sin(\pi x/L)$，分母项为排开水的广义质量，分子项为附加水质量的广义质量。上式表明，当不同截面处的附加

质量系数为常数时，附加广义质量系数 C_g 与附加质量系数 C_m 相等。由此系数可比较水对各种运动形式的影响。

结构振动在水中的能量耗散主要由结构阻尼和液体阻尼两部分组成，考虑到水的阻力主要与水和结构的相对运动速度有关，水的阻尼是一种黏性阻尼，与结构的局部振动速度成正比，因此对于弹性振动，结构各点的阻尼比应该是不一致的，后续通过试验来证明这一点。

29.3 试验方法和试验模型

通过试验要达到两个目的：一是获得湿模态阻尼，修正干模态数据；二是获得刚体和一阶振动的附加质量，研究弹性体弯曲振动的附加质量是否与刚体运动相同。阻尼比主要与固有频率和振幅有关，因此可以采用动力相似的缩尺模型研究阻尼特性，根据结构一阶干、湿模态固有频率设计缩尺模型的结构尺寸参数，模型选圆柱壳形式。缩比模型确定后需在水箱内开展水下模态试验。为了减小水箱侧壁对液体运动的约束，准确获取附加质量和阻尼，水箱的尺寸需要根据缩比模型的大小来确定。

结构在水中的运动为自由-自由状态，为满足边界相似，建立一套浸入水中的自由-自由模态试验装置，如图 29-1 所示。模态试验可使用锤击法或激振器进行，但锤击法的激励力较小，引起的结构弹性响应也较小；激振器为持续激励，与导弹在水中受到的瞬态冲击不符，因此采用释放法进行模态试验。在水箱的上横梁固定一个气缸和两个立板，通过气缸对试验件中部施加三点弯曲载荷，使缩尺模型中部产生指定的横向位移，作动筒的拉杆中间串接局部削弱的细钢杆，拉断钢杆后缩尺模型下落做自由衰减振动，通过安装在模型壳体内壁的加速度传感器即可测出不同位置处的振动历程，得到模型的模态参数。在模型的两个一阶节点部位附近安装一段橡皮绳到立板上，以防止模型落到水箱底部影响其自由振动，同时橡皮绳对模型的动态响应约束影响也不大。

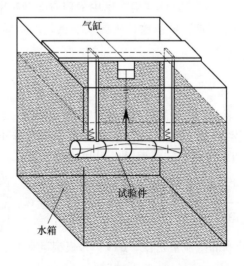

图 29-1 水下模态试验系统简图

试件长度 $L = 1807\text{mm}$，直径为 100mm，材料为不锈钢，壁厚为 3mm，由 4 个 374mm 长的圆筒对接而成。主要开展了以下几项试验：

1）刚体平动和转动试验：用两根橡皮绳将试验件悬挂在水箱中，然后将试验件提升一定高度后释放，试验件分别做刚体平动和转动衰减振荡，通过测量和分析干、湿状态结构的加速度时域曲线，获取刚体模态的固有频率和阻尼，可得到模型在水中做刚体运动的附加质量和水对刚体运动的阻尼效应。

2）弹体一阶弹性弯曲模态：使用气缸连接的细钢杆和挡板组成加载系统，加载系统加载时会使结构发生近似梁一阶弯曲振型的初始变形。在细钢杆拉断后，试件在空气中或水中做一阶弯曲模态振型的衰减振动，测量加速度时域曲线，通过数据处理得到一阶弹性模态对应的频率和阻尼，获取模型在水中做一阶弹性振动时的附加质量。同时，释放法可产生比较大的振动变形和速度，有利于提高附加质量和阻尼的识别品质。

结构模型的初始弹性弯曲频率较高，一阶弯曲频率为 80Hz 左右，尽管振动加速度较大，但振动位移和速度较小，水的附加阻尼效应体现不明显，干、湿模态阻尼差别不大，这个结论与 29.2 节中的理论分析一致。为此通过降低连接刚度、增加配重，使模型频率调整到 13Hz 左右，此时干、湿模态阻尼有了明显的差别。后续试验都基于弯曲频率为 13Hz 的模型开展。

29.4　试验数据处理方法

数据处理采用两种方法，对于数据品质较好的弯曲振动和空中的刚体运动（平动和转动）采用希尔伯特变换方法，对于水中的刚体运动（平动和转动），由于阻尼过大，响应信号较小，信噪比低，数据品质不好，采用峰值计算方法。峰值法是读取振荡衰减曲线的第一个峰值的时刻 t_0 和数值 A_0 以及第 $n+1$ 个峰值的时刻 t_n 和数值 A_n，振动频率为 $f = \dfrac{n}{t_n - t_0}$，阻尼比为 $\xi = \dfrac{\ln(A_0/A_n)}{2\pi n}$，数据处理时读前 5 个峰值，计算 4 个整波的平均频率和阻尼。

希尔伯特变换的定义为

$$X(\tau) = \frac{1}{\pi}\int_{-\infty}^{\infty}\frac{x(t)}{\tau - t}\mathrm{d}t$$

逆变换的定义为

$$x(t) = \frac{1}{\pi}\int_{-\infty}^{\infty}\frac{X(\tau)}{t - \tau}\mathrm{d}\tau$$

通过希尔伯特变换可将振荡衰减曲线 $A\exp[-\xi(t)\theta(t)]\cos[\theta(t)+\theta_0]$ 的相位滞后 $90°$，变换为 $A\exp[-\xi(t)\theta(t)]\sin[\theta(t)+\theta_0]$，由希尔伯特变换和原信号的相位可得到振动衰减信号的相频曲线 $[\theta(t)+\theta_0]$，这里 $\theta(t)|_{t=0}=0$，由希尔伯特变换和原信号的模可得到振动衰减信号的包络线 $A\exp[-\xi(t)\theta(t)]$，这里的圆频率 $\omega(t) = \dfrac{\mathrm{d}\theta(t)}{\mathrm{d}t}$ 和阻尼比 $\xi(t)$ 可以是时间的函数，不需要做常数假定，能够识别时变系统的参数。将相频曲线做多项式拟合

$$\theta(t_i) + \theta_0 = \sum_0^n a_k t_i^k$$

得到系数 $a_k(k=0,\cdots,n)$，对多项式求导，可得圆频率曲线的识别结果

$$\omega(t) = \sum_1^n a_k k t^{k-1}$$

一般情况下圆频率曲线随时间的变化不大，有小的增加趋势。将包络线求对数，再做多项式拟合

$$\ln A - \xi(t_i)\theta(t_i) = \sum_0^n b_k t_i^k$$

得到系数 $b_k(k=0,\cdots,n)$，代入 $\theta(t)|_{t=0}=0$ 的条件，去掉多项式的常数项，再除以 $\theta(t)$，即可得到阻尼比曲线

$$\xi(t) = -\frac{\sum_1^n b_k t_i^k}{\sum_1^n a_k t^k}$$

阻尼比曲线变化较大，主要影响因素是振幅，比较合理的方法是将频率曲线 $\omega(t)$ 和阻尼曲线 $\xi(t)$ 做速度加权平均，而频域中的传递函数方法给出的是没有加权的平均结果。

从上面的推导可以看出，希尔伯特变换方法能给出连续的振幅、频率和阻尼曲线，峰值法只能给出一个周期或数个周期的平均结果，并且存在峰值点的插值定位误差，而希尔伯特变换方法不存在此问题，并且计算和编程更方便，计算结果更全面和准确。

29.5　试验结果

为比较模型在水中不同运动形式的模态参数，即水对不同模态产生影响的程度，分别进行了刚体平动、转动和弹性体弯曲振动的对比试验，其模态分别为平线型、斜线型和正弦曲线型，三种运动位移幅度和频率相差较大，干、湿模态的频率和阻尼比变化量相差也较大。

29.5.1　刚体平动及转动振动的试验结果

刚体平动及转动的干、湿模态分别开展了 10 次，试验测得的加速度较小，空气中试验的最大信号约 $0.8g$，而水中试验的最大信号不到 $0.1g$，信噪比较低，有些测点的数据无法使用，数据处理时选用信号较好的测点来识别参数。刚体平动及转动的频率主要由橡皮绳的刚度和结构的质量及转动惯量决定，在试验中比较稳定，但各次试验的阻尼比变化较大，具体结果见表 29-1 和表 29-2，数据处理采用希尔伯特变换方法。

表 29-1　刚体平动模态试验结果

刚体平动	振动频率/Hz	10 次试验的阻尼比（%）	平均阻尼比（%）
干模态	0.80	4.68、3.98、3.77、2.80、3.84、4.83、2.59、3.00、2.40、2.64	3.16

（续）

刚体平动	振动频率/Hz	10 次试验的阻尼比（%）	平均阻尼比（%）
湿模态	0.68	9.75、10.30、10.20、9.87、9.12、9.95、10.30、10.70、9.78、10.4	10.00

表 29 - 2　刚体转动模态试验结果

刚体转动	振动频率/Hz	10 次试验的阻尼比（%）	平均阻尼比（%）
干模态	0.61	4.67、2.79、3.92、6.30、4.04、6.47、5.17、3.09、5.35、3.24	4.50
湿模态	0.50	8.54、10.50、10.80、8.94、9.75、9.72、9.91、11.50、8.57、11.0	9.92

由表 29 - 1 和表 29 - 2 可见，湿状态的刚体平动模态频率由 0.8Hz 下降到 0.68Hz，下降了 15%，模态阻尼比由 3.16% 上升到 10.00%，上升了 216%；刚体转动模态由 0.61Hz 下降到 0.50Hz，下降了 18%，模态阻尼比由 4.50% 上升到 9.92%，上升了 120%。

根据 29.2 节中的方法计算出刚体平动、转动振动的广义附加质量。空中和水中平动时橡皮绳刚度不变，模型质量 75kg，两根橡皮绳的悬挂刚度 $K = M_a \omega_a^2 = 1895\text{N/m}$，平动的附加质量为 28.8kg，排水质量为 25.5kg，平动附加质量系数为 1.13。

模型的转动惯量可根据橡皮绳的转动角刚度和转动频率得出，利用空中平动的悬挂刚度和两根橡皮绳的距离 $D = 1.2\text{m}$ 可得到转动角刚度 $K_r = 0.25KD^2 = 682.2\text{N·m}$，由模型的转动振荡频率 ω_r 可得转动惯量 $I_a = K_r / \omega_r^2 = 46.4\text{kg·m}^2$。由这些参数可得水的附加转动惯量为 11.0kg·m²，而排开水的转动惯量约为 12.1kg·m²，附加转动惯量系数为 0.91。

29.5.2　弯曲振动的试验结果

采用释放法分别开展了干、湿状态下结构的模态试验，同样使用希尔伯特变换识别了一阶弯曲频率和阻尼比，识别结果见表 29 - 3。空气中的一阶弯曲模态试验开展 9 次，水中开展 10 次，最大加速度为 $(6\sim7)g$，信噪比较高。空气中、水中测点典型的时间历程及幅值包络如图 29 - 2 和图 14 - 2 所示。

表 29 - 3　一阶弯曲频率及阻尼结果

一阶弯曲	振动频率/Hz	10 次试验的阻尼比（%）	平均阻尼比（%）
干模态	13.11	1.31、1.39、1.23、1.32、1.33、1.38、1.49、1.26、1.4	1.35
湿模态	12.02	2.31、2.43、2.28、2.30、2.29、2.06、2.33、2.39、2.34、2.34	2.31

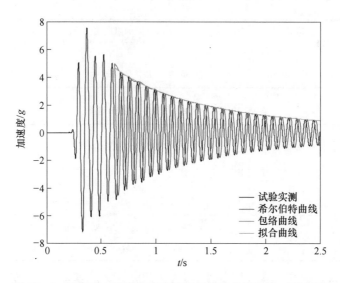

图 29 - 2　空气中一阶弯曲响应时间历程及包络曲线（见彩插）

由表 29 - 3 可见，与干模态相比，湿模态的频率由干模态的 13.11Hz 下降到 12.02Hz，下降了 8.3%，模态阻尼比由 1.35% 上升到 2.31%，上升了 71%。根据实测模态参数使用 29.2 节中的公式计算广义质量约为 26.3kg，排开水的广义质量为 8.32kg，由干、湿模态频率试验结果可算出湿模态广义附加质量为 17% 的模型广义质量，数值为 4.47kg，相当于排水广义质量的 54%，即一阶弹性振动的附加质量系数为 0.54。

从图 29 - 2 和图 14 - 2 中幅值包络下降速率的对比也可明显看出，水中振动衰减快得多。幅值包络的下降速率随着时间的增加在变缓，在振动幅值大，即振动速度大时衰减得快，振动幅值小，即振动速度小时衰减得慢。图 14 - 4 所示为水中模态阻尼比随振动速度的变化情况，可见振动速度越快，即结构和流体的相对运动速度越快，阻尼越大，这与本书前面的分析一致。

由于阻尼随着振幅衰减而减小，小阻尼数据在整个数据中的比例较大，而结构的最大响应主要与大振幅时的阻尼有关，因此应对阻尼进行速度加权。表 29 - 4 所示为干湿模态阻尼比速度加权后的结果，可见无论在空中还是水中速度加权平均阻尼均比平均阻尼大 29%。

表 29 - 4　弯曲模态下速度加权阻尼比

序号	干态阻尼比（%）		湿态阻尼比（%）	
	数学平均	速度加权平均	数学平均	速度加权平均
1	1.31	* 1.68	2.31	2.98
2	1.39	1.84	2.43	3.14
3	1.23	1.54	2.28	2.94
4	1.32	1.69	2.30	2.95
5	1.33	1.71	2.29	2.94

（续）

序号	干态阻尼比（%）		湿态阻尼比（%）	
	数学平均	速度加权平均	数学平均	速度加权平均
6	1.38	1.79	2.06	2.94
7	1.49	2.00	2.33	3.00
8	1.26	1.59	2.39	3.09
9	1.40	1.84	2.34	2.98
10	—	—	2.34	3.02
均值	1.35	1.74	2.31	3.00

对于在动态压力作用下的结构，得到准确的阻尼参数对于获取准确的动载荷进而评估结构动强度非常重要。通过本书的研究可见，阻尼比的大小和振动速度相关，这也要求在开展模态试验时，需要使用较大的激振力，使结构的动响应与实际使用环境下的响应接近时所得到的阻尼参数是准确的。该结论与美国在导弹低频动强度研究时对模态试验的特殊要求一致。

29.6　小结

1）建立了一种通过水下模态试验获取结构附加质量系数及时变阻尼比的系统，依据该系统开展试验模型设计及干、湿模态试验，得到了典型圆柱结构刚体平动、转动及一阶弯曲的附加质量系数，刚体附加质量系数可取 1，一阶弯曲附加质量系数可取 0.5。

2）水下阻尼比与模态紧密关联，与干模态相比，水下刚体平动和转动的阻尼比分别增加了 216% 和 120%，刚体模态阻尼比的值达到了 10% 左右；一阶弯曲的模态阻尼比增加了 71%。

3）水下阻尼比与结构在水下的振动速度紧密相关，结构的最大响应主要与大振幅时的阻尼有关，因此应对阻尼进行速度加权，大振幅阻尼比可取常规模态试验阻尼比的 1.29 倍。

第 30 章 弹体结构平方米级扇形区域脉冲外压加载技术

30.1 引言

导弹在入水和出水过程中，介质变化会在弹体表面产生非均匀分布的 10ms 兆帕级脉冲压力载荷。分布压力在结构上产生的应力梯度高于均匀外压，显著影响结构的强度和稳定性；脉冲压力在结构上引起的响应也不同于静态压力。对于弹体表面遭受水击产生的非均匀分布脉冲压力载荷，其结构响应更具有空间畸变和时域速变特征，因此实现非均布脉冲加载技术，对弹体结构地面考核试验研究以及结构方案评估优化都具有重要的意义。

张健、龚顺风等人采用压力水泵对封闭压力筒进行注水加压，进而对压力筒内部试件实现均布静态外压加载，然而分布压力加载方法远比均布外压通常采用的封闭水腔加载复杂，需要配置分区加压控制设备，支承边界还承担了不平衡载荷，火箭整流罩和弹头外表面的迎、背风面在地面外压试验中施加的大多是分区压力载荷。

对于脉冲外压载荷，采用液压冲击机经过反复调试或空腔爆炸方式，对浸没在液体中的试验件施加一定脉宽的均布脉冲压力，但由于分布压力和均布压力在结构各阶振型上产生的广义力不同，两种载荷产生的动响应有明显差别，不能相互替代。

由于弹体出水外压脉冲压力载荷上升沿为 10ms 级，正好落入炸药爆轰空气冲击波加载的毫秒级脉冲与大口径电磁阀控制高压气加载的百毫秒级脉冲之间的加载能力空白区域，并且要求动态压力峰值达到兆帕级，远高于常规试验能力。弹体结构对非均布脉冲载荷的地面考核方法是所有结构地面试验中最具挑战性的工作，集合了静态非均匀分布外压加载和脉冲外压加载的技术难点，弹体平方米级扇形区域 10ms 兆帕级外压加载技术未查阅到相关或相近的文献，是一项高难度的创新工作。

大容积脉冲内压加载采用大口径膜片控制方法较为实用，加载重复性高，峰值和脉宽调整方便，适合 10ms 以上的脉冲压力加载要求。2003 年，对固体火箭冷发射后的尾罩抛罩和发动机点火过程的压力脉冲进行了地面模拟试验（图 30 - 1），调整高压容器压力、膜片通径和尾罩与尾段之间的泄压缝宽度，分别实现了 20ms 上升沿 0.5atm、1atm、2atm 峰值的脉冲压力加载要求。2013 年，建立了冷发射火箭尾罩密封环的动态压力考核方法和装置，实现了兆帕级压力、百毫秒以上上升时间的脉冲压力加载。

本书借鉴脉冲内压的加载方式，将其进行适应性的变化，增加局部区域加压的百吨级平衡装置，以及扩展加压区域、均化压力分布的加压水腔，设计建立了一套 10ms 上升时间、1MPa 峰值的脉冲压力加载系统（图 30 - 2），通过反复调试，实现了米级直径弹体平方米级扇形区域的脉冲外压加载，考核弹体结构在动载荷作用下的强度和设备对动态环境

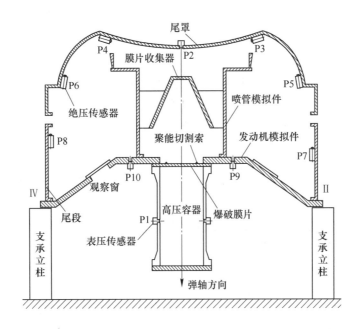

图 30 - 1　固体火箭发动机点火过程尾段内的压力脉冲模拟装置

的适应性。该系统的建立和应用，促进了动态压力加载技术，扩展了高压气体在弹体试验领域的应用范围，并且发现和利用了水腔弹性在短脉冲压力作用下的波形调制效应，提高了试验系统的能力和试验技术水平。

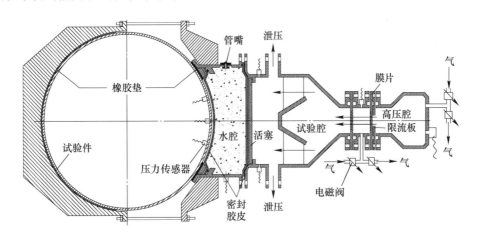

图 30 - 2　平方米级扇形区域脉冲外压加载系统

30.2　大面积脉冲外压加载系统设计

脉冲压力载荷在结构上产生的动响应主要与压力峰值和上升时间有关，压力波形是次要影响因素，三种波形（后峰锯齿、半正弦、阶跃）的最大动态放大系数依次为 1.27、

1.77、2.0，一般脉冲压力波形前沿陡、后沿缓，其动态放大系数介于半正弦和阶跃波形之间，与半正弦波形的差异小于 10%，可以满足对称压力波形的加载要求，因此可以放松对脉冲下降沿的约束，只模拟脉冲压力峰值和上升沿。

气压腔加载直径约为 1m，水腔加压面积超过 2m²，平衡装置需要平衡 200t 的横向力。利用数值仿真计算，采用约 120°扇形区域均布压力，通过调整压力峰值，可以模拟 180°余弦分布压力产生的变形和应力，为模拟分布水击脉冲压力奠定了技术基础。要在平方米级的柱壳结构扇形表面产生 10ms 上升时间、1MPa 峰值的脉冲压力，需要采用高压力、大流量气体冲击方式。高压腔能贮存足够能量的气体，通过大直径膜片快速将高压气释放到容积适当的试验腔中，调节高压腔压力和膜片通径可以控制试验腔压力峰值和上升沿，调节泄压缝的宽度可以控制泄压时间，同时对压力峰值有次要影响，最终使得压力脉冲满足试验要求。由于试验腔容积受加载要求的限制不宜过大，为适应加载面积较大的要求，在弹体结构和试验腔之间串联大体积刚度的水腔（图 30-2），一方面利用液体介质可以扩大加压面积，另一方面通过试验腔的均压活塞，将气腔的压力梯度抹平，对试验件指定区域施加均匀分布的脉冲压力。此外，为避免膜片碎片击打水腔和试验件，在试验腔正对膜片处设置收集器，还可阻挡破膜时的激波作用到水腔和试验件上，膜片收集器应完全覆盖碎片和激波路径，但收集器区域的剩余气体通流面积要显著大于膜片通流面积，不影响高压气体的流动。考虑到聚能切割破膜方式对试验装置的污染较大，试验中采用双膜片方式进行加载，便于反复调试。

为确定加载装置的设计参数和试验调试的初始状态，在不计水腔弹性的基础上建立气腔系统的力学模型（图 30-3）。设贮气容器的初始压力为 P_{10}，充压管路截面积为 A，模拟试验装置的初始压力为一个大气压 $P_{20}=P_e$，泄压环缝面积为 A_{out}，其他参数的意义如图 30-3 所示。试验装置中的压力脉冲上升时间 t_m、下降时间 t_d 和压力峰值 P_m 与以上参数有关。假设气体输送过程为绝热过程，利用气体质量守恒定律，则气体参数变化的控制方程为

$$\begin{cases} \dfrac{P_1}{P_{10}}=\left(\dfrac{\rho_1}{\rho_{10}}\right)^k \\ \dfrac{P_2}{P_{20}}=\left(\dfrac{\rho_2}{\rho_{20}}\right)^k \\ (\rho_{10}-\rho_1)V_1=\int_0^t m\,\mathrm{d}t \\ (\rho_2-\rho_{20})V_2=\int_0^t m\,\mathrm{d}t-\int_0^t m_{out}\,\mathrm{d}t \end{cases}$$

式中，P、ρ 和 V 分别为腔体气体压力、密度和体积，下标 1 表示高压腔，下标 2 表示试验气腔，带零的下标为参数初值；k 为气体常数，对于空气，$k=1.4$；m 为充压气体流量；m_{out} 为泄压气体流量，采用一维可压缩气体的流量表达式

$$\begin{cases} m=A\left(\dfrac{2}{k+1}\right)^{\frac{1}{k-1}}\sqrt{\dfrac{2k}{k+1}P_1\rho_1}, & P_1\geqslant\left(\dfrac{k+1}{2}\right)^{\frac{k}{k-1}}P_2 \\ m=A\sqrt{\dfrac{2k}{k-1}P_1\rho_1\left[\left(\dfrac{P_2}{P_1}\right)^{\frac{2}{k}}-\left(\dfrac{P_2}{P_1}\right)^{1+\frac{1}{k}}\right]}, & P_1<\left(\dfrac{k+1}{2}\right)^{\frac{k}{k-1}}P_2 \end{cases}$$

$$\begin{cases} m_{\text{out}} = A_{\text{out}} \left(\dfrac{2}{k+1}\right)^{\frac{1}{k-1}} \sqrt{\dfrac{2k}{k+1} P_2 \rho_2}, \quad P_2 \geqslant \left(\dfrac{k+1}{2}\right)^{\frac{k}{k-1}} P_e \\[4mm] m_{\text{out}} = A_{\text{out}} \sqrt{\dfrac{2k}{k-1} P_2 \rho_2 \left[\left(\dfrac{P_e}{P_2}\right)^{\frac{2}{k}} - \left(\dfrac{P_e}{P_2}\right)^{1+\frac{1}{k}}\right]}, \quad P_2 < \left(\dfrac{k+1}{2}\right)^{\frac{k}{k-1}} P_e \end{cases}$$

以上两式中压差较大时为超声速流，用上面的表达式；压差较小时为亚声速流，用下面的表达式。将控制方程转变为常微分方程组，利用龙格-库塔法进行数值求解。由模拟试验装置的容积和压力脉冲的加载要求可确定出满足试验要求的贮气装置的容积、初始压力、出流面积和泄压面积。

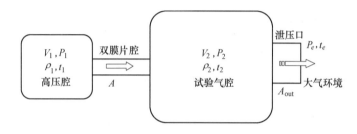

图 30-3　试验腔脉冲压力计算模型

　　加载系统的参数设计需要其加载能力有一定的裕量，以覆盖估算方法的偏差范围。当高压腔的气体压缩能达到 4kg TNT 时，对应试验气腔等效体积为 400L、泄压缝 85mm、膜片通径 Φ170mm 时，试验腔压力峰值 1.71MPa，上升时间 9.6ms，泄压时间约为 90ms，下降时间远大于上升沿，加载装置理论上有一定的能力裕量。

30.3　试验腔脉冲压力调试

　　试验加载系统设计依据的是绝热条件和一维可压缩流理论，绝热条件在 0.1s 的加载时间内是可以充分保证的，而试验腔是短粗形结构，并且有膜片收集器的强烈流阻效应，试验腔空间存在显著的压力梯度，与一维可压缩流的条件相差较大，导致理论估算值与试验结果有一定的偏差，为此在弹体结构试验之前开展了试验腔压力调试试验。调试目标为试验腔压力峰值在 0.5～1MPa 范围内，上升时间 10ms 左右，并有一定的加载能力裕量，以此要求来确定高压腔压力、膜片通径和泄压面积。调试结果（表 30-1）表明，估算的压力上升沿均比试验值短 20%，估算的压力峰值均比试验值高，压力峰值较高时偏差超过 15%，加载能力低于理论设计值，设计参数需要修正，以提高与试验值的一致性。影响脉冲压力加载能力的不确定参数，主要是试验腔来流的通流面积和试验腔体积，将一个大于 1 的调整因子除以通流面积，同时乘以试验腔体积，采用调整后的设计参数重新估算脉冲压力。调整因子取 1.1 和 1.2 时，基本与试验测量结果一致，低压力时与 1.1 一致，高压力时与 1.2 一致，调整范围为 10%～20%，理论模型有一定的精度，能够用于加载系统设计，但需要增加 20% 的设计裕量。

表 30 - 1　试验腔脉冲压力调试结果 *

高压腔 压力/MPa	试验腔压力							
	上升沿/ms				峰值/MPa			
	试验值	不同调整因子的理论值			试验值	不同调整因子的理论值		
		1.0	1.1	1.2		1.0	1.1	1.2
5.7	13	11.2	12.8	14.4	0.43	0.46	0.40	0.36
6.8	14	11.9	13.5	13.5	0.58	0.58	0.51	0.46
8.7	15	12.3	12.5	14.0	0.68	0.81	0.71	0.63
9.62	15	12.1	13.5	13.6	0.8	0.92	0.81	0.73
11.4	14.6	11.8	13.4	14.5	0.92	1.15	1.01	0.91
11.6	14	11.6	13.5	14.5	0.94	1.18	1.04	0.93
15.5	13	11.7	13.1	13.1	1.3	1.70	1.50	1.34

注：* 膜片通径 Φ170mm，泄压缝 60mm，高压腔体积 120L，试验腔体积 400L。

　　由于试验腔内壁存在强烈的激波入射和反射，压力测量信号中包含显著的压力脉动成分（图 30 - 4），而有用的仅是低频趋势项，若采用数字低通滤波方法消除高频的压力脉动成分，也会对低频信号产生波形和相位畸变，因此对于脉冲压力信号的提取宜采用数据拟合方法。

　　计算结果低于试验结果的原因有两个：一是试验腔存在压力梯度，一维可压缩流的平均压力能量中不包含压力梯度能量；二是激波压力脉动也包含一定的能量比例，进一步降低了平均压力的能量，使腔体平均的压力峰值降低、上升沿减缓。而气腔刚度对压力特征没有影响，因为气腔体积变化量比气体膨胀体积小得多。

　　对于脉冲压力的分析主要是脉冲压力上升时间、压力峰值和下降时间，并与理论估算结果进行对比。为减少人工判读曲线特征点的误差，以相同状态下的理论计算曲线 $y_c = f(x_c)$ 为基准，对试验曲线 $y_t = f(x_t)$ 进行非线性拟合，通过拟合曲线找出特征点，给出压力峰值及上升和下降时间。具体方法是首先对 x_t、y_t 进行坐标变换

$$\begin{cases} x_f = k_x (x_t - x_0)^r \\ y_f = k_y (y_t - y_0) \end{cases}$$

式中，k_x、x_0、r、k_y 和 y_0 均为待定常数，采用非线性优化方法使得 $y_f - f(x_f)$ 的方差最小，以此条件确定待定常数的数值。x 采用指数变换的目的是适应理论与试验脉冲的前后沿宽度比例不一致的情况，提高曲线拟合精度。从理论曲线可以读出压力峰值 P_c、上升时间 t_{cm} 和脉冲宽度 t_{cw}，利用曲线拟合得到的待定常数和坐标变换关系，可以得出试验压力峰值、压力上升时间和下降时间分别为

$$\begin{cases} P_t = P_m / k_y \\ t_{tm} = \sqrt[r]{t_{cm} / k_x} \\ t_{td} = \sqrt[r]{t_{cw} / k_x} - \sqrt[r]{t_{cm} / k_x} \end{cases}$$

　　该方法曾经在火箭尾段压力冲击试验（图 30 - 1）中采用，较好地拟合了试验压力测量曲线，减小振动和冲击对压力测量的耦合误差，提高测量精度。对试验腔的脉冲压力曲

线（图 30 - 4）的拟合处理方法，可以消除压力曲线特征参数的不确定性，从实测曲线看，试验腔存在前沿陡、后沿缓的特性。

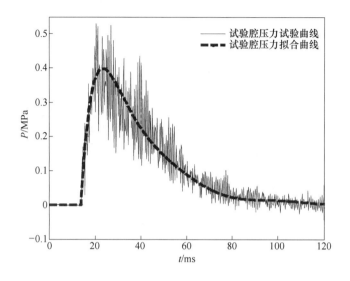

图 30 - 4　试验腔压力试验曲线和拟合曲线

30.4　加压水腔脉冲压力调试

　　水腔与试验件匹配随形，可将不均匀的空气压力场均匀传递到试验件加压区外表面，并进一步扩大加压面积。另外通过均压板和多个界面消除空气激波的影响，可使试验腔的脉冲压力作用到试验件上。由于水腔的压力比较均匀和稳定，水腔压力曲线是试验加载控制的主要参数。

　　通过水腔压力调试试验发现，水腔压力上升沿显著大于气腔，并且压力峰值有谐振放大效应，这是因为：一是水腔密封橡皮与试验件有间隙，加压时消除间隙过程增加了压力上升时间，因此试验前先对水腔施加 0.1MPa 的预压，并且在压力峰值上叠加了水腔预压；二是水腔结构存在弹性，在脉冲压力的作用下产生变形和体积变化，与腔壁运动质量形成压力振荡系统，将气腔前沿陡后沿缓的脉冲压力曲线调制成了前后沿接近对称的近似两自由度振荡曲线（图 30 - 5 和图 30 - 6），并且在振荡曲线后期还有小幅高频振荡。为满足 10ms 左右的压力上升沿要求，在试验腔中放置了减小气腔体积的填充铝块，并采用最大加压通径和适当增大泄压缝，利用模拟试验件，获得了能够覆盖弹体部段结构外表面扇形区域脉冲外压试验加载要求的控制参数（表 30 - 2）。在高压腔充压 6～10MPa 时，水腔的脉冲压力峰值在 0.32～0.68MPa 范围内，上升沿在 10～14ms 范围内，脉宽在 25～30ms 范围内。小量级试验要求试验件表面局部区域压力峰值在 0.3～0.35MPa 范围内，大量级试验要求试验件表面局部区域压力峰值在 0.55～0.6MPa 范围内。选取模拟试验件调试试验中与之接近的调试结果，通过线性插值的方法，可确定小量级试验时高压腔内压力为 6.8MPa，大量级试验时内压力为 9.2MPa。

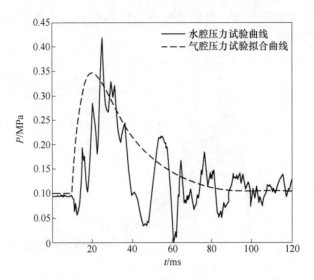

图 30 - 5　水腔小压力调试曲线

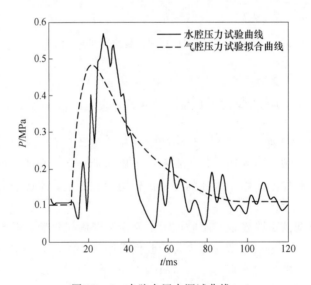

图 30 - 6　水腔大压力调试曲线

表 30 - 2　模拟试验件调试试验结果*

高压腔压力/	水腔压力		
MPa	峰值/MPa	上升沿/ms	脉宽/ms
5.97	0.328	10.4	27.0
5.99	0.323	11.0	26.2
6.99	0.392	11.6	25.6
6.98	0.395	10.6	25.4
8.97	0.55	14.0	29.2
8.98	0.57	14.6	29.6
9.96	0.58	12.2	24.8
9.97	0.68	11.4	24.0

注：* 泄压缝宽度 115mm。

30.5　水腔脉冲压力的力学模型

为分析水腔压力波形与气腔的差异，考虑水腔结构特征和压力的两自由度特征，建立水腔压力分析模型（图 30-7），水腔压力模型的基本假设如下：

1）水腔压力 $P_水$ 为均匀分布的系统响应，与试验件表面压力一致。

2）气腔侧 A 挡板的运动位移为 X，不影响作为外激励的气腔压力 $P_气$，质量为 M，包含水的附加质量，其面积 A 小于试验件一侧的等效挡板 B 的面积 B，A 挡板的运动方程为

$$A[P_气(t) - P_水(t)] = M\ddot{X}$$

3）试验件相对水腔部分的运动特征可等效为挡板 B，面积为 B、支承刚度为 K、阻尼系数为 c、等效质量为 m，包含水的附加质量，等效位移为 Y，B 挡板的运动方程为

$$BP_水(t) = KY + c\dot{Y} + m\ddot{Y}$$

4）水腔有弹性，体积刚度为 k_0（水腔壁厚和刚度大于试验件，$ABk_0 > K$），水不可压缩，则水腔的本构关系为

$$P_水(t) = k_0\Delta V = k_0(AX - BY)$$

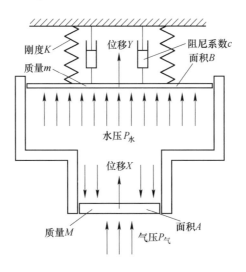

图 30-7　水腔压力分析模型

联立三个构成水腔系统的运动方程组，消去两个挡板的位移变量 X、Y，保留系统响应 $P_水$ 变量，水腔系统的运动微分方程为

$$P_水^{(4)}(t) + \frac{c}{m}P_水^{(3)}(t) + \left[\frac{K}{m} + \frac{k_0B^2}{m}\right]\ddot{P}_水(t) + \frac{k_0A^2}{M}[\ddot{P}_水(t) - \ddot{P}_气(t)] +$$

$$\frac{ck_0A^2}{Mm}[\dot{P}_水(t) - \dot{P}_气(t)] + \frac{Kk_0A^2}{Mm}[P_水(t) - P_气(t)] = 0$$

设 $\omega_A^2 = \dfrac{k_0A^2}{M}$，$\omega_B^2 = \dfrac{k_0B^2}{m}$，$\omega_C^2 = \dfrac{K}{m}$，$\omega_{BC}^2 = \omega_B^2 + \omega_C^2$，由于 $B^2k_0 > ABk_0 > K$，

所以 $\omega_C < \omega_B < \omega_{BC}$，代入简写符号，上式变为

$$\omega_A^2\{[\ddot{P}_{\text{水}}(t) - \ddot{P}_{\text{气}}(t)] + \frac{c}{m}[\dot{P}_{\text{水}}(t) - \dot{P}_{\text{气}}(t)] + \omega_C^2[P_{\text{水}}(t) - P_{\text{气}}(t)]\} +$$

$$P_{\text{水}}^{(4)}(t) + \frac{c}{m}P_{\text{水}}^{(3)}(t) + \omega_{BC}^2\ddot{P}_{\text{水}}(t) = 0$$

上式第一项为振动频率为 ω_C 的单自由度振动系统方程，ω_C 为低频响应频率，以水腔液体有效质量和试验件有效刚度构成振动系统，以水腔与气腔压力差作为响应；后三项为振动频率为 ω_{BC} 的振动方程二次导数，ω_{BC} 为高频响应频率，以水腔液体有效质量和刚度（大于试验件刚度）构成振动系统，以液体质量和试验件刚度构成的振动系统不平衡压力构成外激励；两者的组合即为两自由度振动系统方程，ω_A^2 表征低频响应与高频响应的比例。设低频阻尼比和高频阻尼比分别为

$$\xi_L = \frac{c}{2m_0\omega_C}, \quad \xi_H = \frac{c}{2m_0\omega_{BC}} = \frac{\omega_C}{\omega_{BC}}\xi_L$$

由定义可知，高频阻尼比小于低频阻尼比，考虑到水腔的体积变化时不可避免地产生与体积刚度 k_0 相关的阻尼效应，可适当增大高频阻尼比，解除高、低频阻尼比的比例关系式，使两个参数相互独立，将阻尼比代入上式变为

$$\omega_A^2\{[\ddot{P}_{\text{水}}(t) - \ddot{P}_{\text{气}}(t)] + 2\xi_L\omega_C[\dot{P}_{\text{水}}(t) - \dot{P}_{\text{气}}(t)] + \omega_C^2[P_{\text{水}}(t) - P_{\text{气}}(t)]\} +$$

$$P_{\text{水}}^{(4)}(t) + 2\xi_H\omega_{BC}P_{\text{水}}^{(3)}(t) + \omega_{BC}^2\ddot{P}_{\text{水}}(t) = 0$$

30.6　水腔压力的拟合计算曲线

不考虑阻尼的齐次方程为

$$P_{\text{水}}^{(4)}(t) + (\omega_A^2 + \omega_{BC}^2)\ddot{P}_{\text{水}}(t) + \omega_A^2\omega_C^2 P_{\text{水}}(t) = 0$$

设特征方程的特征根为 ω_1^2、ω_2^2，则由二次方程的韦达定理可得

$$\begin{cases} \omega_1^2 + \omega_2^2 = \omega_A^2 + \omega_{BC}^2 \\ \omega_1^2\omega_2^2 = \omega_A^2\omega_C^2 \end{cases}$$

设 $\omega_{BC} = \eta\omega_A$，则上式变为

$$\begin{cases} \omega_A^2 = \dfrac{\omega_1^2 + \omega_2^2}{1 + \eta^2}, \quad \omega_C^2 = (1+\eta^2)\dfrac{\omega_1^2\omega_2^2}{\omega_1^2 + \omega_2^2}, \quad \omega_{BC}^2 = \eta^2\dfrac{\omega_1^2 + \omega_2^2}{1 + \eta^2} \\ \omega_B^2 = \omega_{BC}^2 - \omega_C^2 = \eta^2\dfrac{\omega_1^2 + \omega_2^2}{1 + \eta^2} - (1+\eta^2)\dfrac{\omega_1^2\omega_2^2}{\omega_1^2 + \omega_2^2} \end{cases}$$

考虑到试验中 B 挡板的运动速度和加速度远小于 A 挡板，因此 B 挡板的质量 m 比 A 挡板的质量 M 大得多，假设 m 与 B 挡板的面积 B 的二次方成正比，M 与 A 挡板的面积 A 的二次方成正比，并且在试验设计中尽量减小 A 挡板的质量，使得 $M/A^2 < m_0/B^2$

$$\frac{\omega_B^2}{\omega_A^2} = \frac{M}{m_0}\left(\frac{B}{A}\right)^2 = \frac{M/A^2}{m_0/B^2} < 1$$

可知 $\omega_B < \omega_A$，由于 ω_{BC} 略大于 ω_B，可知 $\omega_{BC} < \omega_A$，$\eta < 1$，根据前面的比较可得：$\omega_C < \omega_B < \omega_{BC} < \omega_A$。

令 $y_1 = P_{水}(t)$，$y_2 = \dot{P}_{水}(t)$，$y_3 = \ddot{P}_{水}(t)$，$y_4 = P_{水}^{(3)}(t)$，则上式可变换为标准的微分方程组形式

$$\begin{cases} \dfrac{\mathrm{d}y_1}{\mathrm{d}t} = y_2, \quad \dfrac{\mathrm{d}y_2}{\mathrm{d}t} = y_3, \quad \dfrac{\mathrm{d}y_3}{\mathrm{d}t} = y_4 \\[2mm] \dfrac{\mathrm{d}y_4}{\mathrm{d}t} = -(2\xi_H \omega_{BC} y_4 + \omega_{BC}^2 y_3) - \omega_A^2 \{[y_3 - \ddot{P}_{气}(t)] + \\[2mm] \qquad\qquad 2\xi_L \omega_C [y_2 - \dot{P}_{气}(t)] + \omega_C^2 [y_1 - P_{气}(t)]\} \end{cases}$$

根据图 30-5 和图 30-6 水腔压力试验曲线的振荡特征，可以由两自由度振动系统的频率 $f_1 = 45\text{Hz}$、$f_2 = 175\text{Hz}$ 和频率比 $\eta = 0.7$，折算出水腔压力系统的参数 $f_A = 148\text{Hz}$、$f_C = 53\text{Hz}$、$f_B = 89\text{Hz}$、$f_{BC} = 104\text{Hz}$，结合高、低频阻尼比初值 $\xi_L = 0.05$、$\xi_H = 0.03$，将气腔压力拟合曲线代入微分方程组，通过龙格-库塔法得到水腔压力计算曲线初值，然后采用单纯型线性规划搜索方法，调整上述特性参数，使水腔压力计算曲线与试验曲线的方差最小，获得水腔的特性拟合参数，两种工况下的压力脉冲参数和水腔特性参数的优化拟合结果及拟合标准偏差见表 30-3。

表 30-3　水腔脉冲压力试验和计算拟合结果

	调试工况	小压力调试	大压力调试
试验结果	压力峰值/MPa	0.418	0.569
	上升沿/ms	15.8	15.0
	脉宽/ms	30.2	33.0
拟合计算结果	压力峰值/MPa	0.429	0.565
	上升沿/ms	17.8	16.6
	脉宽/ms	30.7	37.4
	拟合参数	$\eta = 0.772$ $\xi_L = 0.0532$ $\xi_H = 0.0322$ $f_1 = 33.95\text{Hz}$ $f_2 = 183\text{Hz}$	$\eta = 0.752$ $\xi_L = 0.0556$ $\xi_H = 0.0338$ $f_1 = 30.16\text{Hz}$ $f_2 = 192\text{Hz}$
	曲线拟合标准偏差	0.0031	0.0052

大压力与小压力的参数识别结果基本一致，大压力识别结果的低阶频率略低、高阶频率略高，体现出了弱非线性。两种试验状态的水腔压力拟合曲线如图 30-8 和图 30-9 所示。

从两种试验状态的压力拟合曲线看，水腔压力计算模型可以展示出试验曲线的压力调制和两自由度振荡特征，压力峰值和脉宽一致，变化趋势相同，只是在时间历程曲线上有小的差别。对于压力曲线后期的高频小幅振荡现象，可以在图 30-7 的模型中弹簧 K 的

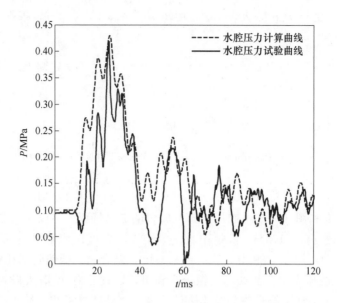

图 30 - 8　水腔小压力计算拟合曲线

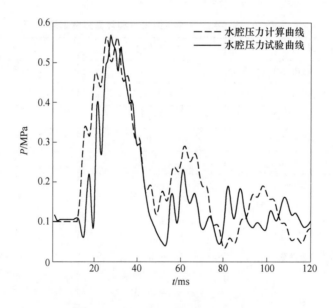

图 30 - 9　水腔大压力计算拟合曲线

中间串接质量块及运动位移自由度，建立三自由度模型来体现此特征，但该模型计算的鲁棒性远低于两自由度模型，并且对压力曲线的规律影响很小，因此未进行相应的研究。

30.7　小结

采用高压气瞬态放气加水腔调制实现了脉冲压力加载，解决了平方米级扇形区域的表面脉冲压力试验难题，实现了 1MPa 压力峰值、10ms 上升沿的加载要求。试验方法的加载重复性高，峰值和脉宽调整方便，安全和环保性好。水腔的弹性有三方面的影响：一是延长了压力上升时间，需要气腔系统产生更短的上升沿；二是谐振效应放大了气腔压力，提高了加载能力；三是调制效应改善了气腔压力波形，水腔压力波形接近对称，更好地满足了试验要求。两自由度水腔压力分析模型能够体现试验系统的动态特性，压力计算曲线与试验曲线有良好的一致性，可以用于试验系统设计与分析。

参 考 文 献

[1] D L DNDERSON, H E LINDBERG. Dynamic Pulse Buckling of Cylinderical Shells under Transient Lateral Pressure [J]. AIAA Journal, Vol. 6, No. 4, April 1968: 589 - 589.

[2] 周承偶. 弹性稳定理论 [M]. 成都：四川人民出版社，1981.

[3] 许第昌. 压力计量测试 [M]. 北京：中国计量出版社，1988.

[4] 埃尔贝. 压力测量——压力计和传感器 [M]. 陈道龙，译. 北京：原子能出版社，1989.

[5] 黄俊钦. 测试系统动力学 [M]. 北京：国防工业出版社，1996.

[6] H K P 纽伯特. 仪器传感器——性能和设计入门 [M]. 于渤，吴正毅，等译. 北京：科学出版社，1985.

[7] WALTER E. Wilhelm, Investigation of Tubing Effects on Amplitude Frequency Response of Pressure Sensing Systems Using Nonresonant Terminations [R]. NASA TM X—1988, April 1970.

[8] 叶湘滨，熊飞丽，等. 传感器与测试技术 [M]. 北京：国防工业出版社，2007.

[9] 孔德仁，朱蕴璞，狄长安. 工程测试技术 [M]. 北京：科学出版社，2009.

[10] ROBERT C Anderson, David R Englund Jr. Liquid - filled Transient Pressure Measueing Systems: A Method for Determining Frequency Response [R]. NASA - TND - 6603, December 1971.

[11] R P 本尼迪克特. 温度、压力、流量测量基础 [M]. 周志列，朱征云，罗果安，译. 北京：国防工业出版社，1985.

[12] E J 芬纳莫尔，J B 弗朗兹尼. 流体力学及其工程应用 [M]. 钱翼稷，周玉文，等译. 北京：机械工业出版社，2006.

[13] 邹经湘. 结构动力学 [M]. 哈尔滨：哈尔滨工业大学出版社，1996.

[14] 陈亚勇，等. MATLAB 信号处理详解 [M]. 北京：人民邮电出版社，2001.

[15] P H 米基谢夫. 宇宙飞行器动力学实验法 [M]. 北京：强度与环境编辑部，1980.

[16] A 科恩，M 科恩. 数学手册 [M]. 北京：中国工人出版社，1987.

[17] 张世基，诸德超，章思骙. 振动学基础 [M]. 北京：国防工业出版社，1982.

[18] 张远君. 液体力学大全 [M]. 北京：北京航空航天大学出版社，1991.

[19] 孙训方，方孝淑，关来泰. 材料力学 [M]. 北京：人民教育出版社，1979.

[20] D HAUSELMAN, B LITTLEFIELD. 精通 MATLAB——综合辅导与指南 [M]. 西安：西安交通大学出版社，1998.

[21] 李银山. Maple 理论力学 [M]. 北京：机械工业出版社，2006.

[22] 赵蛟龙，孙龙泉，张忠宇，等. 航行体出水空泡溃灭载荷特性研究 [J]. 哈尔滨工业大学学报，2014，46 (7)：81 - 86.

[23] 任萍，侯晓，何高让，等. 外压载荷分布形式对固体火箭发动机结构稳定性的影响 [J]. 强度与环境，2011，38 (2)：13 - 17.

[24] 侯晓，秦谊，何高让，等. 应变率对复合材料壳体外压性能的影响 [J]. 固体火箭技术，2012，35 (6)：799 - 802.

[25] 王一伟，黄晨光，杜特专，等. 航行体垂直出水载荷与空泡溃灭机理分析 [J]. 力学学报，2012，44 (1)：39 - 48.

[26] WANG Y W, LIAO L J, DU T Z, et al. A Study on the Collapse of Cavitation Bubbles Surrounding the Under Water - Launched Projectile and its Fluid - structure Coupling Effects [J]. Ocean Engineering, 2014, 84: 228 - 236.

［27］ WANG Y W，HUANG C G，FANG X，et al. On the Internal Collapse Phenomenon at the Closure of Cavitation Bubbles in a Deceleration Process of Underwater Vertical Launching［J］. Applied Ocean Research，2016，56：157 - 165.

［28］ 张健，刘红旭，昌满，等. 外压法调整耐压球壳焊接残余应力的数值模拟与试验研究［J］. 船舶力学，2018，22（8）：1020 - 1027.

［29］ 左新龙，唐文献，张建，等. 多蛋形交接耐压壳屈曲特性试验与数值研究［J］. 船舶力学，2019，23（4）：430 - 438.

［30］ 张建，朱本义，黄晨，等. 均布外压作用下蛋形仿生封头屈曲特性［J］. 船舶力学，2020，24（8）：1047 - 1054.

［31］ 龚顺风，徐勤贵，周家伟，等. 外压作用下深海腐蚀缺陷管道的屈曲失稳机理［J］. 浙江大学学报（工学版），2020，54（7）：1401 - 1410.

［32］ 魏生道. 结构静力试验技术［M］. 北京：宇航出版社，1988.

［33］ 黄怀德. 振动工程（上）［M］. 北京：宇航出版社，1993.

［34］ 崔莹，赵均海，张常光，等. 爆炸冲击波在钢管混凝土柱表面压力分布试验研究及数值模拟［J］. 北京工业大学学报，2014，40（12）：1828 - 1836.

［35］ 孙珊珊，赵均海，张常光. 爆炸荷载下钢管混凝土墩柱柱面压力分布研究［J］. 爆破，2018，35（6）：12 - 18.

［36］ 马斌捷. 脉冲侧压下的筒壳弹性屈曲［J］. 强度与环境，1987（6）：25 - 32.

［37］ 聂少云，赵学峰，姚奎光，等. 枪击环境下带空腔双层装药的响应特性［J］. 火炸药学报，2018，41（6）：582 - 587.

［38］ 江澎，雷晓峰，李彦卿，等. 一种提高电磁阀响应时间的改进设计［J］. 电气开关，2015（2）：42 - 44.

［39］ 严灼，穆朝民，袁树杰，等. 空腔长宽比对瓦斯爆炸冲击波传播规律的影响［J］. 煤炭学报，2020，45（5）：1803 - 1811.

［40］ 王梦想，汪海波，宗琦. 冲击荷载作用下煤矿泥岩能量耗散试验研究［J］. 煤炭学报，2019，44（6）：1716 - 1725.

［41］ 赵卓茂，陈利斌，薛锋，等. 大型密封环动压考核试验方法与仿真研究［J］. 导弹与航天运载技术，2020（2）：111 - 116.

［42］ 王致清. 流体力学基础［M］. 北京：高等教育出版社，1987.

［43］ 茅春浦. 流体力学［M］. 上海：上海交通大学出版社，1995.

［44］ 鲁钟琪. 流体力学［M］. 北京：机械工业出版社，1980.

［45］ SHAPIRO A H. 可压缩流体动力学与热力学［M］. 陈绶章，陈立子，等译. 北京：科学出版社，1966.

［46］ SCHLICHTING H，FRUOKENBRODT E. 飞机空气动力学［M］. 王星灿，译. 北京：国防工业出版社，1978.

附　　录

附录 A　贝塞尔微分方程的求解

$$\frac{\mathrm{d}^2 R}{\mathrm{d}r^2} + \frac{1}{r}\frac{\mathrm{d}R}{\mathrm{d}r} + \left(\lambda^2 - \frac{m^2}{r^2}\right)R = 0$$

设 $\xi = \lambda r$，代入上式，有

$$\frac{\mathrm{d}^2 R}{\mathrm{d}\xi^2} + \frac{1}{\xi}\frac{\mathrm{d}R}{\mathrm{d}\xi} + \left(1 - \frac{m^2}{\xi^2}\right)R = 0$$

此方程为贝塞尔微分方程，其解称为贝塞尔函数，采用级数方法求解。设 $R(\xi) = \xi^m u$，代入上式，有

$$\frac{\mathrm{d}^2}{\mathrm{d}\xi^2}\xi^m u + \frac{1}{\xi}\frac{\mathrm{d}}{\mathrm{d}\xi}\xi^m u + \left(1 - \frac{m^2}{\xi^2}\right)\xi^m u = 0$$

$$\frac{\mathrm{d}^2 u}{\mathrm{d}\xi^2} + \frac{2m+1}{\xi}\frac{\mathrm{d}u}{\mathrm{d}\xi} + u = 0$$

设 $u(\xi) = \sum\limits_{k=-\infty}^{\infty} a_k \xi^k$，代入上式，有

$$a_k = -\frac{1}{k(2m+k)}a_{k-2}$$

为保证分母为零时上式有意义，$a_{-2} = a_{-4} = \cdots\cdots = a_{-2n} = 0$（$n$ 为正整数），奇数项取零，只保留非负偶数项，表达式为

$$a_{2k} = -\frac{1}{2k(2m+2k)}a_{2(k-1)} = -\frac{1}{2^2 k(m+k)}a_{2(k-1)} = \frac{(-1)^k m!}{2^{2k} k!(m+k)!}a_0,$$

$$k = 1,\ 2,\ \cdots,\ \infty$$

$$u(\xi) = a_0 m! \sum\limits_{k=0}^{\infty}\frac{(-1)^k}{k!(m+k)!}\left(\frac{\xi}{2}\right)^{2k} = a_0 m! \sum\limits_{k=0}^{\infty}\frac{(-1)^k}{k!\Gamma(m+k+1)}\left(\frac{\xi}{2}\right)^{2k}$$

代入 R 的表达式，有

$$R(\xi) = a_0 m! \xi^m \sum\limits_{k=0}^{\infty}\frac{(-1)^k}{k!\Gamma(m+k+1)}\left(\frac{\xi}{2}\right)^{2k}$$

为规整 R 的表达式，令

$$a_0 = \frac{1}{2^m m!}$$

得到 R 的一个特解

$$J_m(\xi) = \left(\frac{\xi}{2}\right)^m \sum\limits_{k=0}^{\infty}\frac{(-1)^k}{k!\Gamma(m+k+1)}\left(\frac{\xi}{2}\right)^{2k}$$

形式为 m 阶的第一类贝塞尔函数，另一个特解可设 $R(\xi) = \xi^{-m} u$ 得到

$$Y_m(\xi) = \left(\frac{\xi}{2}\right)^{-m} \sum_{k=0}^{\infty} \frac{(-1)^k}{k!\,\Gamma(-m+k+1)} \left(\frac{\xi}{2}\right)^{2k}$$

形式为 m 阶的第二类贝塞尔函数，贝塞尔方程的通解为

$$R(\lambda r) = C_1 J_m(\lambda r) + C_2 Y_m(\lambda r)$$

附录 B　贝塞尔函数的积分

第一类贝塞尔函数的递推公式 1

$$t J_{m+1}(t) = m J_m(t) - t J'_m(t)$$
$$t J_2(t) = J_1(t) - t J'_1(t), \quad m=1$$

第一类贝塞尔函数的递推公式 2

$$\frac{\mathrm{d}}{t \,\mathrm{d}t}\left[t^m J_m(t) \right] = t^{m-1} J_{m-1}(t)$$

$$t^m J_m(t) = \int t^m J_{m-1}(t)\,\mathrm{d}t$$

$$\int t^2 J_1(t)\,\mathrm{d}t = t^2 J_2(t), \quad m=2$$

将递推公式 1 代入递推公式 2，得

$$\int t^2 J_1(t)\,\mathrm{d}t = t^2 J_2(t) = t J_1(t) - t^2 J'_1(t)$$

上式对第二类贝塞尔函数也成立。平底圆筒底部压力矩计算用到的算式

$$\int_0^{r_0} J_1\!\left(\xi_n \frac{r}{r_0}\right) r^2\,\mathrm{d}r = \left(\frac{r_0}{\xi_n}\right)^3 \int_0^{\xi_n} J_1(t) t^2\,\mathrm{d}t = \left(\frac{r_0}{\xi_n}\right)^3 \left[t J_1(t) - t^2 J'_1(t) \right]_0^{\xi_n} = \frac{r_0^3}{\xi_n^2} J_1(\xi_n)$$

上式利用了 $J'_1(\xi_n)=0$ 的条件。对于平底圆环筒底部压力矩计算用到的算式

$$\int_{r_1}^{r_0} C_1\!\left(\xi_n \frac{r}{r_0}\right) r^2\,\mathrm{d}r \underset{t=\xi_n r/r_0}{=\!=\!=} \left(\frac{r_0}{\xi_n}\right)^3 \int_{k\xi_n}^{\xi_n} C_1(t) t^2\,\mathrm{d}t = \left(\frac{r_0}{\xi_n}\right)^3 \int_{k\xi_n}^{\xi_n} \begin{vmatrix} J_1(t) & Y_1(t) \\ J'_1(\xi_n) & Y'_1(\xi_n) \end{vmatrix} t^2\,\mathrm{d}t$$

$$= \left(\frac{r_0}{\xi_n}\right)^3 \int_{k\xi_n}^{\xi_n} \left[J_1(t) Y'_1(\xi_n) - Y_1(t) J'_1(\xi_n) \right] t^2\,\mathrm{d}t$$

$$= \left(\frac{r_0}{\xi_n}\right)^3 \left[Y'_1(\xi_n) \int_{k\xi_n}^{\xi_n} J_1(t) t^2\,\mathrm{d}t - J'_1(\xi_n) \int_{k\xi_n}^{\xi_n} Y_1(t) t^2\,\mathrm{d}t \right]$$

$$= \left(\frac{r_0}{\xi_n}\right)^3 \left\{ Y'_1(\xi_n)\left[t J_1(t) - t^2 J'_1(t) \right]_{k\xi_n}^{\xi_n} - J'_1(\xi_n)\left[t Y_1(t) - t^2 Y'_1(t) \right]_{k\xi_n}^{\xi_n} \right\}$$

$$= \frac{2}{\pi} \frac{r_0^3}{\xi_n^3} \left[1 - \frac{\pi}{2} k\xi_n C_1(k\xi_n) \right]$$

上式利用了 $C_1(\xi_n) = \frac{2}{\pi \xi_n}$（隆梅尔公式）和 $\Delta_1(\xi_n) = \begin{vmatrix} J'_1(\xi_n) & Y'_1(\xi_n) \\ J'_1(k\xi_n) & Y'_1(k\xi_n) \end{vmatrix} = 0$ 的条件。

附录 C　　平底圆筒贮箱晃动质量的推导——自由晃动理论解

基于自由晃动液体的晃动力和晃动动能推导晃动质量，各阶晃动力的表达式为

$$F_{xn} = \nu_{n0} \frac{m\omega_n}{h\xi_n} \tanh\left(\xi_n \frac{h}{r_0}\right) \sin(\omega_n t + \varepsilon_n)$$

ν_{n0} 为归一化点处的各阶速度势最大值。贮箱液体晃动动能为

$$T_n = \frac{1}{2}\rho \iiint_Q V_n^2 \, dQ = \frac{1}{2}\rho \iiint_Q \left[\left(\frac{\partial \phi_n}{\partial x}\right)^2 + \left(\frac{\partial \phi_n}{\partial y}\right)^2 + \left(\frac{\partial \phi_n}{\partial z}\right)^2\right] dQ$$

各阶速度势函数为

$$\phi_n = \nu_{n0} \cos\theta \, \frac{J_1(\xi_n r/r_0)}{J_1(\xi_n)} \, \frac{\cosh[\xi_n(z+h)/r_0]}{\cosh(\xi_n h/r_0)} \cos(\omega_n t + \varepsilon_n)$$

根据格林积分定理

$$\iiint_Q \left[\left(\frac{\partial \phi}{\partial x}\right)^2 + \left(\frac{\partial \phi}{\partial y}\right)^2 + \left(\frac{\partial \phi}{\partial z}\right)^2\right] dQ + \iiint_Q \phi\left(\frac{\partial^2 \phi}{\partial x^2} + \frac{\partial^2 \phi}{\partial y^2} + \frac{\partial^2 \phi}{\partial z^2}\right) dQ = \iint_S \phi \frac{\partial \phi}{\partial n} dS$$

以及散度 $\Delta\phi = 0$ 和箱壁液体速度 $\frac{\partial \phi}{\partial n} = 0$ 的条件，液体晃动动能改写为

$$T_n = \frac{1}{2}\rho \iiint_Q \left[\left(\frac{\partial \phi_n}{\partial x}\right)^2 + \left(\frac{\partial \phi_n}{\partial y}\right)^2 + \left(\frac{\partial \phi_n}{\partial z}\right)^2\right] dQ = \frac{1}{2}\rho \iint_{z=0} \phi_n \frac{\partial \phi_n}{\partial z} dS$$

代入各阶速度势函数可得

$$T_n = \frac{1}{2}\rho \iint_{z=0} \phi_n \frac{\partial \phi_n}{\partial z} dS = \frac{1}{2}\rho \int_0^{2\pi} \int_0^{r_0} \phi_n \frac{\partial \phi_n}{\partial z}\bigg|_{z=0} r \, dr \, d\theta$$

$$= \frac{1}{2}\nu_{n0}^2 \rho \frac{\xi_n}{r_0} \tanh\left(\xi_n \frac{h}{r_0}\right) \cos^2(\omega_n t + \varepsilon_n) \int_0^{2\pi} \cos^2\theta \, d\theta \int_0^{r_0} \frac{J_1^2(\xi_n r/r_0)}{J_1^2(\xi_n)} r \, dr$$

上式中 $\int_0^{2\pi} \cos^2\theta \, d\theta = \pi$，引用贝塞尔函数的萨梅尔积分公式

$$\int_0^{r_0} J_1^2(r\xi_n/r_0) r \, dr = \frac{1}{2}r_0^2 [J_1'(\xi_n)]^2 + \frac{1}{2}r_0^2\left(1 - \frac{1}{\xi_n^2}\right) J_1^2(\xi_n) = r_0^2 \frac{\xi_n^2 - 1}{2\xi_n^2} J_1^2(\xi_n)$$

上式利用了 $J_1'(\xi_n) = 0$ 的特征根条件，将以上结果代入可得液体晃动动能为

$$T_n = \nu_{n0}^2 \frac{m}{4hr_0} \frac{\xi_n^2 - 1}{\xi_n} \tanh\left(\xi_n \frac{h}{r_0}\right) \cos^2(\omega_n t + \varepsilon_n)$$

各阶等效晃动摆模型的晃动力为

$$F_{xn} = m_n L_n \omega_n^2 \Psi_{n0} \sin(\omega_n t + \varepsilon_n)$$

式中，Ψ_{n0} 为最大摆角，等效晃动模型的晃动动能为

$$T_n = \frac{1}{2} m_n L_n^2 \omega_n^2 \Psi_{n0}^2 \cos^2(\omega_n t + \varepsilon_n)$$

从液体晃动的解析解和等效模型可以看出，晃动力和动能有 90°的相位差。为获得各阶晃动质量，不计晃动力和动能的相位差，只利用两者的幅值，将解析解和等效模型的晃动力平方除以晃动动能，可以得到

$$\frac{m_n}{m} = 2\frac{\tanh(\xi_n h/r_0)}{(\xi_n^2 - 1)\xi_n h/r_0}$$

由此获得平底圆筒的各阶晃动质量解析解。

对于圆环形贮箱，推导方法相同，这里不再重复，直接给出其各阶晃动质量为

$$\frac{m_n}{m} = A_n\left[\frac{2}{\pi\xi_n} - kC_1(k\xi_n)\right]\frac{\tanh(\xi_n h/r_0)}{(1-k^2)\xi_n h/r_0}$$

式中

$$A_n = \frac{2[2/(\pi\xi_n) - kC_1(k\xi_n)]}{4(\xi_n^2 - 1)/(\pi\xi_n)^2 + (1 - k^2\xi_n^2)C_1^2(k\xi_n)}, \quad C_1(k\xi_n) = \begin{vmatrix} J_1(k\xi_n) & Y_1(k\xi_n) \\ J_1'(\xi_n) & Y_1'(\xi_n) \end{vmatrix}$$

当 $k=0$ 时，$J_1'(\xi_n) = 0$，上式的 $C_1(k\xi_n) = 0$，$A_n = \dfrac{\pi\xi_n}{\xi_n^2 - 1}$，晃动质量退化为平底圆筒状态。

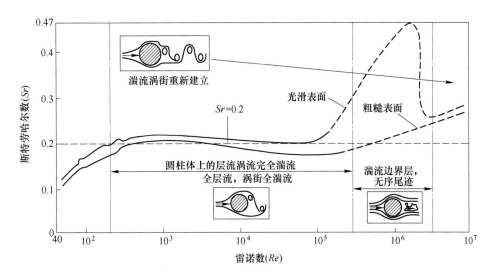

图 3-2　对数坐标下斯特劳哈尔数与雷诺数的关系（P13）

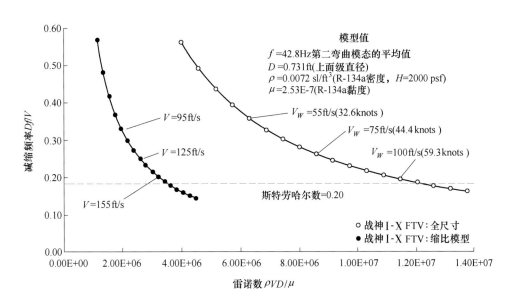

图 8-2　战神 I-X 飞行试验火箭模型与实物的二阶风激响应对应的 Sr-Re 曲线（P83）

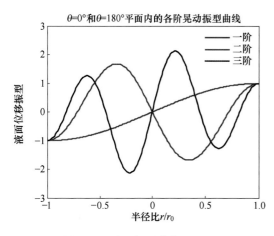

图 9-4 液面振型曲线(P110)

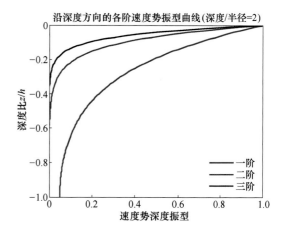

图 9-5 深度方向振型曲线(P110)

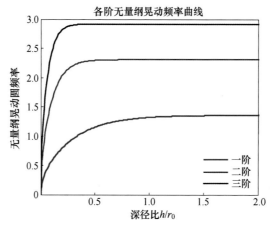

图 9-6 晃动频率曲线(P111)

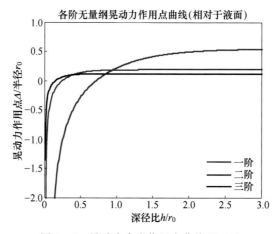

图 9-7 晃动力合力作用点曲线(P111)

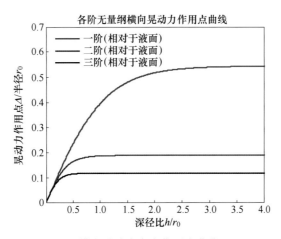

图 9-8　横向晃动力合力作用点曲线（P112）

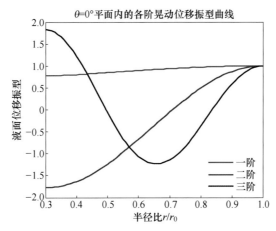

图 9-9　液面振型曲线（P114）

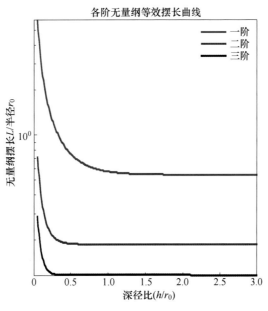

图 11-1　圆筒贮箱的无量纲等效摆长（P136）

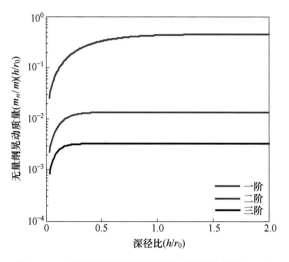

图 11-2　圆筒贮箱的无量纲晃动质量曲线(P137)

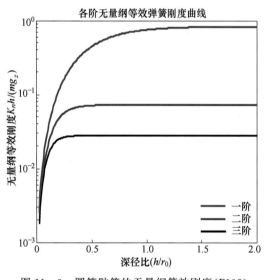

图 11-3　圆筒贮箱的无量纲等效刚度(P138)

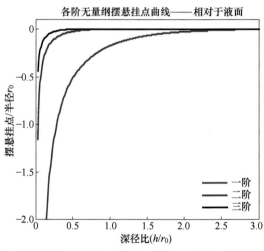

图 11-4　圆筒贮箱的无量纲摆悬挂点位置(P138)

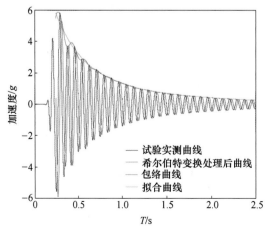

图 14-2　圆筒壳在水中振动衰减曲线、希尔伯特曲线、包络曲线及拟合曲线(P154)

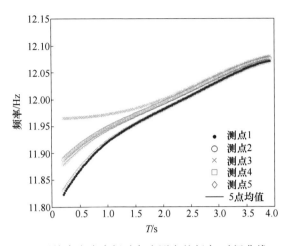

图 14-3　圆筒壳在水中振动各个测点的频率-时间曲线（P154）

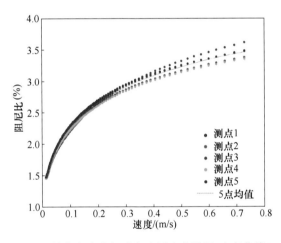

图 14-4　圆筒壳在水中振动各个测点的阻尼-速度曲线（P155）

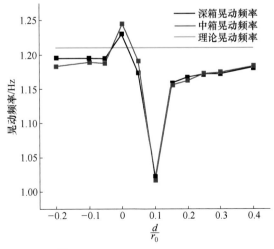

图 15-5　$\dfrac{w}{r_0}=0.1$ 单层环形挡板液体晃动频率（P163）

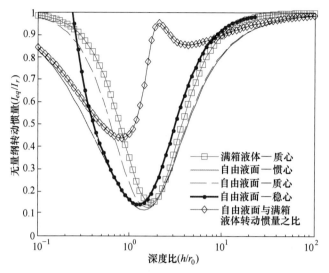

图 16-1　各种状态的液体有效转动惯量曲线（P168）

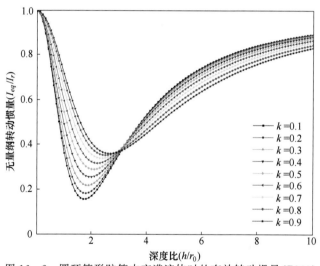

图 16-2　圆环筒形贮箱中充满液体时的有效转动惯量（P169）

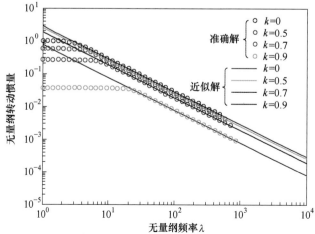

图 16-5　箱壁产生的液体有效滚转转动惯量（P175）

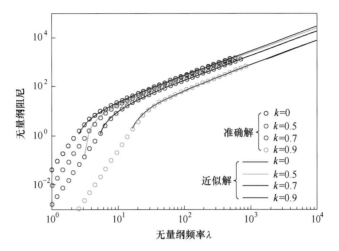

图 16 - 6　箱壁产生的液体有效滚转阻尼（P175）

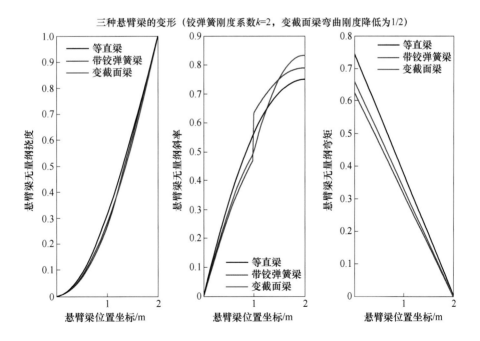

图 19 - 2　三种连续条件的悬臂梁的归一化位移、斜率和弯矩分布（P193）

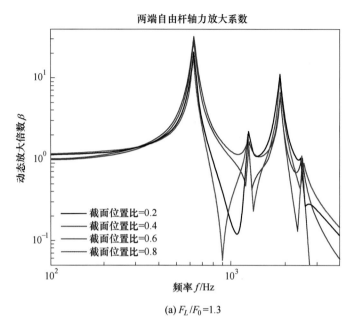

(a) $F_L/F_0 = 1.3$

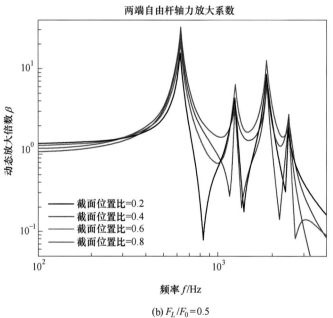

(b) $F_L/F_0 = 0.5$

图 23-4 弹(箭)体飞行状态不同截面的轴向推力测量动态放大倍数曲线(P209、P210)

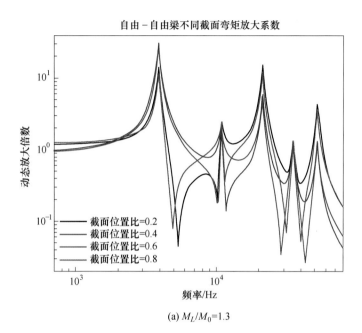

(a) $M_L/M_0=1.3$

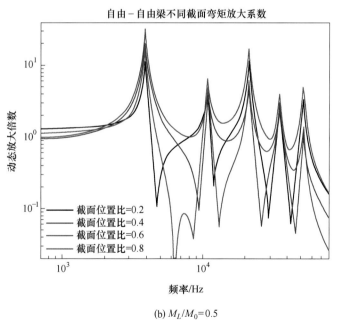

(b) $M_L/M_0=0.5$

图 23-8 火箭飞行状态的弯矩测量动态放大倍数曲线（P213、P214）

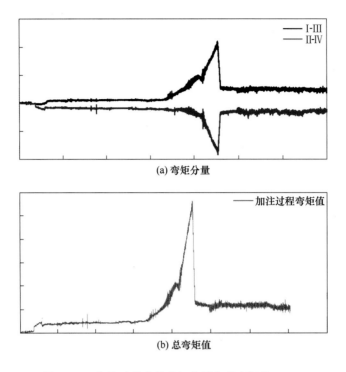

(a) 弯矩分量

(b) 总弯矩值

图 26 - 2　加注过程中的弯矩分量和总弯矩值(P230)

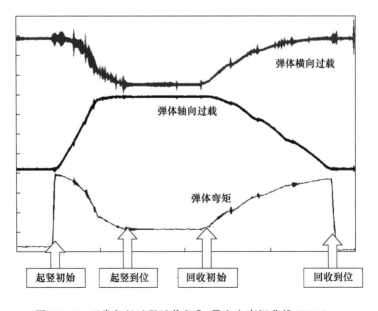

图 26 - 3　正常起竖过程过载和 Ⅰ-Ⅲ 方向弯矩曲线(P231)

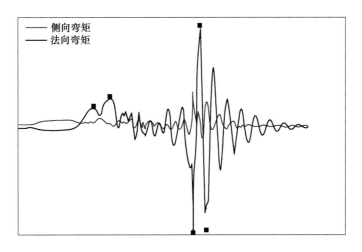

图 26-4　第一次试验的弯矩曲线（P232）

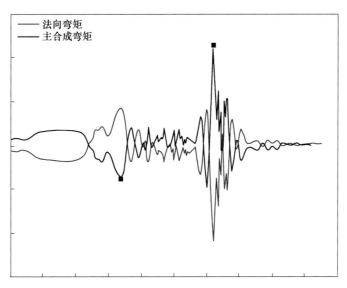

图 26-5　第二次试验的弯矩曲线（P233）

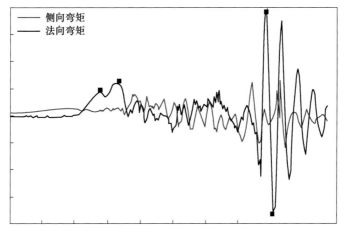

图 26-6　第三次试验的弯矩曲线（P233）

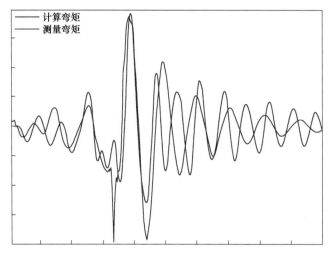

图 26-7　发射过程弯矩的计算与测量曲线的对比（P234）

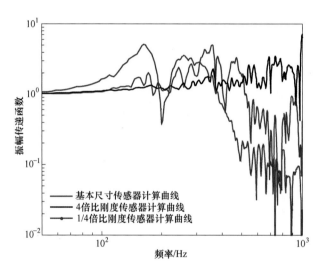

图 28-10　不同比刚度传感器的频响特性曲线（P257）

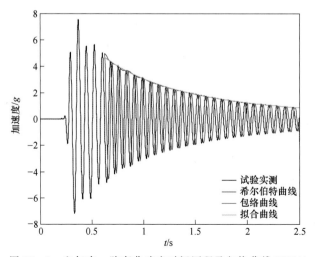

图 29-2　空气中一阶弯曲响应时间历程及包络曲线（P264）